"十四五"职业教育国家规划教材

"十四五"职业教育山东省规划教材

基础化学

（第三版）

主 编

刘丹赤

中国轻工业出版社

图书在版编目（CIP）数据

基础化学 / 刘丹赤主编. — 3 版. — 北京：中国轻工业出版社，2025. 9

ISBN 978-7-5184-4019-1

Ⅰ. ① 基…　Ⅱ. ① 刘…　Ⅲ. ① 化学—高等职业教育—教材　Ⅳ. ①06

中国版本图书馆 CIP 数据核字（2022）第 096141 号

责任编辑：张　靓　王庆霖
策划编辑：张　靓　　责任终审：劳国强　　封面设计：锋尚设计
版式设计：砚祥志远　　责任校对：朱燕春　　责任监印：张　可

出版发行：中国轻工业出版社（北京鲁谷东街 5 号，邮编：100040）
印　　刷：三河市万龙印装有限公司
经　　销：各地新华书店
版　　次：2025 年 9 月第 3 版第 8 次印刷
开　　本：720×1000　1/16　印张：16. 25
字　　数：360 千字
书　　号：ISBN 978-7-5184-4019-1　定价：46. 00 元
邮购电话：010-85119873
发行电话：010-85119832　010-85119912
网　　址：http://www.chlip.com.cn
Email：club@ chlip.com.cn

251609J2C308ZBW

本书编写人员

主　编　刘丹赤（日照职业技术学院）

副主编　李叶青（广东江门中医药职业学院）
汪海燕（日照职业技术学院）
齐　欣（日照职业技术学院）

参　编　于　园（锡林郭勒职业学院）
姜　黎（新疆石河子职业技术学院）
李晓华（新疆石河子职业技术学院）
皮小弟（广东江门中医药职业学院）
王　朋（日照市质量检验检测研究院）

前 言

《基础化学》是校企双元合作开发的课岗赛证融合的新形态教材，为中国轻工业“十三五”规划教材，是第二批国家级职业教育教师教学创新团队课题研究项目（课题编号：ZI2021070105）。

本书从高职学生的特点和认知规律出发，内容深度与广度适中，降低起点和难度，避开了烦琐的公式推导，删减了过深的反应机理，力求重点突出、深入浅出。实训以任务为导向，按完成任务需要的知识和技能为顺序组织内容。本书的主要宗旨是夯实化学基础知识，强化基本操作能力，引导学生养成严谨求实的科学态度，为学生学习后续课程、适应工作岗位或进一步学习深造奠定基础。

教材编写团队认真学习党的二十大报告，将党的二十大精神有机融入教材。以精益求精的工匠精神为主线，围绕科学精神、哲学思维和人生哲理三个主题优化课程思政内容供给，开发了化学家的故事、化学中的哲学思维和化学中的生活哲理三个版块的思政视频。以化学家的科学精神、家国情怀为着力点，激发强国梦想、工匠精神和使命担当；以化学中的哲学思想为切入点，培养辩证思维，树立辩证唯物主义的世界观；以化学中折射的人生感悟为突破点，把社会主义核心价值观融入日常生活，让学生感悟生活中的真善美，崇尚积极向上的生活态度。

本书将纸质教材、视频、3D 仿真、混合式教学等多种元素融于一体，其中关键知识点微课和思政微视频可以通过微信扫描二维码观看，3D 仿真实训素材可先下载 MLabsPro APP，安装完成后扫描二维码进行仿真体验学习。

MLabsPro

在编写纸质教材的同时，开发了配套数字化资源，包括视频、教案、课件、试题库等，利用相应资源在智慧职教 MOOC 学院开设了在线课程，方便读者自学及教师搭建 SPOC 开展线上线下混合式教学。

《基础化学》MOOC

本书可作为高等职业院校、应用技术大学、高等专科院校食品、轻纺、材料、冶金、环保等相关专业的教学用书，也可作为农、林、医药院校有关专业的教材或参考书。

本书编写过程中，各位编写人员认真编撰，反复修改，鉴于编者的水平有限，本书仍有一定的提升空间，恳请使用本书的广大师生多提宝贵意见和建议，以便再版时修订和提高。

编　者

目 录 CONTENTS

模块一

化学基础

学习目标

知识目标

1. 掌握平衡常数的表示方法及化学平衡的有关计算；
2. 了解浓度、压力、温度等因素对化学平衡的影响；
3. 熟悉滴定分析对滴定反应的要求及滴定分析法的分类；
4. 掌握基准物质应具备的条件及标准溶液的配制方法；
5. 熟悉误差的来源、表示方法和减免方法；
6. 掌握有效数字的概念、修约规则及运算规则。

技能目标

1. 能设计原始数据记录表并规范填写测量数据；
2. 能用有效数字运算规则及修约规则正确计算和保留分析结果的有效数字，正确表达分析结果。

素质目标

1. 培养整理、归纳、分析实验结果的能力；
2. 培养实事求是的科学态度和严谨细致的工作作风。

模块导学

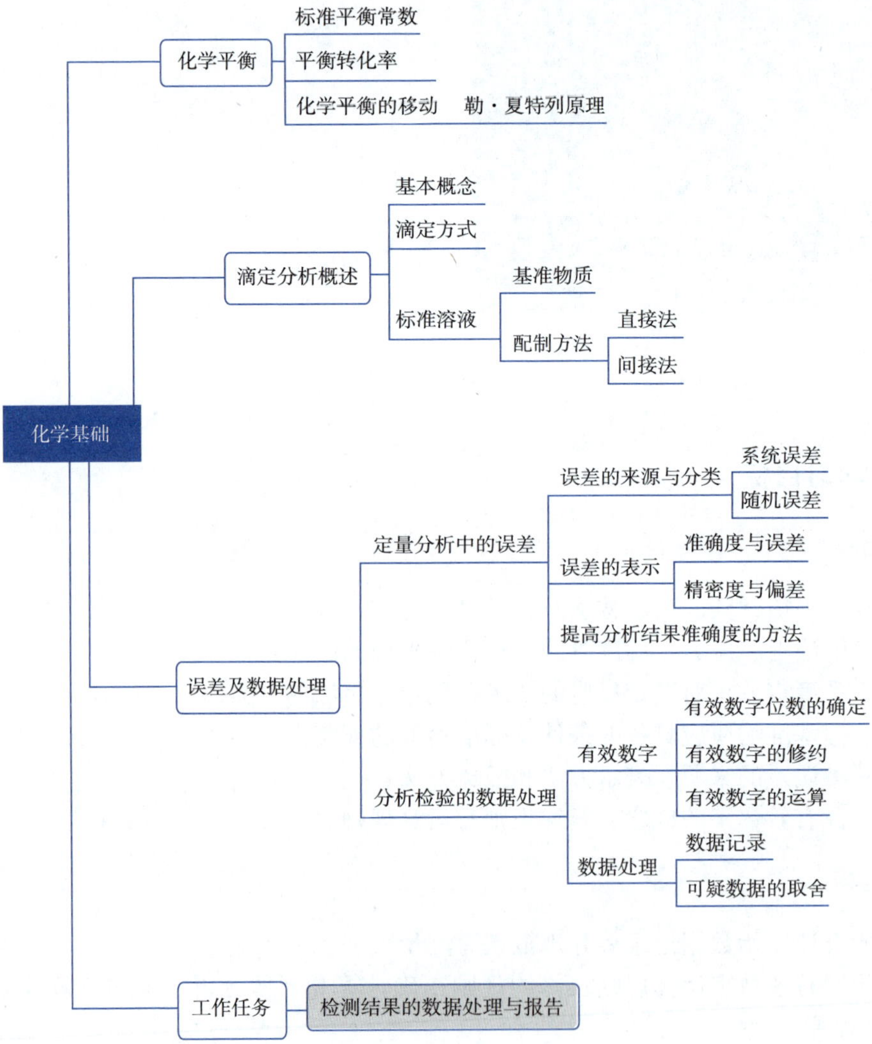
化学基础
化学平衡
标准平衡常数
平衡转化率
化学平衡的移动　勒·夏特列原理
滴定分析概述
基本概念
滴定方式
标准溶液
基准物质
配制方法
直接法
间接法
误差及数据处理
定量分析中的误差
误差的来源与分类
系统误差
随机误差
误差的表示
准确度与误差
精密度与偏差
提高分析结果准确度的方法
分析检验的数据处理
有效数字
有效数字位数的确定
有效数字的修约
有效数字的运算
数据处理
数据记录
可疑数据的取舍
工作任务
检测结果的数据处理与报告

知识点一

化学平衡

一、化学平衡

在一定条件下，一个反应既可按反应方程式从左向右进行，又可从右向左进行，称为反应的可逆性。几乎所有的反应都是可逆的，反应的可逆性是化学反应的普遍特征。

对于可逆反应，随着正、逆反应的进行，一定时间后，必然会出现正、逆反应速率相等，反应物和产物的浓度不再随时间而改变的状态，称为化学平衡。

化学平衡

化学平衡有两个特征：

（1）化学平衡是一种动态平衡　表面上看来反应似乎已经停止，实际上正逆反应仍在进行，只是正逆反应速率相等，各物质的浓度不再改变。

（2）化学平衡是相对的、有条件的平衡　当外界条件改变时，原有的平衡即被破坏，直到在新的条件下建立新的平衡。

化学中的生活哲理——找准人生的平衡点

二、标准平衡常数

实验表明，对于可逆反应，在一定温度下达到平衡时，各生成物浓度（或压力）的幂的乘积与反应物浓度（或压力）的幂的乘积之比是一个常数。

例如，对于反应　$m\mathrm{A} + n\mathrm{B} \rightleftharpoons p\mathrm{C} + q\mathrm{D}$

在一定温度下达到平衡时，若为气体反应

$$K^{\ominus} = \frac{(p_{\mathrm{C}}/p^{\ominus})^{p}(p_{\mathrm{D}}/p^{\ominus})^{q}}{(p_{\mathrm{A}}/p^{\ominus})^{m}(p_{\mathrm{B}}/p^{\ominus})^{n}}$$

若为溶液中进行的反应

$$K^{\ominus} = \frac{(c_{\mathrm{C}}/c^{\ominus})^{p}(c_{\mathrm{D}}/c^{\ominus})^{q}}{(c_{\mathrm{A}}/c^{\ominus})^{m}(c_{\mathrm{B}}/c^{\ominus})^{n}}$$

$K^{\ominus}$ 称为标准平衡常数。书写标准平衡常数时，每种溶质的平衡浓度项均应除以标准浓度，每种气体物质的平衡分压项均应除以标准压力。也就是说，对于溶液，用相对浓度表示；对于气体物质，用相对分压表示。其中标准压力 $p^{\ominus}$ = 100kPa，标准浓度 $c^{\ominus}$ = 1.0mol/L。

平衡常数是可逆反应的特征常数，其数值的大小表明了在一定条件下反应进行的程度。对同类反应来说，$K^{\ominus}$ 越大，反应进行得越完全。

书写标准平衡常数表达式时，应注意以下几点：

①写入平衡常数表达式中各物质的浓度或分压，必须是在系统达

到平衡状态时相应的值。气体只可用分压表示，这与气体规定的标准状态有关。

②有纯固体、纯液体及稀溶液中的溶剂参与反应时，它们的浓度视为1，不必写入标准平衡常数表达式中。例如：

$$Zn(s)+2H^+(aq)\rightleftharpoons Zn^{2+}(aq)+H_2(g)$$

$$K^{\ominus}=\frac{(c_{Zn^{2+}}/c^{\ominus})(p_{H_2}/p^{\ominus})}{(c_{H^+}/c^{\ominus})^2}$$

③标准平衡常数表达式必须与化学方程式相对应，同一化学反应，方程式的书写不同时，其标准平衡常数的数值也不同。例如：

$$N_2(g)+3H_2(g)\rightleftharpoons 2NH_3(g)\qquad K_1^{\ominus}=\frac{(p_{NH_3}/p^{\ominus})^2}{(p_{N_2}/p^{\ominus})(p_{H_2}/p^{\ominus})^3}$$

$$\frac{1}{2}N_2(g)+\frac{3}{2}H_2(g)\rightleftharpoons NH_3(g)\qquad K_2^{\ominus}=\frac{(p_{NH_3}/p^{\ominus})}{(p_{N_2}/p^{\ominus})^{\frac{1}{2}}(p_{H_2}/p^{\ominus})^{\frac{3}{2}}}$$

$$2NH_3(g)\rightleftharpoons N_2(g)+3H_2(g)\qquad K_3^{\ominus}=\frac{(p_{N_2}/p^{\ominus})(p_{H_2}/p^{\ominus})^3}{(p_{NH_3}/p^{\ominus})^2}$$

三者的表达式不同，但存在如下关系：$K_1^{\ominus}=(K_2^{\ominus})^2=1/K_3^{\ominus}$

注：化学式中，(s)、(l)、(g)、(aq) 分别表示固体、液体、气体和溶液。

三、 多重平衡规则

如果一个化学反应式是若干相关化学反应式的代数和，在相同的温度下，这个反应的平衡常数就等于它们相应的平衡常数的积（或商），这个规则称为多重平衡规则。

多重平衡规则在平衡的运算中很重要，当某化学反应的平衡常数难以测得，或不易从文献中查得时，可利用多重平衡规则通过相关的其他化学反应方程式的平衡常数进行间接计算获得。

【例 1-1】已知下列反应在 1123K 时的平衡常数：

① $C(s)+CO_2(g)\rightleftharpoons 2CO(g)\qquad K_1^{\ominus}=1.3\times10^{14}$

② $CO(g)+Cl_2(g)\rightleftharpoons COCl_2(g)\qquad K_2^{\ominus}=6.0\times10^{-3}$

计算反应③ $2COCl_2(g)\rightleftharpoons C(s)+CO_2(g)+2Cl_2(g)$ 在 1123K 的平衡常数 $K^{\ominus}$。

解 式③=-式①-式②×2

由多重平衡规则 $K_3^{\ominus}=1/K_1^{\ominus}\times1/(K_2^{\ominus})^2=2.1\times10^{-10}$

四、 平衡转化率

平衡转化率是指反应达到平衡时，某反应物转化为生成物的百分率，

常用 α 表示。

$$\alpha = \frac{\text{平衡时某反应物已转化的量}}{\text{该反应物的初始量}} \times 100\%$$

【**例 1-2**】硝酸银和硝酸亚铁两种溶液发生下列反应：

$$Fe^{2+} + Ag^{+} \rightleftharpoons Fe^{3+} + Ag$$

在 25℃时，将硝酸银和硝酸亚铁溶液混合，开始时溶液中 Ag^{+} 和 Fe^{2+} 浓度都为 0.100mol/L，达到平衡时 Ag^{+} 的转化率为 19.4%。求：①平衡时 Fe^{2+}、Ag^{+}、Fe^{3+} 的浓度；②该温度下的平衡常数。

解 ①

	Fe^{2+}	+ Ag^{+}	$\rightleftharpoons$ Fe^{3+}	+ Ag
起始浓度/(mol/L)	0.100	0.100	0	
变化浓度(mol/L)	-0.1×19.4%	-0.1×19.4%	0.1×19.4%	
平衡浓度/(mol/L)	0.100-0.0194 = 0.0806	0.100-0.0194 = 0.0806	0.0194	

② $$K^{\ominus} = \frac{(c_{Fe^{3+}}/c^{\ominus})}{(c_{Fe^{2+}}/c^{\ominus})(c_{Ag^{+}}/c^{\ominus})} = \frac{0.0194}{0.0806^2} = 2.99$$

五、化学平衡的移动

因外界条件改变使可逆反应从一种平衡状态向另一种平衡状态转变的过程，称为化学平衡的移动。引起化学平衡移动的外界条件主要是指浓度、压力和温度等。

1. 浓度对化学平衡的影响

在其他条件不变的情况下，增加反应物的浓度或减少生成物的浓度，化学平衡向着正反应方向移动；增加生成物的浓度或减少反应物的浓度，化学平衡向着逆反应方向移动。

化学平衡的移动

【**例 1-3**】在【例 1-2】讨论的平衡体系中，恒温下将 Fe^{2+} 浓度增至 0.181mol/L 时，问：①平衡向哪个方向移动？②求达新平衡后各物质浓度；③ Ag^{+} 的转化率。

解 ①因为在原有的平衡体系中仅增加了反应物浓度，所以平衡向正向移动。

②设达到新平衡时有 x mol/L 的 Fe^{2+} 被 Ag^{+} 氧化，则

	Fe^{2+}	+ Ag^{+}	$\rightleftharpoons$ Fe^{3+}	+ Ag
起始浓度/(mol/L)	0.181	0.0806	0.0194	
平衡浓度/(mol/L)	0.181- x	0.0806- x	0.0194 + x	

$$K^{\ominus} = \frac{(c_{Fe^{3+}}/c^{\ominus})}{(c_{Fe^{2+}}/c^{\ominus})(c_{Ag^{+}}/c^{\ominus})} = \frac{0.0194 + x}{(0.181 - x)(0.0806 - x)} = 2.99$$

解得 $$x = 0.0139\text{mol/L}$$

则 $$c_{Fe^{2+}} = (0.181 - 0.0139)\ \text{mol/L} = 0.1671\text{mol/L}$$

$$c_{Ag^+} = (0.0806 - 0.0139)\ mol/L = 0.0667mol/L$$

$$c_{Fe^{3+}} = (0.0194 + 0.0139)\ mol/L = 0.0333mol/L$$

③ $$\alpha_{Ag^+} = \frac{0.100 - 0.0667}{0.100} \times 100\% = 33.3\%$$

对于任何可逆反应，提高某一反应物的浓度或降低某一产物的浓度，都能使平衡向着增加生成物的方向移动。实际生产中，为了尽可能利用某一反应物，经常用过量的另一种物质和它作用，不断将生成物从反应体系中分离出来，使平衡不断向生成产物的方向移动。

2. 压力对化学平衡的影响

压力的变化对固态或液态物质的体积影响很小，因此在没有气态物质参加反应时，可忽略压力对化学平衡的影响。但是对于有气体参加的反应，压力的影响必须考虑。

在其他条件不变的情况下，增大压力，会使化学平衡向着气体体积减小的方向移动；减小压力，会使化学平衡向着气体体积增大的方向移动。

应特别注意，在有些可逆反应里，反应前后气态物质的总体积没有变化，在这种情况下，增大或减小压力都不能使化学平衡移动。

3. 温度对化学平衡的影响

物质发生化学反应时，往往伴随着放热和吸热的现象。对于一个可逆反应来说，如果正反应是放热反应，那么逆反应就是吸热反应，且放出和吸收的热量相等。

当可逆反应达到平衡后，若升高温度，平衡向吸热反应的方向移动；反之，降低温度，平衡向放热反应的方向移动。

练一练
化学平衡

综合上述影响化学平衡移动的各种因素，1884 年法国科学家勒·夏特列（Le Chatelier）概括出一条规律：如果改变平衡的条件之一，如温度、压力和浓度，平衡必向着减弱这种改变的方向移动。这个规律称为勒·夏特列原理，也称平衡移动原理。这条规律适用于所有达到动态平衡的体系，对于非平衡体系是不适用的。

知识点二

滴定分析概述

滴定分析法是最常用的以化学反应为基础的化学分析法，广泛应用于物质组成的测定。根据化学反应类型的不同，滴定分析法分为酸碱滴定法、配位滴定法、氧化还原滴定法和沉淀滴定法。

一、滴定分析的基本概念

滴定分析
基本概念

滴定分析法是将一种已知准确浓度的试剂溶液滴加到被测物质的溶液中，直到所加的试剂与被测物质按化学计量关系恰好完全反应为止，根据试剂溶液的浓度和消耗的体积，计算被测物质含量的分析方法。

这种已知准确浓度的试剂溶液称为滴定剂。将滴定剂从滴定管中加到被测物质溶液中的过程称为滴定。加入的标准溶液与被测物质按化学计量关系恰好反应完全的这一点，称为化学计量点。一般根据指示剂的变色来确定化学计量点，在滴定中指示剂发生颜色变化的那一点称为滴定终点。滴定终点与化学计量点不一定恰好吻合，由此所造成的误差称为滴定误差。

二、滴定分析法对化学反应的要求与滴定方式

适合于滴定分析的化学反应必须具备以下条件：①反应能定量地按一定的反应方程式进行，无副反应发生，反应完全程度大于99.9%。这是滴定分析法进行定量计算的依据。②反应能迅速完成。对于不能瞬间完成的反应，需采取加热或添加催化剂等措施来加速反应的进行。③有简便可靠的确定终点的方法。

化学中的生活
哲理——化学
计量点与滴定
终点带来的启示

常用的滴定方式有：

1. 直接滴定法

凡能满足以上要求的反应就可以直接应用于滴定分析，即用标准溶液直接滴定被测物质，这种滴定方式就称为直接滴定法。

直接滴定法是滴定分析中最常用和最基本的滴定方法。当标准溶液与被测物质的反应不能完全符合上述要求时，无法直接滴定，此时可采用下述几种方式进行滴定。

2. 返滴定法

当反应较慢或反应物为固体时，可于被测物中先加入一定量的过量的滴定剂，待反应完全后，再用另一种标准溶液滴定剩余的滴定剂，这种方法称为返滴定法。

例如 Al^{3+} 与 EDTA 之间的反应非常缓慢，不能用直接法滴定，可在 Al^{3+} 溶液中先加入一定量的过量的 EDTA 标准溶液并加热，待 Al^{3+} 与 EDTA 反应完全后，再用 Zn^{2+} 或 Cu^{2+} 标准溶液去滴定过量的 EDTA。

3. 置换滴定法

当被测物质和滴定剂之间的反应不按一定化学计量关系进行或伴有副反应时，则可用置换滴定法来进行测定。先用适当的试剂与被测

物质反应，使其定量地置换出另一种物质，再用标准溶液滴定这种物质，继而求出被测物质的含量，这种方法称为置换滴定法。

例如，$Na_2S_2O_3$不能直接滴定$K_2Cr_2O_7$及其他氧化剂，因为这些氧化剂将$S_2O_3^{2-}$氧化的同时有$S_4O_6^{2-}$和SO_4^{2-}产生，没有确定的化学计量关系。但是，如在酸性$K_2Cr_2O_7$溶液中加入过量KI，产生一定量的I_2，就可以用$Na_2S_2O_3$标准溶液进行滴定。

4. 间接滴定法

某些被测物不能直接与滴定剂反应，但可以通过另外的化学反应将其转变成可被滴定的物质，再用滴定剂滴定所生成的物质，这种方法称为间接滴定法。

例如，$KMnO_4$不能直接与Ca^{2+}反应，可先用$(NH_4)_2C_2O_4$将Ca^{2+}沉淀为CaC_2O_4，将得到的沉淀过滤洗涤后用H_2SO_4溶解，再用$KMnO_4$标准溶液滴定溶解出的$C_2O_4^{2-}$，从而间接地求出Ca^{2+}的量。

三、 标准溶液和基准物质

配制标准溶液一般有下列两种方法。

1. 直接法

准确称取一定量的物质，用蒸馏水溶解后，定量转移到容量瓶内，稀释到一定体积，然后计算出该溶液的准确浓度。

标准溶液

可以用直接法配制标准溶液或标定标准溶液的纯物质称为基准物质。基准物质必须具备下列条件：①纯度高。一般要求其纯度在99.9%以上。②物质的组成与其化学式应完全符合。如$H_2C_2O_4 \cdot 2H_2O$、$Na_2B_4O_7 \cdot 10H_2O$等，其结晶水的含量应符合化学式。③性质稳定。干燥时不分解，称量时不吸收水分和二氧化碳，不失去结晶水，不被空气中的氧气所氧化等。④最好具有较大的摩尔质量，以减小称量的相对误差。

2. 间接法

不符合基准物质的试剂，如HCl、H_2SO_4、NaOH、$KMnO_4$、$Na_2S_2O_3$等，不能直接配制成标准溶液，需用间接法配制。

一般先粗略地称取一定量物质或量取一定体积溶液，配制成接近于所需浓度的溶液，然后用基准物质或另一种已知准确浓度的标准溶液来确定该标准溶液的准确浓度。这种确定浓度的操作过程，称为标定。一般将标准溶液的用量控制在20~30mL范围内，先估算出用于标定的基准物质的量，然后在电子天平上准确称取基准物质的质量，溶解后用待标定的标准溶液滴定，记下消耗的体积，最后算出该标准溶液的浓度。

【例 1-4】准确称取 0.5877g 基准试剂 Na_2CO_3，在 100mL 容量瓶中配制成溶液，其浓度为多少？量取该标准溶液 20.00mL 标定某 HC1 溶液，滴定中用去 HC1 溶液 21.96mL，计算该 HCl 溶液的浓度。

解
$$c_{Na_2CO_3} = \frac{\frac{m}{M}}{V} = \frac{\frac{0.5877}{106.0}}{0.1000} = 0.05544\ (mol/L)$$

由反应
$$Na_2CO_3 + 2HCl \rightleftharpoons 2NaCl + CO_2 + H_2O$$
$$c_{HCl} \times V_{HCl} = 2n_{Na_2CO_3}$$
$$c_{HCl} = \frac{2n_{Na_2CO_3}}{V_{HCl}} = \frac{2 \times 0.05544 \times 20.00}{21.96} = 0.1010\ (mol/L)$$

练一练
滴定分析概述

知识点三

误差及数据处理

一、定量分析中的误差

1. 误差的来源与分类

定量分析中的误差

在定量分析中，由于受分析方法、测量仪器、所用试剂和分析工作者主观条件等方面的限制，使测得的结果不可能和真实含量完全一致。即使是技术很熟练的分析工作者，用最完善的分析方法和最精密的仪器，对同一样品进行多次测定，其结果也不会完全一样。这说明客观上存在着难以避免的误差。根据误差产生的原因和性质分为系统误差和随机误差两大类。

（1）系统误差　系统误差又称可测误差，是由分析过程中的一些固定的、经常的原因造成的误差。它具有重复性、单向性和可测性，若能找出原因并设法加以校正，系统误差是可以消除的。系统误差产生的主要原因有以下几个方面。

①方法误差：由于分析方法本身不够完善所造成的误差。如在滴定分析中，由于指示剂确定的滴定终点与化学计量点不完全符合、副反应的发生等，都将使测定结果偏高或偏低。在重量分析中，当沉淀的溶解度过大时，会造成结果偏低的负误差，这些都是有一定规律性的系统误差。

②试剂误差：主要是由于试剂不纯或者所用的蒸馏水含有杂质等引起的系统误差。

③仪器误差：主要是由于仪器本身不够准确或者未经校准所引起的误差。例如，使用的滴定管、容量瓶及移液管等计量器皿的刻度不准、量器与量器的配合使用不成比例等，这些都是由于仪器的不准确所造成的系统误差。

④操作误差：是由分析工作者控制操作条件的差异和个人固有的习惯造成的。如对滴定终点颜色变化判断时，不同人的敏锐程度不同，有人敏锐，有人迟钝；滴定管读数时，最后一位估读不够准确，个人习惯偏高或偏低。

（2）随机误差　又称为偶然误差，是由一些随机的偶然因素造成的。如测量时，环境温度、湿度和气压的微小波动，仪器性能的微小变化，分析人员对各份试样处理时的微小差别等，这些误差是难以察觉或不可控制的。

由于随机误差是由一些不确定的偶然因素造成的，因此是可变的，时大时小，时正时负，在分析过程中是无法避免的。即使一个经验很丰富的分析人员，进行非常严谨的操作，得到的分析结果也不能完全一致，因此，随机误差也称为不可测误差。

随机误差的产生是没有确定原因的，但如果进行多次测定，便会发现，随机误差中大误差出现的概率小，小误差出现的概率大，且大小相等的正负误差出现的概率相等，它们之间能部分或完全抵消。

另外，由于分析人员的粗心大意或违反操作规程所产生的误差，如溶液溅出、试剂被污染、沉淀损失或加错试剂、读数错误、计算错误等都属于过失，这种过失是不允许的，应该避免，一旦出现过失，此次测定值应该弃去。

2. 误差的表示

（1）准确度与误差　准确度是指测定结果与真实值之间的接近程度。通常用误差的大小来衡量分析结果的准确度，误差越小，表示分析结果的准确度越高。

误差的表示

误差是指测定结果与真实值之间的差值。误差有正、负之分，当误差为正值时，表示测定结果偏高；误差为负值时，表示测定结果偏低。误差可用绝对误差和相对误差表示。

绝对误差（E）是测定结果（x）与真实值（μ）之差，按式（1-1）计算。

$$E = x - \mu \tag{1-1}$$

相对误差（RE）表示绝对误差在真实值中所占的百分比，按式（1-2）计算。

$$\mathrm{RE} = \frac{E}{\mu} \times 100\% \tag{1-2}$$

误差的计算都必须先知道真实值的大小，但在实际工作中，真实值一般是无法知道的，因此常用偏差代替误差。

（2）精密度与偏差　精密度是指在相同条件下，对同一试样多次平行测定结果相互接近的程度。精密度高低常用偏差来表示，偏差小，说明分析结果的精密度高。偏差也分为绝对偏差与相对偏差。

绝对偏差（d_i）是单次测定值（x_i）与多次测定的平均值（$\bar{x}$）之差，按式（1-3）计算。

$$d_i = x_i - \bar{x} \tag{1-3}$$

相对偏差（d_r）是某次测定的绝对偏差在算术平均值中所占的百分比，按式（1-4）计算。

$$d_r = \frac{d_i}{\bar{x}} \times 100\% \tag{1-4}$$

与误差一样，绝对偏差与相对偏差也有正负之分。

绝对偏差和相对偏差只能表示单次测定值与平均值的偏离程度，不能表示一组测量值中各测定值之间数据的分散程度，即不能表示精密度。为了描述多次测定结果的精密度，通常用平均偏差来表示。

平均偏差（$\bar{d}$）是以单次测定偏差绝对值的平均值表示，按式（1-5）计算。

$$\bar{d} = \frac{|d_1| + |d_2| + \cdots + |d_n|}{n} = \frac{\sum_{i=1}^{n} |d_n|}{n} \tag{1-5}$$

相对平均偏差（$\bar{d}_r$）是平均偏差在测定平均值中所占的百分比，按式（1-6）计算。

$$\bar{d}_r = \frac{\bar{d}}{\bar{x}} \times 100\% \tag{1-6}$$

用平均偏差表示精密度时，对于个别较大偏差还不能很好地体现，而采用标准偏差就可以突出较大偏差的影响。标准偏差又称为均方根偏差，当测量的次数不多时（$n<20$），测量的标准偏差（s）为：

$$s = \sqrt{\frac{\sum_{i=1}^{n} (x_i - \bar{x})^2}{n - 1}} = \sqrt{\frac{(x_1 - \bar{x})^2 + (x_2 - \bar{x})^2 + \cdots + (x_n - \bar{x})^2}{n - 1}} \tag{1-7}$$

相对标准偏差是标准偏差占平均值的百分比，用 RSD 表示，数学表达式为：

$$\mathrm{RSD} = \frac{s}{\bar{x}} \times 100\% \tag{1-8}$$

用标准偏差表示精密度比用平均偏差更合适，因为单次测定的偏差平方后较大的偏差更明显反映出来，这样能更好地说明数据的分散程度。但在要求不高的分析工作中，常用计算简便的平均偏差。对于要求较高的分析，经常采用标准偏差来衡量精密度。

（3）准确度和精密度的关系　准确度由系统误差决定，系统误差是定量分析误差的主要来源。精密度由随机误差决定。精密度是保证准确度的先决条件，精密度差，测定结果不可靠，就失去了衡量准确度的前提，所以准确度高一定需要精密度高。但精密度高并不能说明准确度一定高，它只表示分析测定的重现性好。因此，只有精密度和准确度都高的分析结果才是真实可靠的结果。例如，甲、乙、丙、丁四人对同一样品分别进行了四次平行测定，其结果如图 1–1 所示。

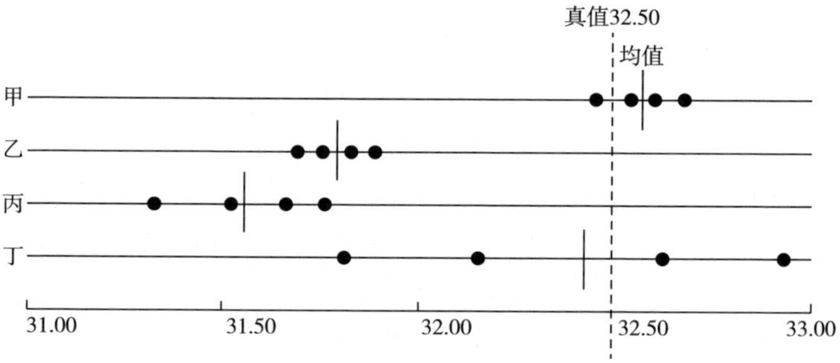

图 1–1　准确度与精密度的关系

3. 提高分析结果准确度的方法

从误差产生的原因来看，要提高分析结果的准确度，就必须减免分析过程中的误差。

提高分析结果准确度的方法

（1）消除系统误差的方法　根据系统误差产生的原因，采用不同的方法来检验和消除系统误差。

①对照试验：对照试验是检查系统误差最常用和行之有效的方法。用含量已知的标准试样或纯物质，以同一方法按完全相同的条件进行对照分析，通过对标样的分析结果与其标准值的比较，可以判断试样分析结果有无系统误差。必要时，可对未知样进行校正。

②空白试验：所谓空白试验，就是在不加试样的情况下，按试样分析步骤和条件进行分析试验，所得结果为空白值。然后，从试样测定结果中扣除此空白值，就可消除由于试剂、蒸馏水不纯及使用的器皿和环境不洁等引起的系统误差。若空白值较高，则应更换或提纯所用试剂。

③仪器校准：仪器校准可以消除由于仪器不准所引起的系统误差。如砝码、移液管、容量瓶、滴定管等的校正，以及各种量具之间（如移液管和容量瓶之间）的相对校准等。

④方法校正：分析方法所造成的系统误差，如重量分析法中沉淀的部分溶解等可用其他方法直接校正，选用公认的标准方法与所采用的方法进行比较，从而找出校正数据，消除方法误差。

（2）减少随机误差的方法　在消除系统误差的前提下，平行测定次数越多，平均值越接近于真实值，即可适当增加平行测定次数来减小随机误差，从而提高分析结果的准确度。但是测定次数增加到一定程度（10 次），再继续增加测定次数，则效果不显著。一般定量分析平行测定 3~4 次即可，要求高时，可适当增加平行测定次数。

（3）减少相对误差的方法　在分析测定中，分析结果往往不是一步完成的，每步测定都有可能产生误差，并且都要传递到最终结果中去。为了保证分析结果的准确度，必须尽量减小分析过程中每一步的测量误差。

在滴定分析中，需要称量和滴定，这时就应该设法减少称量和滴定两步骤的误差，过小的取样量将会影响测定的准确度。为了满足相对误差小于 0.1%的要求，称样量应为 0.2g 以上。滴定过程中一般要求滴定管消耗滴定液体积至少 20mL，在实际工作中，一般控制消耗滴定液的体积为 20~30mL，这样既减少了相对误差，又节省了时间和试剂。

二、分析检验的数据处理

1. 有效数字

有效数字就是实际能测到的数字。有效数字的位数和分析过程所用的分析方法、测量方法、测量仪器的准确度有关。我们可以把有效数字这样表示：

有效数字=所有的可靠数字＋一位可疑数字

分析检验的数据处理

有效数字的位数不同，说明所用的称量仪器的准确度不同。例如：0.5g 用的是精度为 0.1g 的电子天平；0.5180g 用的是精度为 0.0001g 的电子天平。

分析中记录的有效数字位数还直接反映了测定的相对误差。

（1）有效数字位数的确定

①实际分析工作中，记录数据要根据所使用量器的精度来决定，记录的数据应反映所使用仪器的准确度。

②数据中“0”的确定。“0”作为普通数字使用或作为定位的标志，例如：0.6000g、20.05%和 6.325×10^3 都有四位有效数字；0.0450g 和 2.57×10^3 都有三位有效数字；0.8g、0.005%和 5×10^2 都有一位有效数字。

③变换单位时，有效数字的位数不变。

④pH、pM、p*K*、lg*K* 等对数值，其有效数字的位数取决于小数部分（尾数）数字的位数。

⑤分析计算中的倍数、分数及常数 π、e 等一些非测量数字的有效数字位数视为无限多。

（2）有效数字修约规则　在计算一组准确度不等，即有效数字位数不同的数据前，应按照确定的有效数字位数，将多余的数字舍弃，舍弃多余数字的过程称为数字修约。数字修约遵循“四舍六入五成双”的规则。即：当尾数≤4 时舍，尾数≥6 时则入；尾数等于 5 而后面的数都为 0 时，5 前面为偶数则舍，5 前面为奇数则入；尾数等于 5 而后面还有不为 0 的任何数字，无论 5 前面是奇是偶都入。

（3）有效数字运算规则

①加减法：先按小数点后位数最少的数据保留其他各数的位数，再进行加减计算，计算结果也使小数点后保留相同的位数。

②乘除法：先按有效数字最少的数据保留其他各数，再进行乘除运算，计算结果仍保留相同有效数字。

③乘方或开方：对数据进行乘方或开方时，所得结果的有效数字位数保留应与原数据相同。例如：$6.54^2=42.8$。

④对数计算：对数尾数的位数应与真数的有效数字位数相同。例如：pH＝11.20，对应的 $[H^+]=6.3\times10^{-12}$ mol/L。

⑤对于高含量组分（如>10%）的测定，一般要求分析结果有 4 位有效数字；对于中含量组分（如 1%～10%），一般要求 3 位有效数字；对于微量组分(<1%)，一般只要求 2 位有效数字。通常以此为标准报出分析结果。

为了提高计算结果的可靠性，计算的中间过程中可以暂时多保留一位数字，但是得到最后结果时，一定注意要弃掉多余的数字。

2. 数据处理

精测细算
毫厘必究

（1）数据记录　原始数据记录是分析检验工作最重要的资料之一，认真做好原始记录，是保证实验数据可靠性的重要条件。记录时要注意以下几点：

①应有专用的记录本，并标上页码，记录本应保存相当时间以备查用。

②检验记录中应有检验日期、项目名称、检验次数、检验数据和检验人。

③根据不同的检验要求，可自行设计表格或自动记录和画图。

④要有科学严谨的态度，记录及时、准确、清晰、实事求是。

⑤检验中涉及的仪器型号、溶液浓度、室温等也要记录。

⑥记录数据的有效数字位数要与分析仪器的准确度一致。

⑦改动数据应清楚明确，不可随意涂改。

⑧检验结束后，应对数据进行核对、处理以确定是否需补充或重做。

（2）可疑数据的取舍　在定量分析中，重复平行多次测定时，可能会出现个别数据与其他数据相差较远，这一数据称为可疑值。如果此值不是由明显的过失造成的，是舍弃还是保留，不能随意决定，而要按照数理统计的规定进行处理。下面介绍 Q 值检验法。

Q 值检验法适用于3~10个数据的检验。Q 值检验法的具体步骤如下。

①将测定结果按从小到大的顺序排列：x_1，x_2，…，x_{n-1}，x_n。x_1和x_n为可疑数据。

②求出可疑值数据与相邻数据之差，然后除以最大值与最小值之差即极差，所得商为 $Q_计$，即

$$Q_{计} = \frac{|x_{可疑值} - x_{相邻值}|}{x_{max} - x_{min}}$$

③将计算值 $Q_计$与临界值 $Q_表$（表1-1）比较。若 $Q_计 \leq Q_表$，则可疑值为正常值，应保留，否则应舍去。

练一练
误差及数据处理

表1-1　　Q 值表

测定次数		3	4	5	6	7	8	9	10
置信度	$Q_{90\%}$	0.94	0.76	0.64	0.56	0.51	0.47	0.44	0.41
	$Q_{95\%}$	0.97	0.84	0.73	0.64	0.59	0.54	0.51	0.49

④舍去一个异常值后，再用同样的方法检验另一端，直至无异常值为止。

工作任务

检测结果的数据处理与报告

任务要求

1. 能根据检测过程中的提示如实地填写原始记录。
2. 能独立处理检测数据并准确表达检测结果。
3. 培养严谨求实的职业态度和诚实守信的职业操守。

任务描述

1. 设计原始数据记录表并填写检测数据。
2. 处理检测数据，填写数据处理表，并对结果进行误差分析。

任务实施

一、检测案例

某同学为标定氢氧化钠标准溶液的浓度，取三只锥形瓶分别标记为1、2、3号，用减量法准确称取0.5g左右的基准物质邻苯二甲酸氢钾。倾倒前称量瓶+邻苯二甲酸氢钾的质量为16.1511g，倾倒出第一份邻苯二甲酸氢钾至1号锥形瓶再称量，质量为15.6181g；倾倒出第二份邻苯二甲酸氢钾至2号锥形瓶再称量，质量为15.1125g；倾倒出第三份邻苯二甲酸氢钾至3号锥形瓶再称量，质量为14.5811g。

在三只锥形瓶中分别加入30mL左右的蒸馏水使邻苯二甲酸氢钾完全溶解，滴加1~2滴0.1%的酚酞指示剂，滴定管中装入氢氧化钠溶液，分别用氢氧化钠溶液滴定三份邻苯二甲酸氢钾溶液至微红色，30s不褪色即为终点。滴定1号锥形瓶时，滴定管的初读数为0.02mL，终读数为25.08mL；滴定2号锥形瓶时，滴定管的初读数为0.04mL，终读数为23.84mL；滴定3号锥形瓶时，滴定管的初读数为0.03mL，终读数为24.96mL。

二、实施步骤

序号	步骤	操作方法	操作提示
1	原始记录填写	根据检测内容，独立设计称量过程原始数据记录表和滴定过程原始数据记录表，将观察得到数据记录在原始数据记录表中	（1）原始数据的记录应如实、准确、清楚、完整； （2）原始数据要用钢笔记录； （3）原始数据不得随意更改或删减，如果看错刻度或读错数据需要修正时，应用一条横线划去原始数据，并在原数据旁写上正确数据，并说明原因； （4）记录测量数据时，应注意有效数字的保留
2	数据处理与报告	根据邻苯二甲酸氢钾的质量和所消耗的氢氧化钠溶液的体积，分别计算氢氧化钠溶液的浓度，将计算结果填入数据处理表中，并对结果进行误差分析	（1）数据处理表中的数据与原始记录应一致，有效数字的位数应正确； （2）分析结果有效数字的保留按照有效数字运算规则的规定； （3）用相对平均偏差来衡量分析结果的精密度

三、 数据处理

项目	1	2	3
倾倒前 $KHC_8H_4O_4$+称量瓶质量/g			
倾倒后 $KHC_8H_4O_4$+称量瓶质量/g			
$KHC_8H_4O_4$质量/g			
NaOH 溶液初读数/mL			
NaOH 溶液终读数/mL			
V_{NaOH}/mL			
c_{NaOH}/mol/L			
$\overline{c_{NaOH}}$/mol/L			
相对偏差/%			
相对平均偏差/%			

四、 考核标准

考核项目	考核内容	分值	得分
原始数据记录表的设计与填写	原始数据记录表设计科学	20	
	原始记录填写正确	10	
	原始记录字迹整洁无涂改	10	
检测数据的处理与报告	有效数字位数正确	10	
	检测结果计算正确	20	
	数据处理表完整、规范	10	
职业素质	严谨的科学态度	10	
	实事求是的职业精神	10	

习　题

一、简答题

1. 基准物质需具备哪些条件？
2. 简要说明应用于滴定分析的化学反应应符合哪些要求。

3. 基准物质的条件之一是摩尔质量要大，为什么？

4. 简述定量分析中偶然误差的特点及减免方法。

5. 有效数字的运算规则是什么？

二、计算题

1. 反应：$Sn + Pb^{2+} \rightleftharpoons Sn^{2+} + Pb$ 在 298K 达到平衡，该温度下的 $K^{\ominus} = 2.18$。若反应开始时 $c_{Pb^{2+}} = 0.1mol/L$，$c_{Sn^{2+}} = 0.\ mol/L$。计算平衡时 Pb^{2+}和 Sn^{2+}的浓度。

2. 根据有效数字运算规则，计算下列结果。

（1）$\dfrac{2.52 \times 4.10 \times 15.14}{6.16 \times 10^4}$

（2）$\dfrac{(25.42 - 20.7) \times 40.00}{0.1025 \times 1000}$

（3）$\dfrac{2.2856 \times 2.51 + 5.42 - 1.8940 \times 7.50 \times 10^{-3}}{3.5462}$

3. 测定某样品中铁的质量分数时，五次平行测定的结果分别是 37.45%、37.20%、37.50%、37.30%和 37.25%。计算这组数据的平均值、平均偏差、相对平均偏差、标准偏差和相对标准偏差。

模块一
习题答案

4. 测定某试样的含量，平行测定五次，所得结果分别为 0.5017、0.5019、0.5020、0.5022、0.5029。用 Q 检验法（置信度为 90%）判断 0.5029 是否应舍弃？

模块二

滴定分析基本操作

学习目标

知识目标

1. 了解实验室的规章制度；
2. 掌握电子天平的使用方法及称量方法；
3. 熟悉实验室常用玻璃仪器的洗涤及干燥方法；
4. 掌握移液管、容量瓶、移液枪、滴定管的正确使用方法；
5. 掌握实验室用水和常用化学试剂的规格。

技能目标

1. 能对触电、烫伤、割伤、灼伤等一般意外事故进行妥善处理；
2. 能用正确的称量方法进行固体试剂的称量；
3. 能正确选用洗液洗涤容量仪器；
4. 能正确使用移液管、移液枪、容量瓶、滴定管等常用分析仪器；
5. 能使用滴定管进行一滴、半滴操作，能准确判断滴定终点；
6. 会配制一般溶液和采用直接法配制标准溶液。

素质目标

1. 培养规范操作和节约环保的职业习惯；
2. 树立化学实验室的安全操作意识；
3. 培养科学严谨的工作作风和认真负责的工作态度。

化学家的故事
——高鸿

模块导学

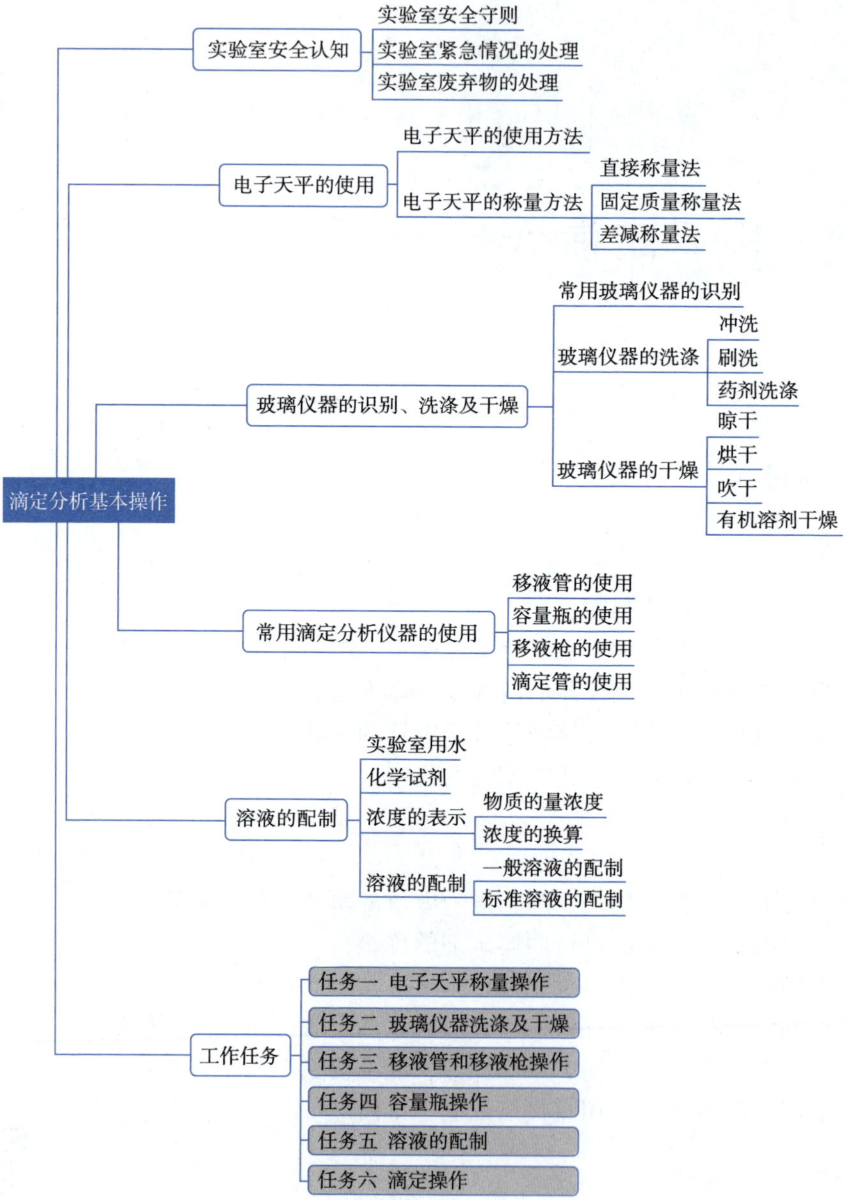
滴定分析基本操作
实验室安全认知
实验室安全守则
实验室紧急情况的处理
实验室废弃物的处理
电子天平的使用
电子天平的使用方法
电子天平的称量方法
直接称量法
固定质量称量法
差减称量法
玻璃仪器的识别、洗涤及干燥
常用玻璃仪器的识别
玻璃仪器的洗涤
冲洗
刷洗
药剂洗涤
玻璃仪器的干燥
晾干
烘干
吹干
有机溶剂干燥
常用滴定分析仪器的使用
移液管的使用
容量瓶的使用
移液枪的使用
滴定管的使用
溶液的配制
实验室用水
化学试剂
浓度的表示
物质的量浓度
浓度的换算
溶液的配制
一般溶液的配制
标准溶液的配制
工作任务
任务一 电子天平称量操作
任务二 玻璃仪器洗涤及干燥
任务三 移液管和移液枪操作
任务四 容量瓶操作
任务五 溶液的配制
任务六 滴定操作

知识点一

实验室安全认知

一、 实验室安全守则

(1) 进入实验室，需穿着实验服。

(2) 严禁在实验室内吃东西、吸烟，严禁在实验室嬉闹，养成良好的实验习惯。

(3) 进入实验室开始工作前，应了解水阀及电闸所在处。离开实验室时，一定要将室内检查一遍，应将水、电开关关好，门窗关好。

(4) 要注意安全用电，不要用湿手、湿物接触电源，实验结束后应及时切断电源。

(5) 会产生刺激性或有毒气体的实验，应在通风橱内进行。具有挥发性和易燃物质的实验，都应在远离火源的地方进行，最好在通风橱内进行。

(6) 取用药品要选用药匙等专用器具，不能用手直接拿取，防止药品接触皮肤造成伤害。

(7) 绝对不允许随意混合各种化学药品，以免发生意外事故。

(8) 洗液、浓酸、浓碱具有强腐蚀性，应避免溅落在皮肤、衣服、书本上，更应防止溅入眼睛里。稀释时（特别是浓硫酸），应将它们缓缓倒入水中并不断搅拌，切勿将水倒入浓硫酸以免迸溅伤人。

(9) 实验完毕离开实验室前，应选择合适洗涤用品，及时清洗双手。

实验室安全小游戏

实验室安全认知

二、 实验室紧急情况的处理

实验过程中如果不慎发生意外事故，切莫惊慌，应立即采取适当的急救措施。

1. 触电

可按下列方法紧急处理。

(1) 关闭电源。

(2) 用干木棍使导线与被害者分开。

(3) 急救时施救者应先做好防止触电的安全措施，手或脚必须绝缘。

2. 火灾

实验室起火或爆炸时，要立即切断电源，打开窗户，熄灭火源，移开尚未燃烧的可燃物，根据起火或爆炸原因及火势采取不同方法灭

实验室紧急情况的处理

火并及时报告。视火灾类型不同，采取不同的扑灭方法。

（1）地面或实验台面着火，若火势不大，可用湿抹布或砂土扑灭。

（2）反应器内着火，可用灭火毯或湿抹布盖住瓶口灭火。

（3）有机溶剂和油脂类物质着火，火势小时，可用湿抹布或砂土扑灭，或撒上干燥的碳酸氢钠粉末灭火；火势大时，必须用二氧化碳灭火器、泡沫灭火器或四氯化碳灭火器扑灭。

（4）电起火，立即切断电源，用二氧化碳灭火器或四氯化碳灭火器灭火（四氯化碳蒸气有毒，应在空气流通的情况下使用）。

（5）衣服着火，切勿奔跑，应迅速脱衣，用水浇灭；若火势过猛，应就地卧倒打滚灭火。

3. 烫伤

一般烫伤时，不要弄破水泡，在伤口处用95%的酒精轻涂伤口，涂上烫伤膏或涂一层凡士林油，再用纱布包扎。若烧伤严重者，不能涂烫伤软膏等油脂类药物，应用无菌纱布盖好伤口，急送医院处理。

4. 玻璃割伤及其他机械损伤

化学实验室中最常见的外伤是由玻璃仪器或玻璃管的破碎引发的。作为紧急处理，首先应止血，以防大量流血引起休克。原则上可直接压迫损伤部位进行止血。即使损伤动脉，也可用手指或纱布直接压迫损伤部位即可止血。由玻璃片或管造成的外伤，首先必须检查伤口内有无玻璃碎片，以防压迫止血时将碎玻璃片压深。若有碎片，应先用镊子将玻璃碎片取出，再用消毒棉花和硼酸溶液或双氧水洗净伤口，再涂上碘酒并包扎好。若伤口太深，流血不止，可在伤口上方约10cm处用纱布扎紧，压迫止血，并立即送医院治疗。

5. 灼伤

受强酸、强碱及某些腐蚀性物质腐蚀时，应立即用大量自来水冲洗，再用5%碳酸氢钠溶液或2%乙酸溶液涂洗。

6. 中毒

如有头痛、乏力、呼吸迟缓等中毒感觉，应立即打开窗户通风，到室外呼吸新鲜空气。皮肤上所沾试液应立即用冷的肥皂水洗掉，不可用热水，以免皮肤毛孔张开，反使药物再次渗入体内。

三、实验室废弃物的处理

实验室废弃物的处理

基础化学实验中经常会产生各种废弃物，即所谓的“三废”：废气、废液、废渣。这些废弃物中常包含有毒、有污染成分，如不加以处理，很容易引起周边环境、水源、空气污染，形成公害。因此，必须合理处理。

1. 废气处理

实验室中凡可能产生有害废气的操作都应在通风的条件下进行，如加热酸、碱溶液及产生少量有毒气体的实验等应在通风橱中进行。实验室若排放毒性大且较多的气体，可参考工业上废气处理的办法，在排放废气之前，采用吸附、吸收、氧化、分解等方法进行预处理。

2. 废渣处理

实验室产生的有害固体废渣虽然不多，但决不能将其与生活垃圾混倒。固体废弃物经回收、提取有用物质后，其残渣仍可对环境造成污染，必须进行必要的处理。

3. 废液处理

废液应根据其化学特性选择合适的容器和存放地点，使用密闭容器存放，不可混合贮存，标明废液种类、贮存时间，定期处理。具体处理方法如下：

（1）含酸、碱废液的处理　酸、碱废液在化学实验室内最常见。一般清洗玻璃器皿的废液，因经大量水洗涮，浓度极小，故可直接排放。浓度较高的酸、碱废液应分别收集，如查明酸、碱废液互相混合无危险时，可分次少量将其中一种废液倒入另一种废液中，将其中和处理，做到以废治废，使其 pH 在 6.5~8.5，达到排放标准。

（2）含镉废液的处理　用消石灰将镉离子转化成难溶于水的 $Cd(OH)_2$ 沉淀。即在镉废液中加入消石灰，调节 pH 至 10.6~11.2，充分搅拌后放置，分离沉淀，检测滤液中无镉离子时，将其中和后即可排放。

（3）含六价铬废液的处理　主要采用铁氧吸附法。即利用六价铬的氧化性，采用铁氧吸附法将其还原为三价铬，再向此溶液中加入消石灰，调节 pH 为 8~9，加热到 80℃左右，放置一夜，溶液由黄色变为绿色，排放废液。

（4）含铅废液的处理　原理是用 $Ca(OH)_2$ 把二价铅转化为难溶的氢氧化铅，然后采用铝盐脱铅法处理。即在废液中加入消石灰，调节 pH 至 11，使废液中铅生成氢氧化铅沉淀，然后加入硫酸铝，将 pH 降至 7~8，即生成氢氧化铝和氢氧化铅共沉淀，放置，使其充分澄清后，检测滤液中不含铅，分离沉淀，排放废液。

（5）含汞废液的处理　用硫化钠将汞转变为难溶于水的硫化汞，然后使其与硫化亚铁共沉淀而分离除去。即在含汞废液中加入与汞离子浓度相当的硫化钠，然后加入硫酸亚铁，使其生成硫化亚铁，将汞离子沉淀，分离沉淀，排放废液。

练一练
实验室安全认知

知识点二

电子天平的使用

电子天平是最新一代的天平，是化学实验室最常用的称量仪器，它利用电子装置完成电磁力补偿的调节，使物体在重力场中实现力的平衡，或通过电磁力矩的调节，使物体在重力场中实现力矩的平衡。电子天平具有称量准确、灵敏度高、性能稳定、操作简便快捷、使用寿命长等优点，此外还具有自动调零、自动校准、自动去皮和自动显示称量结果等功能。

3D仿真
电子天平

实验室常用的电子天平按精度分为 0.1g、0.01g 和 0.1mg。一般称量精度在 0.001g 以上的带有防风玻璃罩，用于精确称量；精度在 0.01g 以下的不带防风罩，用于一般称量。

电子天平型号很多，但就其基本结构和称量原理而言，各种型号的电子天平都是大同小异。常见电子天平的基本结构如图 2-1 所示。

图 2-1　电子天平
1—面板　2—水平仪　3—秤盘

一、电子天平的使用方法

电子天平的
操作方法

（1）调节水平　天平开机前，应先观察水平仪的水泡是否位于圆环的中央，否则需调整天平底部的调节脚，使水泡位于水平仪中心。

（2）预热　接通电源，预热 30min 后方可开启显示器。

（3）开启显示器　轻按“ON”键，显示器全亮，约 2s 后，先显示天平的型号，稍后显示“0.0000g”，即可开始使用。如果显示不是“0.0000g”，则需按一下“TAR”键。

（4）校正　首次使用天平必须校正，天平长时间没有使用过或移动位置，应重新校正。按“CAL”键，天平将显示所需校正的砝码质量，放上标准砝码直至显示其质量，校正完毕，取下标准砝码。

（5）称量　将称量物轻放在秤盘上，待显示数字稳定后，即可读数，并记录称量结果。若需清零、去皮重，轻按“TAR”键，显示为零，即可去皮重。可继续在容器中加入药品进行称量，这时显示的是药品的净质量。将秤盘上所有物品拿走后，天平显示负值，按“TAR”键，天平显示为零。可根据实验要求选用一定的称量方法进行称量。

（6）称后检查　称量结束后，若较短时间内还使用天平（或其他人还使用天平），一般不用按“OFF”键关闭显示器。实验全部结束后，关闭显示器，切断电源。若短时间（如2h内）还使用天平，可按一下“OFF”键，不必切掉电源，让天平处于待命状态，再用时可省去预热时间，按一下“ON”键即可使用。

二、称量方法

电子天平称取样品时，应根据不同的称量对象，采取相应的称量方法。

1. 直接称量法

天平零点调定后，用一干净的纸条套住（也可采用戴细纱手套、用镊子等方法）将称量物直接放置于秤盘上，所得读数即为被称物质量。这种称量方法适用于称量洁净干燥的器皿或棒状或块状的金属及其他整块的不易潮解或升华的固体样品，如小烧杯、表面皿、称量瓶等。

电子天平的称量方法

2. 固定质量称量法

在分析工作中，有时要求准确称取某一指定质量的样品。例如用基准物质配制某一指定浓度的标准溶液时，便采用固定质量法称取基准物质。此法称量速度很慢，适于称量不吸水、在空气中性质稳定、颗粒细小或粉末状样品。

称量方法是：先在电子天平上准确称出干燥洁净的容器质量（如表面皿、小烧杯、称量纸等），然后按“TAR”键，显示屏上显示为零，打开侧门，缓缓往容器里倾注样品，当显示屏显示的读数达到称量要求后立即停止抖入样品，关上侧门，再次进行读数。

3. 差减称量法

有些样品在空气中不稳定（如吸水返潮），同时对称出样品的质量不要求固定值，只要在称量范围内即可，这时可用差减法称取。这种方法适用于一般的颗粒状、粉末状样品或液体样品。

称量方法如下：用干净的纸条套住盛有样品的称量瓶，将其放到秤盘上准确称量。然后，同样用纸条套住称量瓶后将它从秤盘上取下，并置于盛接样品的容器上方，右手用小纸片夹住瓶盖柄，打开瓶盖，将称量瓶一边慢慢地向下倾斜，一边用瓶盖轻轻敲击瓶口的上部，使样品慢慢落入容器内，如图2-2所示。当倾出的样品接近所要称取的质量时，将称量瓶慢慢竖起，同时用称量瓶盖轻轻敲击瓶口侧面，使黏附在瓶口上的样品落入瓶内，再盖好瓶盖。把称量瓶再放回秤盘上称量，两次称得质量之差即为样品的质量。按上述方法连续递减，可称取多份样品。

练一练
电子天平的
使用

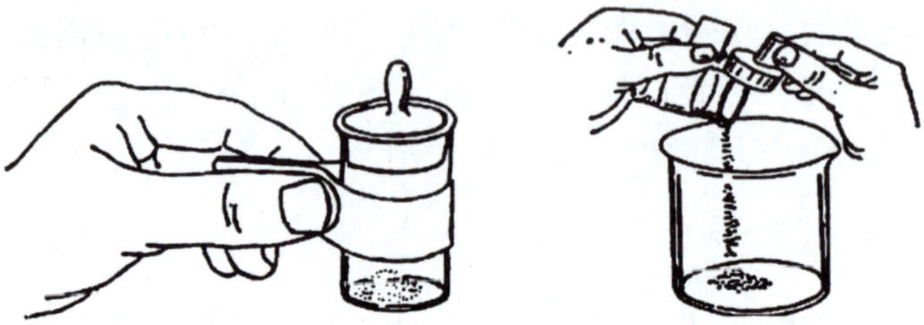

图 2-2　称量瓶手持方法及样品倾倒方法

三、 干燥器的使用

3D仿真
称量瓶

3D仿真
干燥器

干燥器是保持试剂干燥的容器，由厚质玻璃制成。其上部是一个磨口的盖子（磨口上涂有一层薄而均匀的凡士林），中部有一个有孔洞的活动瓷板，瓷板下放有干燥的氯化钙或硅胶等干燥剂，瓷板上放置装有需干燥存放的试剂的容器。

开启干燥器时，左手按住下部，右手按住盖子上的圆顶，沿水平方向向左前方推开器盖［图 2-3（1）］。盖子取下后应放在桌上安全的地方（注意要磨口向上，圆顶朝下），用左手放入或取出物体，如坩埚或称量瓶，并及时盖好干燥器盖。加盖时，也应当拿住盖子圆顶，沿水平方向推移盖好。搬动干燥器时，应用两手的大拇指同时将盖子按住，以防盖子滑落而打碎［图 2-3（2）］。

（1）开启　　（2）搬动

图 2-3　干燥器的使用

当坩埚或称量瓶等放入干燥器时，应放在瓷板圆孔内。但称量瓶比圆孔小时则应放在瓷板上。温度很高的物体必须冷却至室温或略高于室温，方可放入干燥器内。

知识点三

玻璃仪器的识别、洗涤及干燥

一、常用玻璃仪器的识别

常用仪器主要以玻璃仪器为主，按其用途可分为容器类仪器、量器类仪器和其他类仪器。

常用玻璃仪器的识别

1. 容器类仪器

容器类仪器是常温或加热条件下物质的反应容器或物质的贮存容器。包括试管、烧杯、烧瓶、锥形瓶、广口瓶、细口瓶、滴瓶、称量瓶、洗气瓶和分液漏斗。每种类型的仪器有许多不同的规格，在使用时，要根据具体的用途和用量，选择不同种类和合适规格的仪器。

2. 量器类仪器

该类仪器是用于度量溶液体积的仪器。主要有量筒、量杯、移液管、吸量管、滴定管和容量瓶等。它们不能作为实验容器（即不能用于溶解、稀释等操作），也不能量取热溶液、加热和长期存放溶液。

3. 其他类仪器

其他类仪器包括玻璃仪器和非玻璃仪器。

常用玻璃仪器的规格、主要用途和使用注意事项如表 2-1 所示。

表 2-1　　常用玻璃仪器

仪器	规格	主要用途	使用注意事项
 烧杯	有一般型和高型，有刻度和无刻度几种。按容积（mL）分有：50、100、150、200、250、500 等	常温和加热条件下，用于反应物量较多时的反应容器，反应物易混合均匀	反应液体不得超过烧杯容量的 2/3。加热前要把烧杯外壁擦干，加热时应放在石棉网上，使受热均匀
 圆底烧瓶  平底烧瓶	有圆底、平底、长颈、短颈、粗口和细口几种。按容积（mL）分有：50、100、250、500、1000 等	圆底烧瓶：常温或加热条件下用作反应物较多且需长时间加热时的反应容器。 平底烧瓶：配溶液或代替圆底烧瓶使用	盛放液体的量不能超过烧瓶容量的 2/3，也不能太少。固定在铁架台上，垫上石棉网再加热，不能直接加热，加热前外壁要擦干

续表

仪器	规格	主要用途	使用注意事项
 锥形瓶	有细口、广口、微型、有塞和无塞几种。按容积（mL）分有：50、100、150、200、250等	用作反应容器，振荡方便，适用于滴定操作	盛液不能太多。不能直接加热，加热时下面应垫石棉网或置于水浴上加热
 碘量瓶	按容积（mL）分有：100、250、500等	用于碘量法	注意塞子及瓶口边缘的磨砂部分勿擦伤，以免产生漏隙。滴定时打开塞子，用蒸馏水将瓶口及塞子上的碘液洗入瓶中
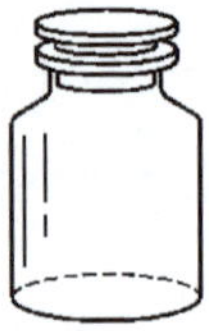 广口瓶	有无色和棕色的，有磨口和不磨口的。磨口有塞，若无塞的口上是磨砂的则为集气瓶。按容积（mL）分有：30、60、125、250、500等	用于贮存固体药品。集气瓶用于收集气体	不能直接加热，不能放碱。瓶塞不得弄脏、互换。做气体燃烧实验时，瓶底应放少许砂子或水。收集气体后，要用毛玻璃片盖住瓶口
 细口瓶	有无色、棕色和蓝色的，有磨口和不磨口的。按容积（mL）分有：100、125、500、1000等	用于贮存溶液或液体药品	不能直接加热，瓶塞不得弄脏，不要互换，盛放碱液应改用胶塞。有磨口塞的细口瓶不用时应洗净，并在磨口处垫上纸条。有色瓶盛放见光易分解或不太稳定物质的溶液或液体
 滴瓶	分有色和无色两种，滴管上带有橡皮胶头。按容积（mL）分有：15、30、60、125等	盛放少量液体试剂或溶液，便于取用	棕色瓶盛放见光易分解或不太稳定的物质。滴管不能吸得太满，也不能倒置，更不能弄脏或互换

续表

仪器	规格	主要用途	使用注意事项
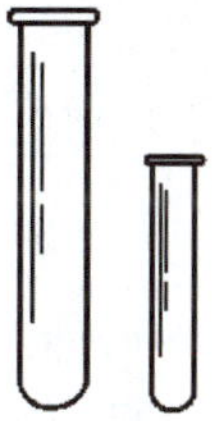 试管  离心试管	有普通试管和离心试管两种。普通试管有翻口和平口、有刻度和无刻度、有支管和无支管、有塞和无塞几种。离心试管分有刻度和无刻度。无刻度试管按管口外径（mm）×管长（mm）分有：8×70、10×75、10×100、12×100、15×150、30×200 等。有刻度试管和离心试管按容积（mL）分有：5、10、15、20、25 等	常温和加热条件下，用作少量试剂的反应容器（便于操作和观察）或收集少量气体。有支管试管还可以检验气体产物，也可接到装置上用。离心试管可用作沉淀分离	反应液体不超过试管容积 1/2，加热时不超过 1/3，以防止振荡时液体溅出或受热溢出。 加热液体时，管口不要对人，防止液体溅出伤人。 加热固体时，管口应略向下倾斜，防止管口冷凝水回流灼热管底而引起破裂。 离心试管不能直接加热
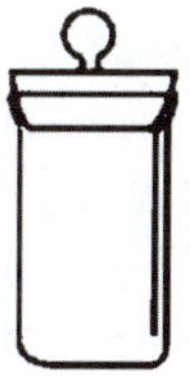 称量瓶	分高型和扁型两种。按容积（mL）分，高型有 10、20、25、40 等；扁型有 5、10、15、30 等	准确称取一定量固体药品时用	不能加热。盖子是磨口配套的，不得弄脏、丢失。不用时应洗净，在磨口处垫上纸条
 移液管  吸量管	有刻度管型和单刻度大肚型两种。无刻度的称移液管，有刻度的称吸量管。按刻度最大标度（mL）分有：1、2、5、10、25、50 等	用于准确移取一定体积的液体	未标明“吹”字的容器，不要将残留在尖嘴内的液体吹出，因为校正容量时未考虑这一滴液体
 分液漏斗	有球形、梨形、筒形和锥形几种。按容积（mL）分有：50、100、250、500 等	用于互不相溶的液－液分离和气体发生器装置中加液	不能加热。塞上涂一薄层凡士林，活塞处不能漏液。分液时，下层液体从漏斗管流出，上层液体从上口倒出。装气体发生器时，漏斗管应插入液面内（漏斗管不够长，可接管）或改装成恒压漏斗

续表

仪器	规格	主要用途	使用注意事项
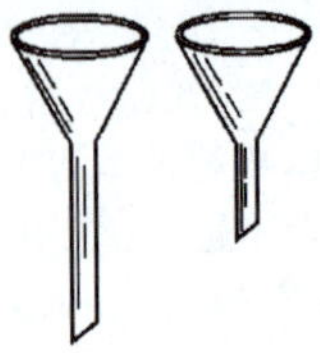 长颈漏斗　漏斗	有长颈和短颈两种。按斗颈（mm）分有：30、40、60、100、120等。铜制热漏斗专用于热过滤	用于过滤或倾注液体。长颈漏斗常装配气体发生器加液用	不能直接加热。过滤时漏斗颈尖端必须紧靠盛接滤液的容器壁。长颈漏斗作加液时，斗颈应插入液面内
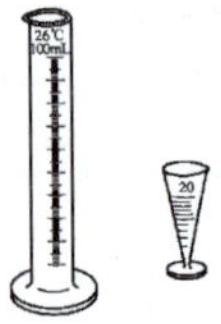 量筒　量杯	按容积（mL）分有：5、10、20、25、50、100、200等	用于量取一定体积的液体	读数时，视线应和液面水平，读取与弯月面底相切的刻度。不能加热，不能作实验容器，不能量热溶液和液体
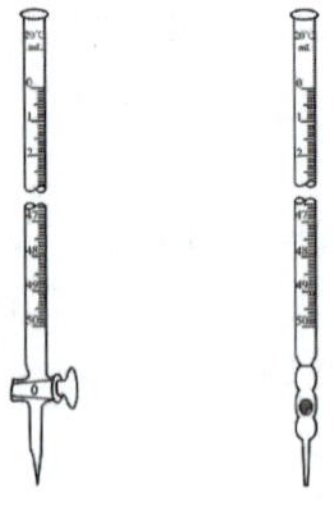 酸式滴定管　碱式滴定管	有酸式滴定管和碱式滴定管两种。按刻度最大标度（mL）分有：25、50、100等	滴定时准确测量溶液的体积	洗涤前应先检查是否漏液，旋塞转动是否灵活。用前洗净，装液前要用待装溶液淋洗三次。初读数前要赶尽气泡。滴定时，用左手开启旋塞或挤压橡皮管内玻璃珠，溶液即可从滴定管中放出
 容量瓶	按刻度容量（mL）分有：5、10、25、50、100、150、200、250等	配制准确浓度的溶液时用	溶质先在烧杯内溶解，然后转入容量瓶。 不能加热，不能在其中溶解固体。瓶塞与瓶是配套的，不能互换
 表面皿	按口径（mm）分有：45、65、75、90等	盖在烧杯上，防止液体溅出或其他用途	不能用火直接加热，以防止破裂
 吸滤瓶　布氏漏斗	吸滤瓶按容积（mL）分有：50、100、250、500等 布氏漏斗以直径（mm）表示	两者配套用于晶体或沉淀的减压过滤，利用水泵或真空泵降低吸滤瓶中压力来加速过滤	不能用火直接加热。滤纸要略小于漏斗的内径。先开泵，后过滤。过滤完毕后，先拔掉与吸滤瓶相连的胶管，再关泵

续表

仪器	规格	主要用途	使用注意事项
 干燥器	有普通干燥器和真空干燥器。以直径（mm）表示	内放干燥剂。定量分析时，将灼烧过的坩埚置其中冷却。存放物品，以免物品吸收水汽	灼烧过的物体放入干燥器前湿度不能过高。干燥器中的干燥剂要按时更换。防止盖子滑动打碎
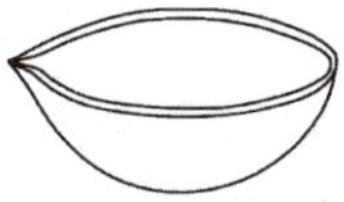 蒸发皿	有平底和圆底两种。按容积（mL）分有：75、200、400等。有瓷、玻璃、石英、铂等不同质地	用于蒸发、浓缩溶液，口大底浅，蒸发速率快。随液体性质不同可选用不同质地的蒸发皿	能耐高温，但不宜骤冷，以防止破裂。蒸发溶液时，一般放在石棉网上加热，也可直接用火加热
 坩埚	按容积（mL）分有：10、15、25、50等。有瓷、石英、铁、镍或铂等不同质地	灼烧固体时用。随固体性质不同可选用不同质地的坩埚	可放在泥三角上直接用火灼烧至高温。灼烧完毕后用坩埚钳取下坩埚，放在石棉网上。坩埚钳应预热，以防骤冷坩埚破裂
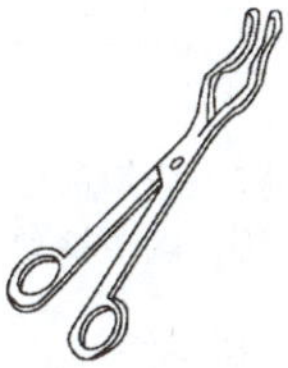 坩埚钳	有大小、长短不同种类	加热坩埚时，用于夹取坩埚和坩埚盖，也可用于夹取热的蒸发皿	不要和化学药品接触，以免腐蚀。使用时必须用干净的坩埚钳。用后放置时头部朝上，以免沾污，若温度很高，则应放在石棉网上
 研钵	以口径大小表示。有铁、瓷、玻璃、玛瑙等不同质地	用于研磨固体物质。按固体的性质和硬度选用不同质地的研钵	不能用作反应容器。只能研磨，不能敲击（铁研钵除外）。放入量不宜超过研钵容积的1/3
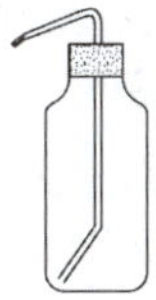 洗瓶	有塑料洗瓶和玻璃洗瓶。按容积（mL）分有：250、500等	用蒸馏水洗涤沉淀和容器用	塑料洗瓶不能加热

续表

仪器	规格	主要用途	使用注意事项
 石棉网	用铁丝编成，中间涂有石棉。有大小之分	加热时，垫上石棉网能使受热物体均匀受热，不致造成局部过热	用前应先检查石棉是否脱落，脱落者不能用。不能与水接触，也不可卷折，以免石棉松脆或铁丝生锈
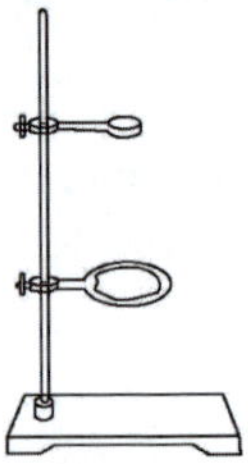 铁架台	有圆形的和方形的	用于固定或放置反应容器。铁环还可以代替漏斗架使用	应先将铁夹等放至合适的高度并旋转螺丝，使之牢固后再进行实验
 三脚架	有大小、高低之分	放置较重、较大的加热容器	放置加热容器（除水浴锅外）应先放上石棉网。下面加热灯焰的位置要合适
 毛刷	以大小或用途表示。有试管刷、离心试管刷、滴定管刷等	洗刷玻璃仪器	洗涤试管时，要把前部的毛捏住放入试管，以免铁丝顶端将试管戳破
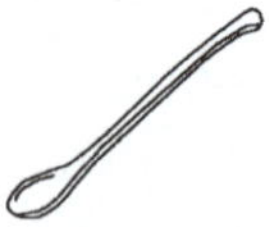 药匙	由牛角、瓷或塑料制成，现多数是塑料的	用于取用固体药品	取用一种药品后，必须洗净，并用滤纸屑擦干，才能取用另一种药品，以免沾污试剂，发生事故
 滴管	由尖嘴玻璃管和橡皮乳头构成	用于吸取或滴加少量（数滴或1~2mL）试剂，或吸取沉淀上层清液以分离沉淀	滴加试剂时，要保持垂直，避免倾斜，尤忌倒立。除吸取溶液外，管尖不可接触其他器物，以免杂质沾污

二、玻璃仪器的洗涤

在分析工作中，洗涤玻璃仪器不仅是一个实验前的准备工作，也是一个技术性的工作。仪器洗涤是否符合要求，对检验结果的准确度和精密度均有影响，因此玻璃仪器的洗涤是化学实验中的一项重要内容。玻璃仪器的洗涤方法很多，应根据实验要求、污物的性质和沾污的程度选择合适的洗涤方法。

玻璃仪器的洗涤及干燥

1. 冲洗

对于可溶性污物可用水冲洗，这主要是利用水把可溶性污物溶解而除去。为了加速溶解，必须振荡，往仪器中注入少量（不超过容量的1/3）的水，然后用力振荡片刻（图2-4），把水倾出，如此反复冲洗数次。该方法可洗去附着在玻璃仪器上的部分灰尘和其他可溶性物质。

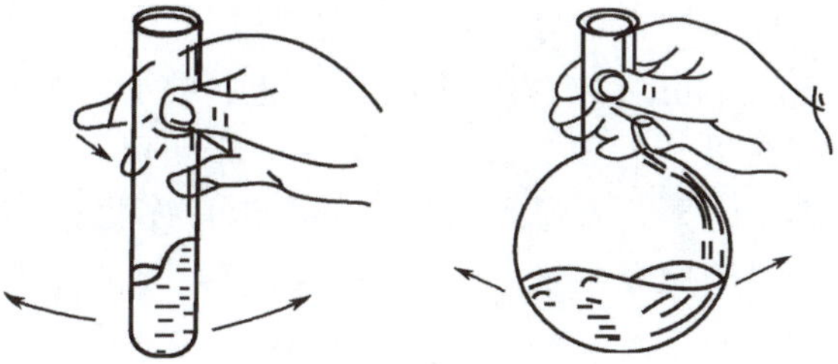

图2-4　振荡冲洗

2. 刷洗

冲洗不能洗涤干净的玻璃仪器，可用毛刷蘸上自来水或去污粉、洗衣粉、洗涤剂等洗涤用品进行刷洗，再用水冲洗干净。该方法可除去灰尘、可溶性物质、某些不溶性物质、油污和一些有机物。

3. 药剂洗涤

对于用肥皂液或合成洗涤剂等仍刷洗不掉的污物或因口径较小不便用毛刷刷洗的玻璃仪器，可借助一些洗液浸泡洗涤，如铬酸洗液或王水等实验室常用洗液，也可针对具体的污物选用适当的药剂或方法处理。用铬酸洗液洗涤时，可往仪器内注入少量铬酸洗液，使仪器倾斜并慢慢转动，让仪器内壁全部被洗液湿润，再转动仪器，使铬酸洗液在内壁流动。经流动几圈后，把洗液倒回原瓶（所用铬酸洗液变成暗绿色后，需再生才能使用）。对沾污严重的仪器可用洗液浸泡一段时间或用热铬酸洗液进行洗涤，效率更高。经过洗液浸泡后的玻璃仪器，在回收洗液后，再加水冲洗或刷洗。绝不允许将毛刷放入洗液中。

玻璃仪器是否洗涤干净可通过器壁是否挂有水珠进行检验。洗净的玻璃仪器，应清洁透明，水沿内壁自然流下，均匀湿润而不挂水珠。已洗净的玻璃仪器，内壁不能用布或纸擦拭，否则布或纸上的纤维及污物会留在壁上反而沾污了仪器。在定性和定量分析实验中，准确度要求较高，玻璃仪器用上述方法洗涤后，还要用蒸馏水或去离子水荡洗 2~3 次。

三、 玻璃仪器的干燥

不同实验对干燥有不同的要求，一般定量分析用的烧杯、锥形瓶等仪器洗净即可使用，而用于有机化学实验的仪器很多要求是干燥的，有的要求无水痕，有的要求无水。应根据不同要求进行干燥仪器。

1. 晾干

不急用的玻璃仪器，可在蒸馏水冲洗后倒置在干净的格栅板或干燥架上晾干。

2. 烘干

3D仿真
干燥箱

洗净的玻璃仪器控去水分，放在恒温干燥箱内烘干，温度为 105~110℃，烘 1h 左右。也可放在红外线干燥箱中烘干。此法适用于一般仪器。称量瓶等在烘干后要放在干燥器中冷却和保存。带实心玻璃塞的及厚壁仪器烘干时要注意慢慢升温，并且温度不可过高，以免破裂。量器不可放于恒温干燥箱中烘干。

3. 吹干

用电吹风直接吹干或倒插在气流干燥器上进行干燥。这种方法主要针对一些需要急用的玻璃仪器的干燥，若在吹风前先用易挥发的有机溶剂进行淋洗，则效果更好。

4. 有机溶剂干燥

练一练
玻璃仪器的认知、洗涤及干燥

将仪器内的水倒干后，加入少量有机溶剂（如乙醇、丙酮等），慢慢转动仪器，使残留水分与其混合，然后倒出有机溶剂，仪器即迅速干燥。

必须注意，带有刻度的计量容器不能用加热法干燥，否则会影响其精度。如需要干燥时，可采用晾干或用有机溶剂干燥的方法，吹干则应用冷风。

知识点四

常用滴定分析仪器的使用

滴定分析过程中常用到的仪器主要有滴定管、移液管、吸量管、容量瓶等，均是准确测量溶液体积的量器。

量器分为量入式量器和量出式量器。量入式量器主要用于测量量器中所容纳液体的体积，量器上标有“In”的字样，其体积称为标称体积，如容量瓶。量出式量器主要用于测量从量器中排（放）出液体的体积，量器上标有“Ex”字样，体积称为标称容量，如滴定管、移液管和吸量管。

3D仿真
移液管

根据量器的容量所允许的误差和水的流出时间，各类量器又分为 A 级、B 级，其中量筒和量杯不分级。凡是 B 级的容量允差比同种 A 级的大，也就是说 A 级比 B 级准确。

一、 移液管的使用

移液管属于量出式容器，是用于精确量取一定体积液体的仪器。移液管通常分为两类，一类是中间有一胖肚，上部的细颈有一环形标线，当吸取至其弯月面与标线相切时，此时放出的溶液体积等于管上所标的体积。常用的移液管有 5mL、10mL、20mL、25mL、50mL 等规格。另一类是带有分刻度的移液管，常称为吸量管（或刻度吸管），有 1mL、2mL、5mL、10mL 等规格，可用于准确量取不同体积的溶液。移液管和吸量管上如标有“快”字为快流式，有“吹”字为吹出式，无“吹”字的不可以将管尖的残留液吹出。

移液管的介绍

根据所移溶液的体积和要求选择合适规格的移液管使用。使用前首先要看一下移液管标记、准确度等级、刻度标线位置等，然后检查移液管的管口和尖嘴有无破损，若有破损不能使用。

1. 洗涤

使用前，应洗涤移液管。较脏时，可用铬酸洗液洗净，然后用自来水冲洗残留的洗液，再用少量蒸馏水润洗 3 次，洗净后的移液管内壁应不挂水珠。

移液管的使用

2. 润洗

洗净后的移液管移液前需用滤纸吸净尖端内、外的残留水，然后用待取液润洗 2～3 次，以防改变溶液的浓度。

3. 吸液

吸取溶液时，用右手大拇指和中指拿在管子的刻度上方，插入溶液中，但不要触到底部，左手用洗耳球将溶液吸入管中，如图 2-5（1）所

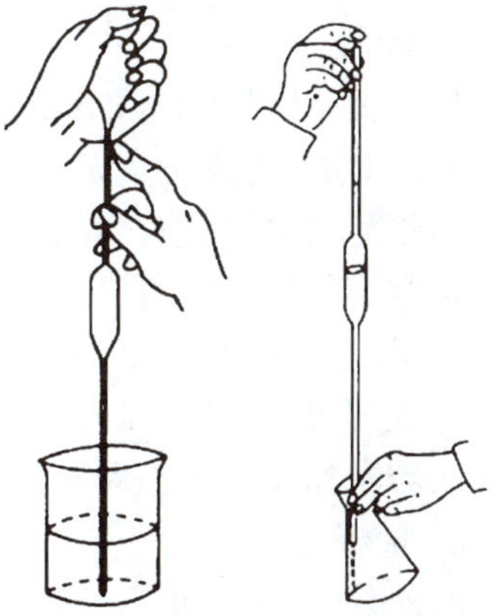

（1）吸液　　（2）放液

图 2-5　移液管的使用

示。当液面上升至标线以上时立即用右手食指（用大拇指操作不灵活）按住管口。

4. 调节液面

左手另取一洁净小烧杯，管尖靠在烧杯内壁，稍放松食指并转动移液管，使液面下降，当弯液面与刻线相切时，立即用食指按紧管口。

5. 放液

3D仿真
容量瓶

将移液管直立，接受器倾斜，管下端紧靠接收容器内壁，放开食指，让溶液沿接收容器内壁流下，如图 2-5（2）所示。管内溶液流完后，保持放液状态停留 15s，移走移液管。如有“吹”字，就必须吹出，不允许保留；否则不用吹出，因为校正时未将这部分体积计算在内。

实验完毕，立即洗净移液管，放置在移液管架上。

用吸量管吸取溶液时，操作与移液管相同。

二、 容量瓶的使用

容量瓶的使用

容量瓶主要用于配制准确浓度的溶液或定量地稀释溶液。它是一种细颈梨形的平底玻璃瓶，带有磨口玻璃塞，颈上有一标线，在指定温度下，当溶液充满至液面的弯月面与标线相切时，所容纳的溶液体积等于瓶上标示的体积，属于量入式玻璃仪器。容量瓶常用的规格有 10mL、25mL、50mL、100mL、250mL、500mL 及 1000mL 等。

1. 验漏

容量瓶使用前应检查瓶塞是否密合、不漏水。

2. 洗涤

容量瓶洗涤与移液管相同。尽可能只用水洗，必要时用铬酸洗液浸泡内壁，然后依次用自来水和蒸馏水洗净，使内壁不挂水珠。

3. 转移

如果是用固体物质配制标准溶液，通常将固体准确称量后放入烧杯中，用少量蒸馏水或溶剂使之全部溶解，再定量转移至容量瓶中（图 2-6）。

图 2-6　向容量瓶转移溶液

如果是把浓溶液定量稀释，则可用移液管或吸量管直接吸取一定体积的溶液移入容量瓶中，再按稀释方法定容。

4. 稀释

溶液转入容量瓶后，用溶剂进行稀释。当溶剂加至容量瓶容积的 3/4 左右时，将容量瓶平摇几次，作初步混匀。继续加水至距离标线约 1cm 处，放置1～2min。

5. 定容

继续加入溶剂，近标线时应小心地逐滴加入，直至溶液的弯月面与标线相切为止。

6. 摇匀

盖好瓶塞，左手用食指按住瓶塞上部，右手指尖托住瓶底边缘（图2-7），将容量瓶倒转并振荡，反复使气泡上升至底部或顶部，如此反复10～15次，使溶液充分混匀。

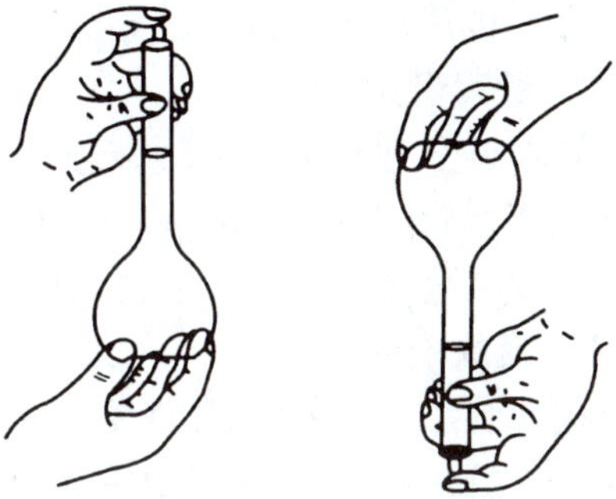

图2-7　溶液的混匀

浓溶液的定量稀释，用移液管吸取一定体积的浓溶液移入容量瓶中，按上述方法稀释至标线，摇匀即可。

容量瓶不能长期存放溶液，不可将容量瓶当作试剂瓶使用，尤其是碱性溶液会侵蚀瓶塞，使之无法打开，也不能用火直接加热及烘烤。使用完毕后应立即洗净，如长时间不用，磨口处应洗净擦干，并用纸片将磨口隔开。

3D仿真移液枪

三、 移液枪的使用

移液枪又称移液器，用于实验室少量或微量液体的移取，常见的量程有0.1～2.5μL、0.5～10μL、10～100μL、20～200μL、100～1000μL等。不同规格的移液枪配套使用不同大小的枪头，不同生产厂家生产的形状也略有不同，但工作原理及操作方法基本一致。

移液枪一般包括控制按钮、枪头推卸按钮、体积显示窗、套筒、弹性吸嘴、枪头（图2-8）。

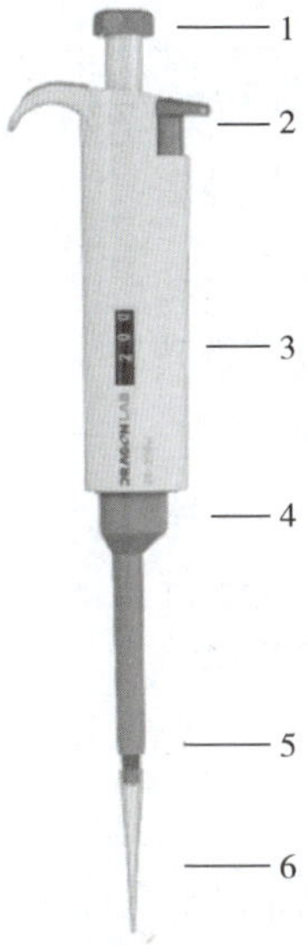

图2-8　移液枪的构造

1—控制按钮　2—枪头推卸按钮
3—体积显示窗　4—套筒
5—弹性吸嘴　6—枪头

移液枪的使用

移液之前先选择正确量程的移液枪，在枪头最大量程的35%～100%范围内操作可提高操作准确性与重复性。

一个完整的移液循环，包括枪头安装、量程设定、预洗枪头、吸液、放液、卸去枪头六个步骤。

1. 枪头安装

移液枪顶端插入枪头，套柄用力下压，需要时小幅度旋转即可。

2. 量程设定

旋转调节钮可对体积进行连续设定。从大体积调节至小体积时，逆时针调节到刚好就行；从小体积调节至大体积时，顺时针调节超过设定刻度三分之一圈，然后再调回来，这样做可以使弹簧完全放开。

3. 预洗枪头

在安装了新的枪头或增大了容量值以后，应该把需要转移的液体吸取、排放 2~3 次，这样做是为了让枪头内壁形成一道同质液膜，确保移液工作的精度和准度，使整个移液过程具有极高的重现性。

4. 吸液

在吸液之前大拇指将控制按钮按下至第一停点，再将枪头尽量保持垂直状态浸入液面（表 2-2），然后缓慢匀速松开控制按钮回到原点吸取液体。吸液后在液面中保持一秒钟再将枪头平缓移开，并轻靠器壁去除枪头外壁挂存的液体。

表 2-2　　枪头浸入液面深度

移液枪规格/μL	枪头浸入深度/mm	移液枪规格/μL	枪头浸入深度/mm
2 和 10	<1	20 和 100	2~3
200 和 1000	3~6	5000 和 10000	6~10

5. 放液

枪头紧贴容器壁，先将排放按钮按至第一停点排液，略作停顿后按至第二停点进行吹液。

6. 卸去枪头

往下按压枪头脱卸按钮，即可卸下枪头。吸取不同液体样品时必须更换枪头。

四、滴定管的使用

滴定管是滴定分析时准确测量流出液体体积的量器。常用的滴定管容积为 50mL 和 25mL，其最小刻度是 0.1mL，在最小刻度之间可估计读出 0.01mL。

滴定管可分为酸式和碱式两种。酸式滴定管下端有一玻璃旋塞，开启旋塞时，溶液即自管内滴出。酸式滴定管用来装酸性及氧化性溶液，但不宜装碱液，因玻璃塞易被碱性溶液腐蚀而粘住，以致无法转动。碱式滴定管下端用橡皮管连接一支玻璃管嘴，橡皮管内装一玻璃圆珠以代替旋塞。用拇指和食指捏住玻璃圆珠处的橡皮管，可使之形成一窄缝而让溶液流出。碱式滴定管用来装碱性及无氧化性溶液，而不能装如碘、高锰酸钾、硝酸银溶液等能与橡皮管起作用的物质，橡皮管也不能用铬酸洗液浸洗。现在由于聚四氟乙烯旋塞的使用，克服了普通酸式滴定管怕碱的缺点，使酸式滴定管可以酸碱通用，所以碱式滴定管的使用大为减少。

滴定管除无色的外，还有棕色的，用以装如高锰酸钾、硝酸银等见光易分解的溶液。

下面介绍聚四氟乙烯旋塞滴定管的使用。

1. 滴定管使用前的准备

新拿到一支滴定管，用前应先做一些初步检查，如滴定管是否完好无损、旋塞转动是否灵活等。若不易操作或漏水，应予更换。初步检查合格后，进行下列准备工作。

3D仿真
滴定管

滴定管的使用

（1）洗涤　较干净无明显油污的滴定管，可直接用自来水冲洗，或用洗涤剂泡洗，不能沾去污粉刷洗，以免划伤内壁，影响体积的准确测量。若有明显油污不易洗净时，可用铬酸洗液洗涤。最后用自来水冲洗干净，随后用蒸馏水（每次5~10mL）淋洗三次即可使用。

（2）检漏　滴定管在使用之前必须检查是否漏水。若漏水，可拧紧旋塞一端的螺帽。

（3）装液　洗净后的滴定管在装液前，应先用待装溶液润洗2~3次，每次用量5~10mL。润洗完毕，即可装入标准溶液，应直接倒入，不得借助其他容器。

（4）赶气泡　装入滴定液的滴定管，应检查出口下端是否存在气泡，如有应及时排除。

（5）滴定管的读数　放出溶液后（装满或滴定完后）需等待1~2min后方可读数。眼睛和刻度线应在同一水平面上，如图2-9（1）所示，读数必须读到小数点后两位。为了帮助读数，可采用黑白纸板作辅助，如图2-9（2）所示，这样能更清晰地读出黑色弯月面所对应的滴定管读数。若滴定管带有白底蓝条，则调整眼睛和液面在同一水平面后，读取两尖端相交处的读数，如图2-9（3）所示。

2. 滴定

（1）滴定操作　滴定时，应将滴定管垂直地夹在滴定管架上。滴定最好在锥形瓶中进行，必要时也可在烧杯中进行。具体操作为：左

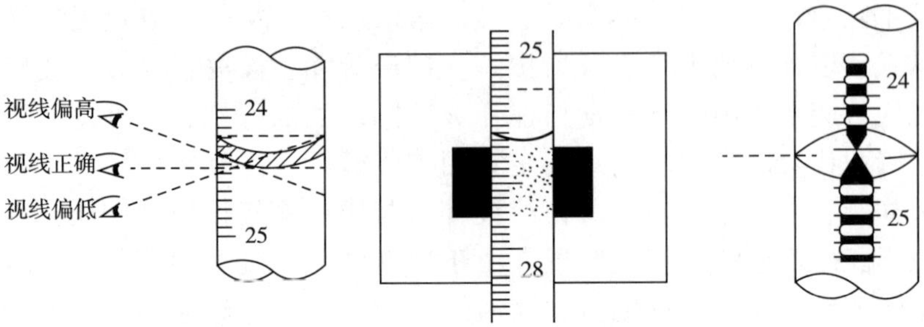

（1）视线与液面的关系　（2）使用黑白板读数　（3）带蓝条滴定管的读数

图 2-9　滴定管读数

手的拇指在管前，食指和中指在管后，手指略弯曲，轻轻向内扣住旋塞，手心空握，以免旋塞松动或可能顶出旋塞使溶液从旋塞隙缝中渗出，如图 2-10 所示。右手的拇指、食指和中指拿住锥形瓶，使滴定管尖伸入瓶口下 1~2cm 处，边滴定边摇动锥形瓶，如图 2-11 所示，瓶底应向同一方向作圆周运动，不可前后振荡，以免溅出溶液。滴定和摇动溶液要同时进行，不能脱节。滴定时转动旋塞，控制溶液流出速度，要求做到：①能逐滴放出；②只放出一滴；③使溶液成悬而未滴的状态，即练习加半滴溶液的技术。

图 2-10　旋塞转动的姿势

图 2-11　滴定姿势

（2）滴定速度　滴定时应控制好滴定速度，左手不应离开滴定管，以防流速失控。开始时，滴定速度可稍快，但成滴不成线，约为 10mL/min，即 3~4 滴/s；接近终点时，应改为一滴一滴加入，即加一滴摇几下，再加再摇；最后每加半滴摇几下。半滴的加入方法是：小心放下半滴滴定液悬于管口，用锥形瓶内壁靠下，然后用洗瓶冲下。

（3）终点操作　当锥瓶内指示剂指示终点时，立刻关闭旋塞停止滴定，用洗瓶淋洗锥形瓶内壁。取下滴定管，右手执管上部无液部分，使管垂直，目光与液面平齐，读出读数。读数时应估读一位。

练一练
常用滴定分析仪器的使用

知识点五

溶液的配制

一、 实验室用水

分析实验中用于溶解、稀释和配制溶液的水都必须经过净化。实验要求不同，对水质的要求也不同，应根据实验要求，采用不同净化方法得到纯水。表2-3摘自GB/T 6682—2008《分析实验室用水规格和试验方法》。根据标准规定，分析实验室用水分为三个级别。一级水用于有严格要求的分析实验，包括对颗粒有要求的实验，如高效液相色谱用水。一级水可用二级水经过石英设备蒸馏或离子交换混合床处理后，再用0.2μm微孔滤膜过滤来制取。二级水用于无机痕量分析等实验，如原子吸收光谱分析用水。二级水可用多次蒸馏或离子交换等制得。

实验室用水

表2-3　　化学实验室用水的级别及主要技术指标

指标名称		一级	二级	三级
pH范围（25℃）		—	—	5.0~7.5
电导率（25℃）/（mS/m）	（≤）	0.01	0.10	0.50
可氧化物质（以O计）/（mg/L）	（≤）	—	0.08	0.4
蒸发残渣（105℃±2℃）/（mg/L）	（≤）	—	1.0	2.0
吸光度（254nm，1cm光程）	（≤）	0.001	0.01	—
可溶性硅（以SiO_2计）/（mg/L）	（≤）	0.01	0.02	—

实验室用水常用的制备方法主要有三种。

1. 蒸馏法

将自来水在蒸馏装置中加热汽化，再将水蒸气冷却，即得到蒸馏水。蒸馏法设备成本低，操作简单，但能量消耗大，且只能除去水中非挥发性杂质及微生物等，不能完全除去水中溶解的气体杂质。此外，由于蒸馏装置所用材料不同，所带的杂质也不同，目前使用的蒸馏装置是由不锈钢、纯铝和玻璃等材料制成的，所以可能会带入金属离子，为三级水。

2. 离子交换法

将自来水依次通过阳离子树脂交换柱、阴离子树脂交换柱、阴阳离子树脂混合交换柱后所得的水，称为去离子水。其纯度比蒸馏水高，且成本低，但设备及操作较复杂，不能除去非离子型杂质，常含有微量的有机物，为三级水。

3. 电渗析法

这种方法是在直流电场的作用下，利用阴、阳离子交换膜对原水中存在的阴、阳离子具有选择性渗透的性质而去除离子型杂质。同离子交换法相似，此法也不能除去非离子型杂质。好的电渗析器所制备的纯水电阻率为 0.15~0.20MΩ · cm，接近三级水的质量，仅适用于要求不是很高的分析项目。

二、 化学试剂

化学试剂

分析检验中所用试剂的质量，直接影响分析结果的准确性，因此应根据所做试验的具体情况，如分析方法的灵敏度与选择性、分析对象的含量及对分析结果准确度的要求等，合理选择相应级别的试剂，在既能保证实验正常进行的同时，又可避免不必要的浪费。另外试剂应合理保存，避免沾污和变质。

1. 常用试剂的规格

化学试剂的规格是根据试剂纯度划分的，一般分为四个等级。试剂的分级、标签颜色和主要用途如表 2-4 所示。

表 2-4　　一般化学试剂的规格及选用

级别	中文名称	英文符号	适用范围	标签颜色
一级	优级纯（保证试剂）	G. R	精密分析实验	绿色
二级	分析纯（分析试剂）	A. R	一般分析实验	红色
三级	化学纯	C. P	一般化学实验	蓝色
四级	实验试剂	L. R	一般化学实验辅助试剂	棕色或其他颜色

此外，根据试剂的专门用途，还有光谱试剂、色谱试剂和生物试剂等，这些试剂分别用于光谱分析、色谱分析和生物实验。

不同级别的试剂因纯度不同价格差别很大，因此，在满足实验要求的前提下，为降低实验成本，应尽量选用较低级别的试剂，以免造成不必要的浪费。

2. 化学试剂的取用

化学试剂一般在准备实验时分装，固体试剂装在易于取放的广口瓶内，液体试剂则盛在细口瓶或滴瓶内，见光易分解的试剂应放在棕色瓶内，盛碱液的细口瓶应用橡皮塞。每一个试剂瓶上都应贴有标签，标明试剂的名称、浓度和日期。

（1）固体试剂的取用　要用清洁、干燥的药匙取用试剂。药匙的两端为大、小两个匙，分别用于取大量固体试剂和少量固体试剂。用过的药匙洗净晾干后，存放在干净的器皿中。

不要多取试剂，多取的试剂不能倒回原试剂瓶，可放在指定的容器中以供他用。

称取一定质量的固体试剂时，应把固体放在称量纸上称量。具有腐蚀性或易潮解的固体试剂，必须放在表面皿或玻璃容器内称量。

有毒的试剂要在教师指导下取用。

（2）液体试剂的取用　从试剂瓶取用液体试剂时要用倾注法。先将瓶塞倒放在实验台面上，把试剂瓶上贴标签一面握在手心，逐渐倾斜试剂瓶，让试剂沿着洁净的试管壁流入试管，或沿着洁净的玻璃棒注入烧杯中（图 2-12）。取出所需量后，应将试剂瓶口在容器或玻璃棒上靠一下，再逐渐竖起试剂瓶，以免遗留在瓶口的液滴流到试剂瓶的外壁。

从滴瓶中取少量试剂时，应提起滴管，使滴管口离开液面，用手指紧捏滴管上部的橡皮乳头，赶出滴管中的空气，然后把滴管伸入试剂里，放松手指吸入试剂，再提起滴管，垂直地放在试管口或烧杯的上方将试剂逐滴滴入（图 2-13）。

图 2-12　将液体试剂转移烧杯中

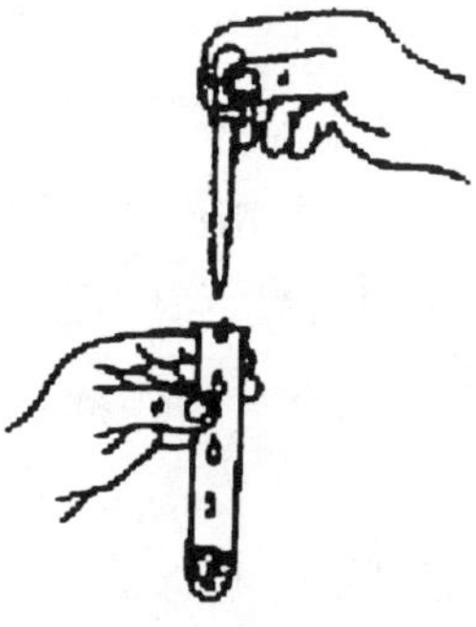

图 2-13　用滴管取用试剂

定量取用液体试剂时，一般用量筒、移液管量取或用滴管吸取。多取的试剂不能倒回原瓶，应倒入指定容器内以供他用。

三、溶液浓度的表示方法

一定量溶剂或溶液中所含溶质的量称为溶液的浓度。

1. 物质的量浓度

物质的量是表示物质数量的基本物理量，物质 B 的物质的量用符号 n_B 表示。物质的量的单位是摩尔，符号为 mol。

摩尔是含有相同数目的原子、分子、离子等微粒的集体。科学上把 12g ^{12}C 作标准来衡量原子集体，12g ^{12}C 含有的原子数就是阿佛伽德罗常数，用符号 N_A 表示，取其近似值为 6.02×10^{23}。摩尔是物质的量的单位，某物质如果含有阿佛伽德罗常数个微粒，这种物质就是 1mol。

在使用摩尔时，应指明基本单元。同一系统中的同一物质，所选的基本单元不同，则其物质的量也不同。例如，若分别用 NaOH、1/2NaOH和 2NaOH 作基本单元，则相同质量的氢氧化钠的物质的量之间有如下关系：

$$n_{NaOH} = \frac{1}{2}n_{1/2\ NaOH} = 2n_{2NaOH}$$

可见，基本单元的选择是任意的，既可以是实际存在的，也可以根据需要人为设定。

B 的物质的量 n_B 可以通过 B 的质量和摩尔质量求算。B 的摩尔质量 M_B 定义为 B 的质量 m_B 除以 B 的物质的量 n_B，单位是 kg/mol。

$$M_B = \frac{m_B}{n_B} \tag{2-1}$$

单位体积的溶液中所含溶质 B 的物质的量称为 B 的物质的量浓度。用 c_B 表示，单位为 mol/L。

$$c_B = \frac{n_B}{V} \tag{2-2}$$

【例 2-1】 用电子天平称取 1.2346g $K_2Cr_2O_7$ 基准物质，溶解后转移至 100.0mL 容量瓶中定容，试计算 $c_{K_2Cr_2O_7}$。

解 已知 $m_{K_2Cr_2O_7} = 1.2346g$ $M_{K_2Cr_2O_7} = 294.18g/mol$

$$c_{K_2Cr_2O_7} = \frac{m_{K_2Cr_2O_7}}{M_{K_2Cr_2O_7}\cdot V} = \frac{1.2346g}{294.18g/mol\times100.0mL\times10^{-3}} = 0.04197mol/L$$

2. 溶质的质量分数

溶液中溶质 B 的质量除以溶液的质量，称为溶质 B 的质量分数，

符号 w_B，通常用百分比表示。

$$w_B = \frac{m_B}{m} \tag{2-3}$$

3. 配制溶液的计算

在实际工作中，我们常常需要配制一定浓度的溶液。溶液的配制一般有两种情况：一是将固体物质配制成溶液；另一种是用浓溶液配制稀溶液。无论哪种情况，都应遵守“溶液配制前后溶质的量保持不变”的原则。

（1）质量分数和物质的量浓度的换算　质量分数与物质的量浓度换算的桥梁是密度，以质量不变列等式。若某溶液中溶质的质量分数为 w_B（%），物质的量浓度为 c_B（mol/L），B 的摩尔质量为 M（g/mol），密度为 ρ（g/mL），则

$$c_B M = \rho \times 1000 \times w_B$$

即

$$c_B = \frac{\rho \times 1000 \times w_B}{M} \tag{2-4}$$

（2）溶液稀释的计算　溶液稀释前后溶质的量不变，只是溶剂的量改变了，因此根据溶质的量不变原则列等式。若稀释前溶液的浓度为 c_1，体积为 V_1，稀释后溶液的浓度为 c_2，体积为 V_2，就存在下面的稀释公式：

$$c_1 V_1 = c_2 V_2 \tag{2-5}$$

【例 2-2】 欲配制 0.1mol/L 的盐酸溶液 400mL，需质量分数 37%、密度 1.19g/mL 的浓盐酸多少毫升？

解

$$c_{HCl} = \frac{1.19 \times 1000 \times 37\%}{36.5} \approx 12\text{mol/L}$$

$$c_1 V_1 = c_2 V_2$$

则

$$V_1 = \frac{c_2 V_2}{c_1} = \frac{0.1 \times 400}{12} = 3.3\text{mL}$$

四、溶液的配制

根据溶液所含溶质是否确知，溶液可分为两种，一种是浓度准确已知的溶液，称为标准溶液，这种溶液的浓度可准确表示出来（定量分析中用 4 位有效数字表示）。另一种浓度不是确知的，称为一般溶液，这种溶液的浓度一般用 1～2 位有效数字表示出来。这两种溶液适用于不同的要求，如在定量测定实验中需要配制标准溶液，在一般物质化学性质实验中，则使用一般溶液即可。

溶液的配制

1. 一般溶液的配制

在配制一般溶液时，使用电子天平（精度 0.1g）、量筒、带刻度烧杯等低准确度的仪器配制就能满足需要。

（1）固体试剂配制溶液　对易溶于水而不发生水解的固体试剂，如 NaOH、$H_2C_2O_4$、KNO_3 等，配制其溶液时，可用电子天平（精度 0.1g）称取所需量的固体试剂，倒入带刻度的烧杯中，加入少量蒸馏水，搅拌溶解后稀释至所需体积，即得所需的溶液。然后将溶液移入试剂瓶中，贴上标签，备用。

（2）液体试剂配制溶液　对于液体试剂，如盐酸、硫酸、硝酸、醋酸、氨水等，配制其稀溶液时，先用量筒（量杯）量取所需量的浓溶液，然后用适量的蒸馏水稀释。配制 H_2SO_4 溶液时需特别注意，应在不断搅拌下将浓硫酸缓慢地倒入蒸馏水中，切不可将操作顺序倒过来。

量筒作为量出容器，是实验室最常用的度量液体体积的仪器。实际使用过程中可根据需要选择不同体积的量筒，一般选择的量筒容量略大于所需量取溶液的体积，若选择的量筒容积太大，则会造成较大的测量误差。

图 2-14　量筒取液的方法

图 2-14 所示为量筒取液的方法。将液体注入量筒时，试剂瓶嘴应紧贴量筒的管口非量筒嘴一边，保持量筒竖直，倾倒液体应缓慢，液体应顺着量筒内壁缓缓流入。量筒读数时同样应保持量筒竖直，视线与量筒内凹液面底的切线相平，正确进行读数。将量筒内的液体倒入容器，倒完后需多停留一会，不得立刻移走量筒，以使量筒内液体全部倒出，但不需用自来水冲洗量筒后将洗涤液一起倒入容器。

2. 标准溶液的配制

配制标准溶液的方法一般有直接配制法和间接配制法两种。

（1）直接法　用精度为 0.0001g 的电子天平准确称取一定量基准试剂于烧杯中，加入适量的蒸馏水溶解后转入容量瓶，再用蒸馏水稀释至刻度，摇匀，根据物质的质量和溶液体积，即可计算出该标准溶液的准确浓度。能用直接法配制标准溶液的一定是基准物质，常用的基准物质有草酸、氯化钠、无水碳酸钠、重铬酸钾等。

（2）间接法　不符合基准试剂条件的物质（如 NaOH、HCl 等），不能直接配制标准溶液，可按照一般溶液的配制方法配成大致所需浓度的溶液，然后再用基准物质或另一种标准溶液测出它的准确浓度，这个过程称作标定，这种配制标准溶液的方法也称标定法。

实验中有时也用稀释方法，将浓的标准溶液稀释为稀的标准溶液。具体做法为：准确量取（通过移液管或吸量管）一定体积的浓溶液，放入适当的容量瓶中，用蒸馏水稀释到刻度，即得到所需的标准溶液。

练一练
溶液的配制

工作任务

任务一 电子天平称量操作

任务要求

1. 能规范使用电子天平。
2. 能正确进行直接称量、固定质量称量和差减称量操作。
3. 培养唯物辩证思维，树立正确的世界观。
4. 培养认真细致、一丝不苟的工作作风。

任务描述

1. 用直接称量法称量小烧杯、表面皿的质量并记录。
2. 用固定质量称量法称取 0.4903g $K_2Cr_2O_7$ 两份。
3. 用差减称量法连续称取约 0.2g NaCl 样品三份，并记录。

任务实施

一、仪器试剂准备

1. 仪器

电子天平、干燥器、表面皿、称量瓶、小烧杯、牛角匙。

2. 试剂

重铬酸钾（$K_2Cr_2O_7$）、氯化钠（NaCl）。

二、操作步骤

1. 直接称量法

用直接称量法称量小烧杯、表面皿的质量并记录。

操作视频——
直接称量法称量

序号	步骤	操作方法	操作提示
1	检查天平	取下天平罩，叠好，放于天平后。检查秤盘内是否洁净，必要时予以清扫	如有灰尘应用毛刷扫净。清洁时不得用手直接接触天平零件
2	水平调节	开机前，先检查水平仪的水泡是否位于圆环中央，否则需调整天平底部的调节脚，使水泡位于水平仪中心 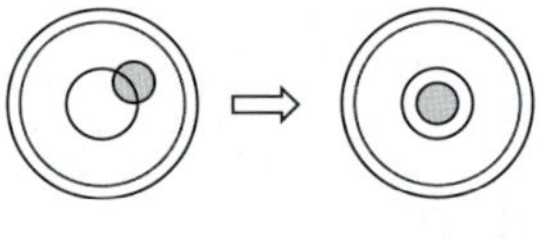	带有两个水平调节脚的天平：①当水平泡位于时钟“12 点”位置，需顺时针同时调节水平脚；②位于“3 点”位置时，需顺时针调节左水平脚、逆时针调节右水平脚；③位于“6 点”位置时，需逆时针同时调节水平脚；④位于“9 点”位置时，需逆时针调节左水平脚、顺时针调节右水平脚
3	预热	接通电源，预热 30min 后方可开启显示器	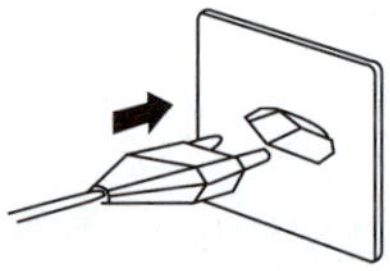
4	开启显示器	关好天平门，轻按“ON”键，显示器全亮，约 2s 后，先显示天平的型号，稍后显示“0.0000g”，即可开始使用。如果显示不正好是“0.0000g”，则需按一下“TAR”键	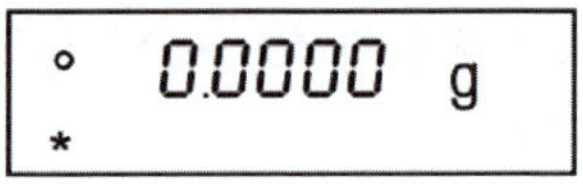
5	校正	首次使用天平必须校正，天平长时间没有使用过或移动位置，应重新校正。按“CAL”键，天平将显示所需校正的砝码质量，放上标准砝码直至显示其质量，校正完毕，取下标准砝码	
6	称量	打开天平侧门，将称量物轻放在秤盘上，关闭天平门，待显示数字稳定后，即可读数，并记录称量结果。打开天平门，取出被测物，关闭天平门	（1）天平载重不得超过其最大负荷； （2）称量读数要立即记录在数据记录表中
7	称后整理	短时间（如 2h 内）还使用天平，可按一下“OFF”键，不必切掉电源，让天平处于待命状态，再用时可省去预热时间，按一下“ON”键即可使用	称量完毕后，应及时清扫天平

2. 固定质量称量法

操作视频——固定质量称量法

序号	步骤	操作方法	操作提示
1	准备	检查秤盘是否洁净，若不洁净用毛刷清理。天平清零	不得随意改变天平的位置，否则必须重新调水平
2	称量接收容器质量	将干燥的小烧杯轻放在秤盘上，待显示数字稳定后，轻按“TAR”键，天平显示零点，即可去皮重	（1）小烧杯必须洁净、干燥。 （2）绝不能把过热的小烧杯放在秤盘上
3	添加样品	打开侧门，用牛角匙缓慢将 $K_2Cr_2O_7$ 样品抖入到小烧杯中，直至天平显示屏显示的读数为 0.4903g，立即停止抖入样品，关上侧门，再次进行读数	（1）称量过程中一定要避免将样品抖到秤盘上或底板上，否则必须重称，且用毛刷清扫秤盘。 （2）分析检验中，规定“精密称取”时，系指称量应准确至所取质量的 1‰。 （3）取出的多余试剂应弃去，不要放回原试剂瓶中
4	称后整理	用软毛刷清扫秤盘。按一下“OFF”键，不必切掉电源，让天平处于待命状态，再用时可省去预热时间，按一下“ON”键即可使用	天平归零后再关闭

3. 差减称量法

操作视频——差减称量法

序号	步骤	操作方法	操作提示
1	准备	天平清零	观察天平秤盘和底板是否清洁，用毛刷清扫秤盘
2	取用称量瓶	从干燥器中取出盛有氯化钠样品的称量瓶，将其放到秤盘上	取用称量瓶时，要戴上手套或用纸条从干燥器中取用，称量瓶一经取出只能在实验人员手中或天平的秤盘上，不可放到实验台上，以免带来称量误差

续表

序号	步骤	操作方法	操作提示
3	称取称量瓶+样品质量	准确称出称量瓶+样品质量，记录为 m_1	取被称物时，动作要轻、缓，切不可用力过猛
4	倾倒样品	将称量瓶从秤盘上取下，并置于锥形瓶上方，右手打开瓶盖，将称量瓶一边慢慢地向下倾斜，一边用瓶盖轻轻敲击瓶口的上部，使样品慢慢落入锥形瓶内。当估计样品接近所需量 0.2g 时，继续用瓶盖轻击瓶口，同时将瓶身缓缓竖直，用瓶盖敲击瓶口上部，使粘于瓶口的样品落入瓶中，盖好瓶盖	在分析检验中，取用量为“约”若干时，系指取用量不得超过规定量的 ± 10%。若过量了，则要弃去重称 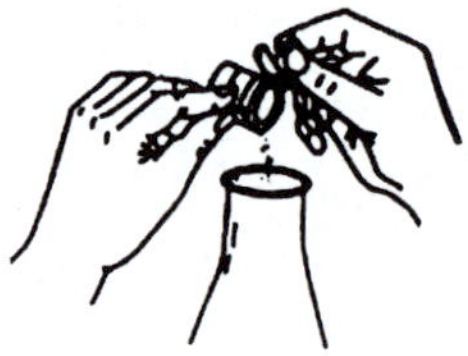
5	再称称量瓶+样品质量	把称量瓶放回秤盘上，准确称取称量瓶和剩余样品质量，记录为 m_2。两次称得质量之差即为样品的质量	称取多份样品前，先将洁净的锥形瓶按照编号排列，以免混乱
6	称后整理	称量完毕后，取下被称物，关闭玻璃门，按“OFF”键关闭天平。填写天平使用记录。整理好台面之后方可离开	若当天不再使用天平，应拔下电源插头，盖好防尘罩

三、 数据记录

1. 直接法称量

称量小烧杯、表面皿并记录。

样品	质量/g
小烧杯	
表面皿	

2. 固定质量法称量

称量 0.4903g $K_2Cr_2O_7$ 固体两份并记录。

编号	1	2
样品质量/g		

3. 差减法称量

准确称量约 0.2g NaCl 三份并记录。

编号	1	2	3
倾出样品前称量瓶+样品质量 m_1/g			
倾出样品后称量瓶+样品质量 m_2/g			
样品质量 m/g			

四、 考核标准

考核项目		考核内容	分值	得分
准备工作		天平的检查，调节水平	3	
		清扫天平	2	
		预热	3	
		调零点	2	
称量操作	直接称量法	烧杯、表面皿的拿取	3	
		读数	5	
	固定质量称量法	表面皿的放置	2	
		去皮操作	2	
		加样方法	5	
		读数	3	
		重称	5	
	差减称量法	天平门开关动作	2	
		拿取称量瓶的方法	5	
		称量瓶放置在秤盘中央	2	
		敲样动作正确	3	
		称量一份样品敲样不应超过 3 次	5	
		样品无撒落	3	
		称样质量在要求范围内	5	
		规定时间内完成称量	5	
		称量瓶及时放回干燥器	5	

续表

考核项目	考核内容	分值	得分
结束工作	关闭天平	3	
	填写天平使用登记表	2	
数据记录及处理	数据记录及时、真实、正确、整洁	5	
	有效数字正确	5	
	计算准确	5	
职业素质	穿实验服、文明操作	3	
	节约试剂	2	
	实验中严谨细致、一丝不苟	3	
	实验结束物品归位，台面整洁	2	

任务二　玻璃仪器洗涤及干燥

任务要求

1. 能识别各种常见玻璃仪器并根据实验要求选择合适的仪器。
2. 学会配制和使用洗液。
3. 能根据不同玻璃仪器的特点和污垢的性质进行洗涤和干燥。
4. 培养吃苦耐劳的品质和责任意识。

任务描述

1. 认领、清点实验仪器

对照发放的仪器清单进行核对。认识每种仪器的名称和规格，将仪器分类摆放在实验台上。

2. 玻璃仪器的洗涤

（1）铬酸洗液的配制　称取 10g $K_2Cr_2O_7$溶于 20mL 热水中，将 180mL 浓H_2SO_4缓缓加入到 $K_2Cr_2O_7$溶液中（千万不能将水或溶液加入浓 H_2SO_4中），边倒边用玻璃棒搅拌，并注意不要溅出，混合均匀，冷却后装入洗液瓶备用。

洗涤方法：倒入铬酸洗液 10mL 浸泡仪器，根据内壁污染程度浸泡 10min 至数小时，然后先用自来水冲洗干净，再用蒸馏水洗涤几次。

新配制的洗液为红褐色，氧化能力很强，当洗液用久后变为黑绿色，即说明洗液无氧化能力。

（2）用洗涤液刷洗锥形瓶、烧杯、试剂瓶、量筒等。

洗涤程序：倒出废液→水洗→洗涤剂洗→水洗→蒸馏水洗（少量多次）。

洗净标准：玻璃仪器内壁能被水均匀润湿而不挂水珠。

（3）用铬酸洗液洗涤滴定管、移液管和容量瓶。

3. 仪器的干燥

（1）用恒温干燥箱烘干锥形瓶、烧杯、称量瓶。

（2）选择合适的干燥方法干燥量筒。

任务实施

一、仪器试剂准备

1. 仪器

（1）容器类　洗瓶、锥形瓶、试剂瓶、滴瓶、称量瓶等。

（2）量器类　量筒、吸量管、移液管、容量瓶、滴定管等。

（3）其他器皿　洗耳球、水浴锅、毛刷等。

（4）干燥设备　电热恒温干燥箱、电吹风机、气流干燥器等。

2. 试剂

洗涤剂、浓 H_2SO_4、$K_2Cr_2O_7$、无水乙醇。

二、操作步骤

序号	步骤	操作方法	操作提示
1	清点仪器	对照仪器清单进行核对。认识每种仪器的名称和规格，将仪器分类摆放在实验台上	带磨口的仪器用细绳把塞子拴在瓶口处，以免弄乱
2	配制铬酸洗液	称取 10g 的 $K_2Cr_2O_7$ 溶于 20mL 热水中，将 180mL 浓 H_2SO_4 缓缓加入到 $K_2Cr_2O_7$ 溶液中，边倒边用玻璃棒搅拌，混合均匀，冷却后装入洗液瓶备用	（1）千万不能将水或溶液加入浓 H_2SO_4 中。 （2）洗液具有强腐蚀性，防止烧伤皮肤、衣物
3	仪器洗涤	用铬酸洗液洗涤滴定管、移液管和容量瓶，然后先用自来水冲洗干净，再用蒸馏水洗涤 3 次	（1）蒸馏水洗涤遵循少量多次的原则。 （2）铬酸洗液可反复使用，新配制的洗液为红褐色，当洗液用久后变为黑绿色，即说明洗液无氧化能力
4	仪器干燥	（1）用恒温干燥箱烘干锥形瓶、烧杯、称量瓶。 （2）选择合适的干燥方法干燥量筒	称量用的称量瓶等在烘干后要放在干燥器中冷却和保存

操作视频——铬酸洗液的配制

操作视频——玻璃仪器的洗涤

三、 考核标准

考核项目	考核内容	分值	得分
仪器的清点	识别仪器名称、形状	5	
	清点数量、规格、损坏情况	10	
	仪器摆放整齐	5	
仪器的洗涤	铬酸洗液配制正确	10	
	洗涤剂的选择正确	5	
	铬酸洗液使用方法正确	10	
	洗涤程序正确	5	
	仪器清洗干净	10	
仪器干燥	气流干燥器使用正确	10	
	干燥箱烘干锥形瓶、烧杯、称量瓶正确	10	
	量筒的干燥方法正确	10	
职业素质	穿实验服、文明操作	5	
	实验中吃苦耐劳、认真负责	3	
	实验结束物品归位，台面整洁	2	

任务三　移液管和移液枪操作

任务要求

1. 能规范使用移液管和移液枪。
2. 学会用移液管、吸量管和移液枪准确移取一定体积的溶液。
3. 树立规范操作意识，培养精益求精的工匠精神。

任务描述

1. 准确移取 10.00mL 蒸馏水于 250mL 锥形瓶中。

2. 准确移取 50.00mL 蒸馏水于 250mL 锥形瓶中。

3. 用 10mL 吸量管分别移取 2mL、4mL、6mL、8mL、10mL 蒸馏水至 5 只 50mL 容量瓶中。

4. 用 200μL 移液枪移取 100μL 蒸馏水三份于干燥的小烧杯中，并用电子天平称量。

任务实施

一、仪器试剂准备

1. 仪器

电子天平（精确为0.0001g）、10mL移液管、50mL移液管、10mL吸量管、移液枪（20～200μL）、小烧杯、锥形瓶、容量瓶、洗耳球、洗瓶。

2. 试剂

蒸馏水。

二、操作步骤

1. 移液管操作

序号	步骤	操作方法	操作提示
1	选择	根据所移取溶液的体积和要求选择合适规格的移液管或吸量管	（1）需精密移取整数体积的溶液时，应选用相应大小的移液管，不能用两个或多个移液管分别移取相加的方法来精密移取整数体积的溶液。 （2）同一实验中应尽可能使用同一吸量管的同一区段
2	检查	使用前首先看一下移液管标记、准确度等级、刻度标线位置，然后检查移液管的管口和尖嘴有无破损	有破损的移液管或吸量管量取的溶液体积不准确，不能使用，需要更换
3	铬酸洗液洗涤	右手持移液管或吸量管，并将其下口插入洗液中，左手拿洗耳球，先把球内空气压出，然后把球的尖端接在移液管或吸量管的上口，慢慢松开左手手指，将洗液慢慢吸入管内直至上升至“0”刻度以上部分，等待片刻后，将洗液放回原瓶中	（1）移液管或吸量管较脏时，可用铬酸洗液洗涤。如果内壁不挂水珠，此步可省略。 （2）如果需要较长时间浸泡在洗液中时，应准备一个高型玻璃筒或大量筒（筒底铺些玻璃毛），将吸量管直立于筒中，筒内装满洗液，筒口用玻璃片盖上，浸泡一段时间
4	自来水洗	用自来水冲洗残留的洗液，洗至无色	洗净后的移液管内壁和外壁应不挂水珠
5	蒸馏水洗	用少量蒸馏水洗涤3次	蒸馏水洗后用滤纸片将移液管末端内外残留的水吸干

续表

序号	步骤	操作方法	操作提示
6	润洗	在小烧杯中倒入少量待取液，右手拇指和中指拿住管颈上部，将移液管插入洗液中，左手拿洗耳球轻轻将水吸至管容积1/3处，用右手食指按住管口，将移液管慢慢放平，并旋转使移液管内壁全部洗过。然后将管直立，将管中液体沿烧杯内壁放出，然后再将小烧杯的液体沿管的外壁下部倒出，用待取液润洗3次	（1）润洗后应将润洗液从管下口放出并弃去。 （2）一次润洗可将移液管内壁、小烧杯内壁和移液管下端外壁同时润洗一遍
7	吸液	吸取溶液时，用右手的大拇指和中指捏着移液管颈的上方，将其末端插入液面1~2cm，并随液面下降而下降。左手拿洗耳球，先把球中空气压出，再将球的尖嘴接在移液管上口，慢慢松开压扁的洗耳球使溶液吸入管内。当管内液面上升至标线以上1~2cm处时，迅速用右手食指堵住管口，将移液管提出待吸液面，并将管尖端接触待吸液容器内壁片刻后提起，用滤纸擦干移液管下端管口外壁黏附的溶液	（1）移液时，移液管不要伸入太浅，以免液面下降后造成吸空；也不要伸入太深，以免移液管外壁附有过多的溶液。 （2）吸取溶液后，用滤纸擦干下管口外壁。 （3）为减少测量误差，吸量管每次都应从最上面刻度为起始点，往下放出所需体积，而不是放出多少体积就吸取多少体积
8	调节液面	左手另取一洁净小烧杯，将移液管管尖紧靠小烧杯内壁，小烧杯倾斜30°，移液管保持垂直，刻度线和视线保持水平，稍稍松开食指，用拇指及中指轻轻捻转管身，使液面缓慢下降，直到视线平视时弯月面与标线相切，立即用食指压紧管口。将尖口处紧靠烧杯内壁，向烧杯口移动少许，去掉尖口处的液滴。将移液管小心移至承接溶液的锥形瓶中	（1）调节液面至刻度线后，不可再用滤纸擦下管口外壁，以免管尖出现气泡。 （2）“左手吸，右手调”，要学会用右手食指自如地控制液面
9	放液	将移液管直立，锥形瓶倾斜，管下端紧靠锥形瓶内壁，放开食指，让溶液沿锥形瓶内壁流下。管内溶液流完后，保持放液状态停留15s，将移液管尖端在锥形瓶靠点处靠壁前后小距离滑动几下（或将移液管尖端靠锥形瓶内壁旋转一周），移走移液管	（1）在移动移液管时，应将移液管保持垂直，不能倾斜。 （2）如移液管未标明“吹”字，则残留在管尖末端内的溶液不可吹出，因为移液管所标定的量出容积中并未包括这部分残留溶液。如移液管管身标有“吹”字，则在液体放出后将管尖残留的少量溶液用洗耳球吹出
10	整理	实验完毕，立即洗净移液管，放置在移液管架上	移液管和吸量管一般不要在干燥箱中烘干

2. 移液枪操作

序号	步骤	操作方法	操作提示
1	安装枪头	将移液枪垂直对准枪头的开口处，用力下压，使移液枪和枪口牢牢固定在一起，稍微用力左右轻微转动，使其紧密结合。枪头卡紧的标志是略微超过 O 形环，并可以看到连接部分形成清晰的密封圈	不可用力敲击枪头，否则会使枪头损坏，甚至造成移液枪套柄磨损，从而影响其密封性
2	量程设定	粗调：通过旋转按钮将体积迅速调整至接近预想值。 细调：将移液枪横置，通过调节旋钮慢慢调至预想值	在调节量程时，从大体积调为小体积时，按照正常的调节方法旋转按钮即可；但是从小体积调为大体积时，则应先旋转刻度旋钮至超过所需量程 1/3 圈处再回调至所需量程，这样可以保证取液的精确度
3	预洗枪头	吸液前，用待转移的液体重复吸液、排液 2~3 次	高温或者低温液体不要润洗
4	吸液	先将四指并拢握住移液枪的上部，用拇指按住塞杆顶端的按钮，向下按到第一停点，再将枪头垂直浸入液面 3~4mm，缓慢平稳松开控制按钮，吸上液体，停留 1~2s 再将枪头平缓移开，并轻靠器壁去除枪头外壁挂存的液体	吸液时保持匀速连贯移液，控制好移液速度。快速或不平稳的吸液会使液体喷溅，产生气雾、套柄污染以及样品损失 
5	排液	排液时首先确认枪头内无气泡，枪头尖轻靠容器内壁，将控制按钮缓慢匀速按至第一停点，排出液体，稍停片刻，接着将控制按钮按至第二停点，将移液枪紧贴容器壁提起，最后松开控制按钮	沿侧壁向上滑动枪头末端将移液器撤下，从而去除枪头孔处的残留液滴 
6	卸枪头	往下按压枪头脱卸按钮，即可卸下枪头	移液枪使用后调回最大量程

三、考核标准

考核项目		考核内容	分值	得分
移液管操作	移液管准备	洗涤干净	2	
		润洗前内外溶液的处理	2	
		润洗动作正确	2	
		润洗时吸液未吸空	2	
		润洗时未回流	2	
		润洗次数不少于3次	2	
		润洗液量在1/3左右	2	
		润洗液从尖嘴放出	2	
	移液	握持姿势	2	
		插入液面下1~2cm	2	
		吸液高度（刻度线以上1~2cm）	2	
		未吸空	2	
	调节液面	调节液面前擦干外壁	2	
		调刻线时移液管竖直，下端尖嘴靠壁	2	
		视线水平，刻线准确	2	
		未因调刻线失败重吸	2	
		调好刻线时移液管下端无气泡且无挂液	2	
		调节液面时废液放入废液杯	2	
	放液	放液时移液管竖直、靠壁	2	
		接收容器倾斜30°~45°	2	
		溶液流完后停靠15s	2	
		放液后管尖靠壁左右旋转	2	
		用少量水冲洗接收容器壁上的溶液	2	
移液枪操作	操作准备	选择适当量程的移液枪及枪头	5	
	调节量程	正确调节需要量程	3	
	装配枪头	将移液枪垂直插入枪头中，稍微用力左右微微转动使其紧密结合	3	
	预洗枪头	来回吸取蒸馏水3次，以使枪头湿润	3	

续表

考核项目		考核内容	分值	得分
移液枪操作	移液	垂直握住移液枪，枪头插入液面下 3～4mm	3	
		枪头离开液面，靠管壁去掉枪头外部的液体	3	
	排液	枪头无气泡	1	
		枪头尖靠容器内壁	2	
		排液方法正确	2	
	放置移液枪	枪头弃于特定的盛装枪头的器皿中	3	
		回归最大量程	3	
		将移液枪竖直悬挂在移液枪架上	3	
结束工作		洗净仪器	5	
		移液管、移液枪使用后放置正确	3	
职业素质		穿实验服、文明操作、态度认真	2	
		操作熟练、程序正确	2	
		在规定的时间内完成	2	
		注重细节、具备专注精神	2	
		操作规范、具备工匠精神	2	
		实验结束物品归位，台面整洁	2	

任务四　容量瓶操作

任务要求

1. 能规范使用容量瓶。
2. 学会溶解、转移、洗涤、定容等基本操作。
3. 树立规范操作意识，培养精益求精的工匠精神。

任务描述

1. 容量瓶的验漏和洗涤。

2. 准确称取一定量的固体 NaCl，溶解后转移至 250mL 容量瓶，然后定容、混匀。

3. 准确移取 25.00mL 蒸馏水于 250mL 容量瓶中，然后定容、混匀。

任务实施

一、仪器试剂准备

1. 仪器

250mL 容量瓶、小烧杯、玻璃棒、移液管、洗耳球、胶头滴管、洗瓶。

2. 试剂

固体 NaCl、蒸馏水。

二、操作步骤

操作视频——容量瓶的使用

序号	步骤	操作方法	操作提示
1	准备	主要检查瓶塞是否漏水，标度刻线位置距离瓶口是否太近。如果漏水或标线离瓶口太近，不便混匀溶液，则不宜使用	检查后可用细绳将塞子系在容量瓶颈上。绳长 2~3cm 即可
2	验漏	在容量瓶中加自来水至标线附近，塞紧瓶塞，用右手食指按住瓶塞，拇指和中指拿持瓶颈部分，另一只手五指指尖托住容量瓶底边缘，将其倒立（瓶口朝下）2min 后，观察瓶塞处是否有水渗出。若无水渗出，将瓶直立且将瓶塞旋转 180°后，再次倒立，检查是否漏水，如仍不漏水，则可使用	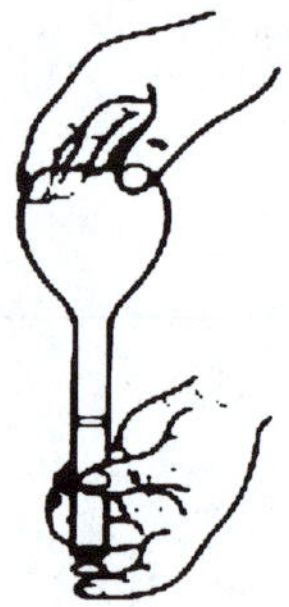
3	洗涤	先用自来水冲洗，后用蒸馏水淋洗 2~3 次。如洗不净，可用铬酸洗液洗涤，洗涤时将瓶内水尽量倒空，然后倒入铬酸洗液 10~20mL，盖上塞，边转动边向瓶口倾斜，至洗液布满全部内壁。放置数分钟，倒出洗液，用自来水充分洗涤，再用蒸馏水水淋洗 2~3 次备用	容量瓶洗净的标志是内壁不挂水珠
4	溶解	准确称量 0.2g NaCl 固体后于烧杯中，用少量蒸馏水使之全部溶解	对于在溶解过程中放热的溶质，要待溶液冷却后再进行转移，因为温度升高瓶体将膨胀，所量体积会不准确

续表

序号	步骤	操作方法	操作提示
5	转移	将玻璃棒一端靠在容量瓶颈内壁上，另一手拿着烧杯，让烧杯嘴紧靠玻璃棒，慢慢倾斜烧杯，使溶液沿玻璃棒顺瓶壁流下。溶液流完后，将烧杯嘴贴紧玻璃棒轻轻上提，同时将烧杯慢慢直立，使附在玻璃棒与烧杯嘴之间的液滴流回到烧杯中。残留在烧杯和玻璃棒上的少许溶液再用少量蒸馏水淋洗，洗涤液按上述方法转移到容量瓶中，如此重复2~3次	（1）转移溶液时，玻璃棒不得拿出随便放置，以免玻璃棒上的溶液损失及吸附杂质带入溶液。 （2）用于洗涤烧杯的蒸馏水总量不能超过容量瓶的标线，一旦超过，必须重新进行配制
6	稀释	溶液转入容量瓶后，用蒸馏水进行稀释。当蒸馏水加至容量瓶容积的3/4左右时，用右手食指和中指夹住瓶塞的扁头，将容量瓶拿起，按水平方向旋转摇动几周，使溶液初步混匀。继续加水至距离标线约1cm处，放置1~2min	平摇是水平摇动容量瓶，切勿倒转摇动，而且不要加塞 
7	定容	用左手拇指和食指拿起容量瓶磨口处，保持容量瓶垂直，用细长滴管滴加蒸馏水至弯月面下缘与标线相切，视线应与刻度线在同一平面上	定容时滴管不要接触容量瓶内壁及液面 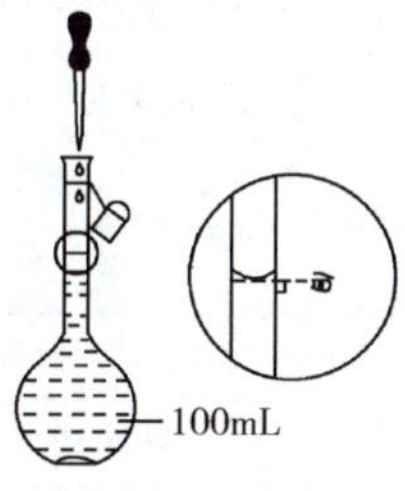
8	摇匀	盖好瓶塞，左手用食指按住瓶塞上部，其余四指拿住瓶颈标线以上部分，用另一只手的指尖托住瓶底边缘，将容量瓶倒转，使气泡上升到顶，将瓶振荡数次，再次倒转过来进行振荡，如此反复10次以上。放正容量瓶，将瓶塞稍提起并旋转180°，让瓶塞周围的溶液流下，重新盖好，重复前述振摇操作5次以上，使溶液充分混匀	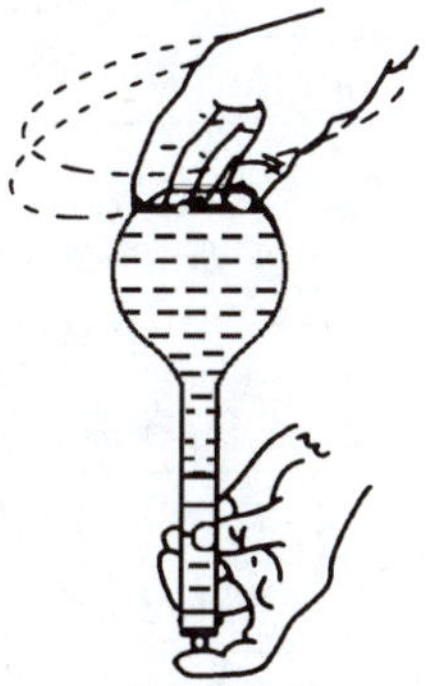

续表

序号	步骤	操作方法	操作提示
9	装瓶	配好的溶液应转移至磨口试剂瓶中，使用完毕后应立即洗净容量瓶。如长时间不用，磨口处应洗净擦干，并用纸片将磨口隔开	容量瓶只能用于配制溶液，不能贮存溶液，因为溶液可能会对瓶体造成腐蚀，从而使容量瓶的精度受到影响

三、考核标准

考核项目	考核内容	分值	得分
容量瓶的准备	容量瓶验漏方法正确	5	
	容量瓶洗涤干净	5	
定量转移	固体样品完全溶解	5	
	玻璃棒拿出前靠去所挂液体	2	
	玻璃棒下端插入磨口下端附近	3	
	玻璃棒不碰瓶口	3	
	烧杯离瓶口 2cm 左右	2	
	溶液不外流	5	
	吹洗玻璃棒、容量瓶口	5	
	洗涤烧杯至少 3 次	5	
定容	加蒸馏水至 3/4 时平摇	5	
	近刻度线放置 1~2min	5	
	用滴管定容	5	
	平视液面	5	
	液面与刻度线相切	5	
摇匀	摇匀动作正确	5	
	摇动 10 次左右开塞	5	
	溶液全部落下后进行下一次摇匀	2	
	摇匀次数不少于 15 次	2	
结束工作	容量瓶中溶液转移至试剂瓶	5	
	洗净仪器	5	
职业素质	穿实验服、文明操作	3	
	废液、废纸的处置合理	3	
	操作规范不、注重细节	3	
	实验结束物品归位，台面整洁	2	

任务五　溶液的配制

任务要求

1. 能用固体物质和液体试剂配制一般溶液，练习电子天平和量筒的使用。

2. 能用基准物质直接配制标准溶液，进一步练习移液管和容量瓶的使用。

3. 培养认真敬业、一丝不苟的职业态度。

任务描述

1. 配制 500mL 0.1mol/L NaOH 溶液。
2. 配制 500mL 0.1mol/L HCl 溶液。
3. 配制 250mL 邻苯二甲酸氢钾标准溶液。

任务实施

一、仪器试剂准备

1. 仪器

量筒、烧杯、电子天平（精度分别为 0.1g 和 0.0001g）、容量瓶、滴管、洗耳球、玻璃棒、试剂瓶、标签纸。

2. 试剂

固体 NaOH、浓盐酸、邻苯二甲酸氢钾（于 105～110℃ 干燥后备用）、蒸馏水。

二、操作步骤

1. 配制 500mL0.1mol/L NaOH 溶液

序号	步骤	操作方法	操作提示
1	称量	在电子天平上称取 2g 固体 NaOH 于 500mL 烧杯中	固体 NaOH 应在表面皿或小烧杯中称量
2	溶解稀释	用量筒量取 500mL 蒸馏水，加入盛有 NaOH 的烧杯中，搅拌使之全部溶解	应选用无二氧化碳的蒸馏水配制
3	装瓶	将配制好的溶液转移至试剂瓶中，用橡皮塞塞好瓶口，摇匀，贴上标签备用	配好的溶液要放置达到室温后才能装入试剂瓶中

2. 配制 500mL 0.1mol/L HCl 溶液

序号	步骤	操作方法	操作提示
1	准备	准备一只洁净干燥的 500mL 烧杯，装入 100mL 左右蒸馏水	盐酸具有强烈的刺激性，试剂配制过程应在通风橱内进行
2	量取浓盐酸	用洁净的小量筒量取 4.2mL 浓盐酸，倒入盛有蒸馏水的烧杯中，边倒边搅拌	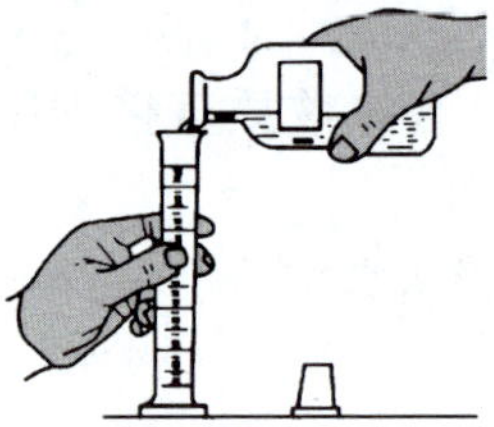
3	稀释	加蒸馏水至 500mL，搅拌均匀	加入蒸馏水的量不需要准确
4	装瓶	将配制好的溶液移入试剂瓶中，盖上玻璃塞，摇匀，贴上标签，备用	配制好的盐酸溶液要密闭保存

3. 配制 250mL 邻苯二甲酸氢钾标准溶液

序号	步骤	操作方法	操作提示
1	称取邻苯二甲酸氢钾	准确称取邻苯二甲酸氢钾基准试剂 5.0~5.2g（称准至 0.0001g）于 250mL 烧杯中	用差减称量法称取邻苯二甲酸氢钾
2	转移	用煮沸后刚冷却的蒸馏水 80~100mL 溶解，冷却后定量转移至 250mL 容量瓶中，再用煮沸后冷却的蒸馏水洗涤烧杯 3 次，洗涤液转移至容量瓶中	烧杯中的溶液向容量瓶中转移时要用玻璃棒引流
3	定容	用蒸馏水稀释至刻度，摇匀。根据邻苯二甲酸氢钾的质量和溶液体积，即可计算出该标准溶液的准确浓度	用胶头滴管滴加蒸馏水时，若液面过了刻度线，就要重做
4	贴标签	倒入试剂瓶中，贴上标签，注明名称、准确浓度、配制日期，备用	标准溶液的浓度要求准确到小数点后四位有效数字

三、考核标准

考核项目	考核内容	分值	得分
量筒的使用	量筒规格选择正确	2	
	倾倒液体方法正确	2	
	读数方法正确	3	
NaOH 固体的称量	称量前检查	2	
	归零操作	3	
	取用固体药品用药匙	3	
	样品无撒落	3	
	天平稳定后记录数据	2	
邻苯二甲酸氢钾的称量	天平准备（水平、清扫、预热、调零）	5	
	称量瓶放于秤盘中央	2	
	敲样正确	5	
	样品无撒落	2	
	敲样次数不超过 3 次	3	
	称样量符合要求	3	
	称量记录正确	2	
	加入蒸馏水溶解固体物质	3	
	玻璃棒搅拌，玻璃棒不得碰容器内壁	2	
	邻苯二甲酸氢钾完全溶解	3	
容量瓶的使用	容量瓶洗涤	2	
	容量瓶验漏	3	
	溶液沿玻璃棒注入容量瓶，溶液无洒落	5	
	用约 30mL 水洗涤烧杯和玻璃棒 2~3 次，洗涤液注入容量瓶	5	
	加蒸馏水至 3/4 处平摇	2	
	近刻线 1cm 处停留 2min	3	
	接近刻度 1cm，改用滴管加水，滴管尖嘴不得伸进或接触瓶口	3	
	溶液凹面与刻度相切	2	

续表

考核项目	考核内容	分值	得分
容量瓶的使用	摇匀动作正确	3	
	摇匀过程中放气 1 次	2	
	摇匀次数≥15 次	2	
	浓度计算正确	3	
结束工作	洗净仪器	3	
	配好的溶液保存于试剂瓶中，贴好标签，放到指定位置	3	
职业素质	穿实验服、文明操作	2	
	废液、废纸的处置合理	2	
	操作规范、注重细节	3	
	实验结束物品归位，台面整洁	2	

任务六　滴定操作

分析检测中的工匠精神

任务要求

1. 会试漏、排气泡、读数等操作。
2. 能规范进行滴定操作，能熟练地进行一滴、半滴的操作。
3. 能初步判断滴定终点。
4. 学会准确简明地记录实验原始数据及正确运用有效数字。
5. 培养脚踏实地、专注做事的精神。

任务描述

1. 以甲基橙为指示剂，用 0. 1mol/L HCl 滴定 0. 1mol/L NaOH。
2. 以酚酞为指示剂，用 0. 1mol/L NaOH 滴定 0. 1mol/L HCl。

任务实施

一、仪器试剂

1. 仪器

50mL 聚四氟乙烯旋塞滴定管、25mL 移液管、洗耳球、锥形瓶、烧杯。

2. 试剂

0. 1mol/L HCl 溶液、0. 1mol/L NaOH 溶液、甲基橙指示剂、酚酞指示剂、滤纸。

二、 操作过程

操作视频——滴定管的使用

序号	步骤	操作方法	操作提示
1	检查	检查滴定管是否完好无损、旋塞转动是否灵活等	若不易操作或漏水，应予更换
2	铬酸洗液洗涤	若有明显油污不易洗净时，可用铬酸洗液洗涤。洗涤时向管内倒入 10~15mL 洗液，一手拿住滴定管上端无刻度部分，另一手拿住旋塞下端无刻度部分，边转动边向管口倾斜，使洗液布满全管，反复转动 2~3 次，将洗液放回原瓶中	不能沾去污粉刷洗，以免划伤内壁，影响滴定管的准确度
3	水洗	用自来水冲洗滴定管，随后用蒸馏水荡洗 3 次，每次约 10mL。荡洗时，关闭旋塞，两手平端滴定管慢慢转动，使水流遍全管内壁然后放出	洗净的滴定管在水流出后内壁应均匀地润上一薄层水膜，若管壁内还挂有水珠，说明未洗干净，必须重洗
4	检漏	先关闭旋塞，将滴定管充满水，用滤纸在旋塞周围和管尖处检查有无水渗出。然后将旋塞旋转 180°，直立 2min，再用滤纸检查	若漏水，可拧紧塞子侧面的螺帽
5	待装液润洗	装液前用待装溶液润洗 3 次，润洗方法与用蒸馏水荡洗时相同	润洗的目的是把管内残留水分洗去，保证滴定管内溶液不被稀释
6	装液	润洗完毕，关好旋塞，左手拿滴定管，略为倾斜，右手拿住试剂瓶向滴定管中注入标准溶液。不要注入太快，以免产生气泡，待至液面到“0”刻度以上。用滤纸擦净外壁	应从容器直接将标准溶液倒入滴定管中，不得借助小烧杯或漏斗等其他容器，以免溶液浓度改变或造成污染 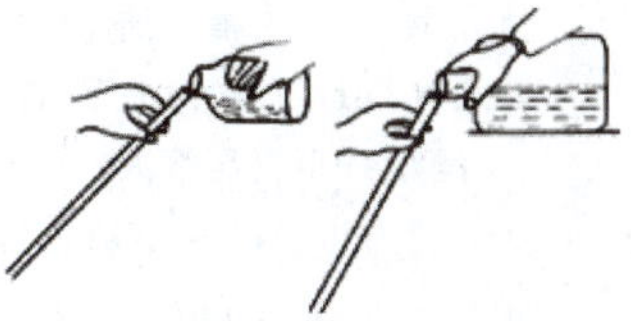

续表

序号	步骤	操作方法	操作提示
7	排气泡	滴定管的出口管如未充满溶液而存在气泡，则必须将之除去。用右手拿住滴定管上部无刻度处，并使之倾斜30°，左手迅速打开旋塞使溶液急速冲出管口而排出气泡	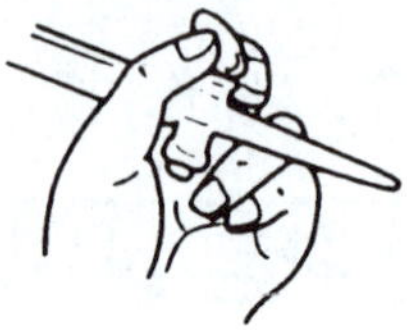
8	调节液面	排除气泡后，加入标准溶液至“0”刻度线以上，等待30s，再转动旋塞，把液面调至“0”刻度线位置或稍下	滴定管下端如悬挂液滴应当除去
9	滴定操作练习	用左手控制旋塞，拇指在前，食指中指在后，无名指和小指弯曲在滴定管和旋塞下方之间的直角中。转动旋塞时，手指弯曲，手掌要空。右手三指拿住瓶颈，瓶底离台2～3cm，滴定管下端深入瓶口约1cm，微动右手腕关节摇动锥形瓶，边滴边摇使滴下的溶液混合均匀。瓶底应向同一方向作圆周运动，不可前后振荡，以免溅出溶液。滴定和摇动溶液要同时进行，不能脱节	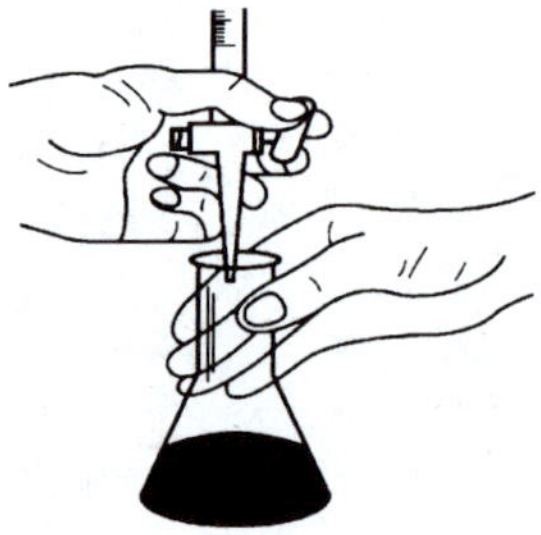 要求做到①能逐滴放出；②只放出一滴；③使溶液成悬而未滴的状态，即练习加半滴溶液的技术
10	读数	将滴定管从滴定管架上取下，左手捏住上部无液处，保持滴定管垂直。对无色溶液读取弯月面下缘最低点，对有色溶液则读取液面最上缘	（1）放出溶液后（装满或滴定完后）需等待1～2min后方可读数。 （2）读数须读到小数点后两位
11	HCl滴定NaOH	用移液管移取25.00mL NaOH溶液至洁净的锥形瓶，加入1～2滴甲基橙指示剂，用HCl溶液滴定至溶液由黄色变为橙色。平行滴定3份	平行滴定时，应该每次都将初刻度调整到“0”刻度或其附近，这样可减少滴定管刻度的系统误差
12	NaOH滴定HCl	用移液管移取25.00mL HCl溶液至洁净的锥形瓶，加入1～2滴酚酞指示剂，用NaOH溶液滴定至溶液由无色变为微红色并保持30s不褪色即为终点。平行滴定3份	放置过程中溶液会吸收空气中的CO_2，CO_2与水反应生成碳酸，导致溶液的pH降低，故30s后溶液褪色不需要再滴定

续表

序号	步骤	操作方法	操作提示
13	整理	滴定结束后，依次用自来水和蒸馏水洗涤滴定管，然后将滴定管的旋塞全部打开倒立放置于滴定管架上	滴定管中剩余的溶液要倒掉，不能倒回原贮液瓶中

三、数据处理

1. 以甲基橙为指示剂，用 HCl 溶液滴定 NaOH 溶液，结果填入下表

编号	1	2	3
V_{NaOH}/mL			
HCl 初读数/mL			
HCl 终读数/mL			
V_{HCl}/mL			
V_{HCl}/V_{NaOH}			
$\overline{V_{HCl}/V_{NaOH}}$			
绝对偏差			
平均偏差			
相对平均偏差			

2. 以酚酞为指示剂，用 NaOH 溶液滴定 HCl 溶液，结果填入下表

编号	1	2	3
V_{HCl}/mL			
NaOH 初读数/mL			
NaOH 终读数/mL			
V_{NaOH}/mL			
V_{NaOH}/V_{HCl}			
$\overline{V_{NaOH}/V_{HCl}}$			
绝对偏差			
平均偏差			
相对平均偏差			

四、考核标准

考核项目	考核内容	分值	得分
滴定管洗涤	洗涤次序和洗涤次数	2	
	待装溶液润洗	3	
	润洗滴定管时使用标准溶液不超过 10mL	2	
滴定管检漏	放置 2min	3	
	检漏方法正确	2	
	旋塞旋转 180°后再检查一次	3	
装液	直接装入，未借助其他容器	5	
排气泡、调零	检查是否有气泡	2	
	排气泡方法正确	3	
	调“0”刻度前静置 1~2min	3	
	初始读数在“0”刻度附近	2	
滴定操作	滴定前管尖残液的处理	3	
	滴定操作规范，两手动作协调	5	
	滴定速度	3	
	未溅出溶液	2	
	近终点的半滴操作	5	
	终点判断	2	
	终点后滴定管尖无悬挂液、无气泡	3	
读数	读数前静置 1~2min	2	
	读数时滴定管垂直，视线水平	5	
	读数正确	5	
数据记录及处理	数据记录及时、真实、正确、整洁	5	
	有效数字正确	5	
	计算正确	5	
	精密度符合要求	5	
职业素质	穿实验服、文明操作	3	
	操作规范、注重细节	3	
	注重质量、规范、环保、节约	3	
	精益求精、追求卓越	3	
	实验结束物品归位，台面整洁	3	

习　题

一、简答题

1. 如何配制铬酸洗液？

2. 差减称量法的操作要点是什么？

3. 移液管进行移液、装液前须用操作液润洗 2~3 次，锥形瓶也须用操作液润洗吗？为什么？

4. 用容量瓶配制溶液时是否需要干燥？为什么定容时，溶液的温度必须与室温相同？

5. 滴定至临近终点时加入半滴操作是怎样进行的？

6. 做平行测定时，每次滴定都应从滴定管的刻度“0.00”或稍低位置开始，为什么？

二、计算题

1. 下列溶液为实验室和工业常用试剂，计算出它们的物质的量浓度。

（1）盐酸，含 HCl 37%，密度为 1.19g/mL；

（2）硫酸，含 H_2SO_4 98%，密度为 1.84g/mL；

（3）硝酸，含 HNO_3 71%，密度为 1.42g/mL。

2. 配制 0.2mol/L 的 NaOH 溶液 500mL，需称取固体 NaOH 多少克？如何配制？

3. 配制 4mol/L 的 H_2SO_4 溶液 500mL，需要浓度为 98%，密度为 1.84g/mL 的浓硫酸多少毫升？如何配制？

4. 欲使滴定时消耗 0.10mol/L HCl 溶液 20~25mL，应称取基准试剂 Na_2CO_3 多少克？

模块二
习题答案

模块三

酸碱滴定技术

学习目标

知识目标

1. 了解酸碱质子理论及共轭酸碱对的概念和关系；
2. 掌握各类酸碱溶液 pH 的计算方法；
3. 掌握缓冲溶液的作用原理及选择原则；
4. 熟悉酸碱指示剂的变色原理、变色范围及常用的酸碱指示剂；
5. 掌握一元酸碱滴定曲线及指示剂的选择方法。

技能目标

1. 能用减量法熟练称量基准物质；
2. 能在实际分析中合理选择酸碱指示剂指示滴定终点；
3. 能正确制备酸碱标准溶液，并能利用酸碱滴定法准确分析样品。

素质目标

1. 培养规范操作意识和质量意识；
2. 培养认真负责、严谨求实的工作态度；
3. 培养良好的团队合作精神和竞争意识。

模块导学

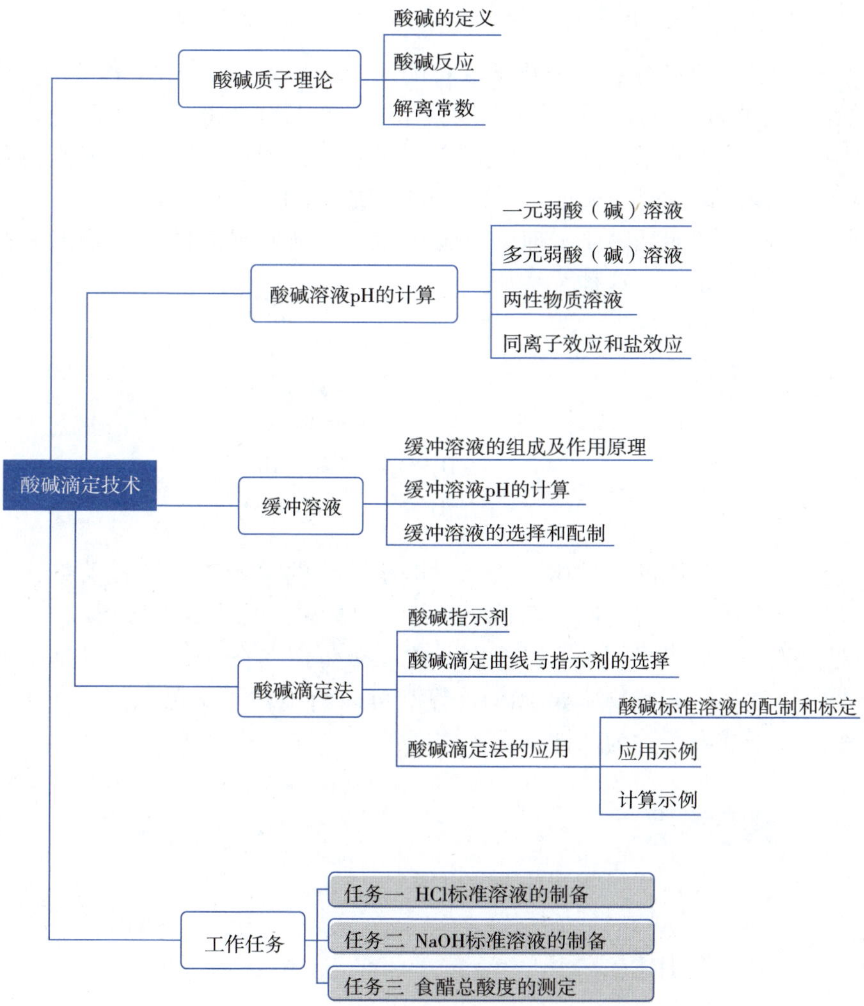
酸碱滴定技术
酸碱质子理论
酸碱的定义
酸碱反应
解离常数
酸碱溶液pH的计算
一元弱酸（碱）溶液
多元弱酸（碱）溶液
两性物质溶液
同离子效应和盐效应
缓冲溶液
缓冲溶液的组成及作用原理
缓冲溶液pH的计算
缓冲溶液的选择和配制
酸碱滴定法
酸碱指示剂
酸碱滴定曲线与指示剂的选择
酸碱滴定法的应用
酸碱标准溶液的配制和标定
应用示例
计算示例
工作任务
任务一 HCl标准溶液的制备
任务二 NaOH标准溶液的制备
任务三 食醋总酸度的测定

知识点一

酸碱质子理论

一、 酸碱的定义

酸碱理论

1923 年，丹麦化学家布朗斯特（J. N. Bronsted）和英国化学家劳莱（T. M. Lowry）同时独立地提出了酸碱质子理论。质子理论认为：凡是能给出质子（H^+）的物质就是酸；凡是能接受质子（H^+）的物质就是碱。即酸是质子的给予体，碱是质子的接受体。

按照酸碱质子理论，酸和碱不是彼此孤立的，而是统一在对质子的关系上，这种关系是：

$$\text{酸} \rightleftharpoons H^+ + \text{碱}$$

例如

$$HAc \rightleftharpoons H^+ + Ac^-$$

$$NH_4^+ \rightleftharpoons H^+ + NH_3$$

$$H_2PO_4^- \rightleftharpoons H^+ + HPO_4^{2-}$$

$$HPO_4^{2-} \rightleftharpoons H^+ + PO_4^{3-}$$

酸碱的概念

酸碱的这种相互依存、相互转化的关系称为共轭关系，这种因一个质子的得失而相互转换的每一对酸碱，称为共轭酸碱对。

从以上例子可以看出，酸和碱可以是分子，也可以是阳离子和阴离子。有些物质如 HPO_4^{2-} 等既可以给出质子又可以接受质子，这类分子或离子称为两性物质。

练一练

写出下列物质的共轭对象：

① Ac^- ________________　　⑤ NH_4^+ ________________

② H_2CO_3 ________________　　⑥ CO_3^{2-} ________________

③ H_3PO_4 ________________　　⑦ PO_4^{3-} ________________

④ H_2S ________________　　⑧ $C_2O_4^{2-}$ ________________

二、 酸碱反应的实质

酸碱反应实质

根据酸碱质子理论，酸碱反应实际上是酸失去质子，碱得到质子，酸把质子传递给碱的过程。

共轭酸碱对质子得失的反应，只是酸碱半反应，不能单独进行，酸碱反应必须是两个酸碱半反应相互作用才能实现，可用下式表示：

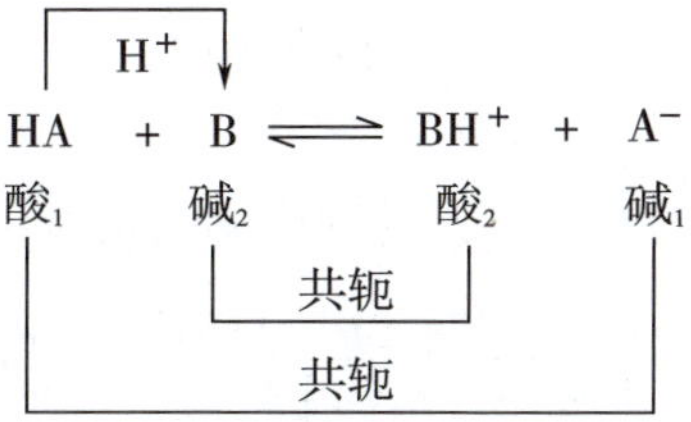

酸碱反应的实质是两个共轭酸碱对之间质子传递的反应。

三、 酸碱解离常数

1. 水的质子自递反应

水分子具有两性，即一个水分子可以从另一水分子中夺取质子而形成 H_3O^+和 OH^-。反应方程式如下：

$$H_2O + H_2O \rightleftharpoons H_3O^+ + OH^-$$

上述反应称为水的质子自递反应。该反应的平衡常数称为水的质子自递常数，又称为水的离子积，一般以 $K_w^\ominus$ 表示。

则
$$K_w^\ominus = [H_3O^+][OH^-] \tag{3-1}$$

水合质子 H_3O^+也常常简写作 H^+，因此水的质子自递常数常简写为

$$K_w^\ominus = [H^+][OH^-] \tag{3-2}$$

$K_w^\ominus$ 是温度的函数，25℃时，$K_w^\ominus = 1.0\times10^{-14}$，即 $pK_w^\ominus = 14.00$。

注：为表示方便，用［ ］表示平衡时的相对浓度，后续章节中相同。

2. 酸碱解离常数

酸碱反应进行的程度可以用反应的平衡常数来衡量。对于一元弱酸 HA 而言，其在水溶液中的解离反应与平衡常数是

$$HA \rightleftharpoons H^+ + A^-$$

$$K_a^\ominus = \frac{[H^+][A^-]}{[HA]} \tag{3-3}$$

平衡常数 $K_a^\ominus$ 称为酸的解离常数，它是衡量酸强弱的参数。$K_a^\ominus$ 越大，则表明该酸的酸性越强。在一定温度下，$K_a^\ominus$ 是一个常数，它仅随温度的变化而变化。

与此类似，对于碱 A^-而言，它在水溶液中的解离反应与平衡常数是

酸碱溶液的pH

化学中的生活哲理——离子的共存与人的共存

酸碱解离常数

$$A^- + H_2O \rightleftharpoons HA + OH^-$$

$$K_b^\ominus = \frac{[HA][OH^-]}{[A^-]} \tag{3-4}$$

根据式（3-3）和（3-4），共轭酸碱对的 $K_a^\ominus$、$K_b^\ominus$ 之间满足

$$K_a^\ominus \cdot K_b^\ominus = \frac{[H^+][A^-]}{[HA]} \times \frac{[HA][OH^-]}{[A^-]} = [H^+][OH^-]$$

$$= K_w^\ominus = 1.0 \times 10^{-14}(25℃)$$

或

$$pK_a^\ominus + pK_b^\ominus = 14 \tag{3-5}$$

上式表明，共轭酸碱对的 $K_a^\ominus$ 与 $K_b^\ominus$ 成反比，已知酸的解离常数 $K_a^\ominus$ 就可简单地计算出它共轭碱的 $K_b^\ominus$，反之亦然。另外也说明，酸越弱，其共轭碱越强；碱越弱，其共轭酸越强。

3. 解离度

对于弱酸、弱碱等物质在水溶液中的解离程度可以用解离度 α 的大小来衡量：

$$\alpha = \frac{\text{解离部分的弱电解质浓度}}{\text{未解离前弱电解质浓度}} \times 100\%$$

相同浓度的不同弱电解质，其解离度不同。电解质越弱，解离度越小。

现以弱酸 HA 为例，若其起始浓度为 c，解离度为 α，则

	HA	$\rightleftharpoons$	H^+	+	A^-
起始浓度	c		0		0
平衡浓度	$c-c\alpha$		$c\alpha$		$c\alpha$

代入平衡常数表达式

$$K_a^\ominus = \frac{[H^+]\cdot[A^-]}{[HA]} = \frac{c\alpha \cdot c\alpha}{c - c\alpha} = \frac{c\alpha^2}{1-\alpha}$$

当 $c/K_a^\ominus \geqslant 500$ 时，$1-\alpha \approx 1$，则上式可改写为：

$$K_a^\ominus = c\alpha^2$$

$$\alpha = \sqrt{\frac{K_a^\ominus}{c}} \tag{3-6}$$

练一练
酸碱质子理论

式（3-6）表明对某一给定的弱电解质，在一定温度下，解离度随溶液的稀释而增大。这个关系式被称为稀释定律。

知识点二

酸碱溶液 pH 的计算

一、一元弱酸（碱）溶液 pH 的计算

设有一元弱酸 HA 溶液，总浓度为 c mol/L，则

一元弱酸（碱）溶液

	HA	⇌	H^+	+	A^-
起始浓度/（mol/L）	c		0		0
平衡浓度/（mol/L）	$c-[H^+]$		$[H^+]$		$[A^-]$

$$K_a^{\ominus}=\frac{[H^+][A^-]}{[HA]}=\frac{[H^+][A^-]}{c-[H^+]}$$

因为
$$[H^+]=[A^-]$$

所以
$$K_a^{\ominus}=\frac{[H^+]^2}{c-[H^+]}$$

经整理得
$$[H^+]=\frac{-K_a^{\ominus}+\sqrt{K_a^{\ominus 2}+4c\cdot K_a^{\ominus}}}{2}$$

当 $c/K_a^{\ominus}\geqslant 500$ 时，溶液中 $[H^+]\ll c$，则 $c-[H^+]\approx c$，则

$$K_a^{\ominus}=\frac{[H^+]^2}{c-[H^+]}=\frac{[H^+]^2}{c}$$

$$[H^+]=\sqrt{cK_a^{\ominus}} \qquad (3-7)$$

式（3-7）是计算一元弱酸溶液中 H^+浓度的常用最简式。

同理可得，对一元弱碱，当 $c/K_b^{\ominus}\geqslant 500$ 时，最简式为

$$[OH^-]=\sqrt{cK_b^{\ominus}} \qquad (3-8)$$

【例 3-1】 求 0.10mol/L HAc 溶液的 pH。

解 已知 $K_a^{\ominus}=1.76\times 1.0^{-5}$　　$c/K_a^{\ominus}>500$

则 $[H^+]=\sqrt{cK_a^{\ominus}}=\sqrt{0.10\times 1.76\times 10^{-5}}=1.3\times 10^{-3}$ mol/L

$$pH=2.89$$

【例 3-2】 计算 0.10mol/L 的 NH_3溶液的 pH。

解 已知 $K_b^{\ominus}=1.77\times 1.0^{-5}$　　$c/K_b^{\ominus}>500$

则 $[OH^-]=\sqrt{cK_b^{\ominus}}=\sqrt{0.10\times 1.77\times 10^{-5}}=1.3\times 10^{-3}$ mol/L

$$pOH=2.89$$

$$pH=14-pOH=14.00-2.89=11.11$$

二、多元弱酸（碱）溶液 pH 的计算

在水溶液中，一个分子能解离出多于一个 H^+的弱酸称为多元弱酸。例如 H_2S、H_2CO_3等。

多元弱酸（碱）溶液

多元弱酸在溶液中的解离是逐级进行的，通常，第一级解离是主要的，即 $K_{a1}^{\ominus} \gg K_{a2}^{\ominus}$，故一般把多元弱酸近似作为一元弱酸来处理。

当 $K_{a1}^{\ominus} \gg K_{a2}^{\ominus}$，且 $c/K_{a1}^{\ominus} \geqslant 500$ 时，

$$[H^+] = \sqrt{cK_{a1}^{\ominus}} \tag{3-9}$$

【例 3-3】 室温下，H_2S 饱和溶液的浓度约为 0.10mol/L，试计算 H_2S 饱和溶液中 $[H^+]$、$[HS^-]$ 和 $[S^{2-}]$。

解
$$H_2S \rightleftharpoons H^+ + HS^- \qquad K_{a1}^{\ominus} = 9.1 \times 10^{-8}$$
$$HS^- \rightleftharpoons H^+ + S^{2-} \qquad K_{a2}^{\ominus} = 1.1 \times 10^{-12}$$

$K_{a1}^{\ominus} \gg K_{a2}^{\ominus}$，可忽略第二级解离，当作一元酸处理。

因此，$[HS^-] \approx [H^+]$

	H_2S	$\rightleftharpoons$	H^+	+	HS^-
平衡浓度/（mol/L）	$0.10-[H^+]$		$[H^+]$		$[H^+]$

因为 $c/K_{a1}^{\ominus} > 500$，即 $0.10-[H^+] \approx 0.10$

所以 $[H^+] = \sqrt{cK_{a1}^{\ominus}} = \sqrt{0.10 \times 9.1 \times 10^{-8}} = 9.5 \times 10^{-5}$mol/L

则 $[HS^-] \approx [H^+] = 9.5 \times 10^{-5}$mol/L

S^{2-} 是二级解离产物，计算时要用第二级解离平衡常数表达式

$$K_{a2}^{\ominus} = \frac{[H^+][S^{2-}]}{[HS^-]} = 1.1 \times 10^{-12}$$

第二步解离非常少，$[H^+] \approx [HS^-]$

则 $[S^{2-}] \approx K_{a2}^{\ominus} = 1.1 \times 10^{-12}$

对二元酸，其酸根阴离子的浓度在数值上近似地等于 $K_{a2}^{\ominus}$。

同理，在计算多元弱碱溶液中 $[OH^-]$ 时，一般只考虑第一级解离即可。当 $c/K_{b}^{\ominus} \geqslant 500$ 时，最简式为

$$[OH^-] = \sqrt{cK_{b1}^{\ominus}} \tag{3-10}$$

三、 两性物质溶液 pH 的计算

两性物质溶液

常见的两性物质有：多元酸的酸式盐，如 $NaHCO_3$、NaH_2PO_4；弱酸弱碱盐，如 NH_4Ac、NH_4CN 等。一般使用最简式

$$[H^+] = \sqrt{K_{a1}^{\ominus} \cdot K_{a2}^{\ominus}} \tag{3-11}$$

当 $K_{a1}^{\ominus} \gg K_{a2}^{\ominus}$，$cK_{a2}^{\ominus} > 20K_{w}^{\ominus}$，$c/K_{a1}^{\ominus} > 20$ 时，可用式（3-11）计算两性物质溶液的 pH。

【例 3-4】 计算 0.10mol/L $NaHCO_3$ 溶液的 pH。已知 H_2CO_3 的 $K_{a1}^{\ominus} = 4.30 \times 10^{-7}$，$K_{a2}^{\ominus} = 5.61 \times 10^{-11}$。

解 因为 $K_{a1}^{\ominus} \gg K_{a2}^{\ominus}$，$cK_{a2}^{\ominus} > 20K_{w}^{\ominus}$，$c/K_{a1}^{\ominus} > 20$

所以 $[H^+] = \sqrt{K_{a1}^{\ominus} \cdot K_{a2}^{\ominus}} = \sqrt{4.30 \times 10^{-7} \times 5.61 \times 10^{-11}} = 4.9 \times 10^{-9}$mol/L

则 $pH = 8.31$

四、同离子效应和盐效应

实验：今有试管 1 和 2，在其中各加 10mL HAc，再各加甲基橙 2 滴。试管中的溶液呈红色，这证明 HAc 溶液呈酸性。若在试管 1 中加入少量固体 NaAc，边振荡边和试管 2 进行比较，发现试管 1 中的红色渐褪，最后变成黄色。甲基橙在酸性溶液中为红色，在微酸和碱中为黄色。

同离子效应和盐效应

实验表明，试管 1 中的溶液因加入 NaAc 后，酸度降低了。这是因为 HAc-NaAc 溶液中存在着下列解离平衡

$$HAc \rightleftharpoons H^+ + Ac^-$$
$$NaAc \longrightarrow Na^+ + Ac^-$$

由于 NaAc 完全解离为 Na^+和 Ac^-，使试管 1 中的 Ac^-的总浓度增加，HAc 的解离平衡向左移动，结果 HAc 的浓度增大，H^+的浓度减小，即 HAc 的解离度 α 降低了。

这种由于在弱电解质中加入一种含有相同离子的易溶强电解质后，使解离平衡发生移动，降低弱电解质解离度的作用，称为同离子效应。

若在 HAc 溶液中加入不含相同离子的强电解质（如 NaCl）时，由于溶液中离子间相互牵制作用增强，Ac^-和 H^+结合成分子的机会减小，分子化的速率减小，故表现为 HAc 解离度略有增高，这种效应称为盐效应。

练一练
酸碱溶液pH
的计算

在发生同离子效应的同时，必伴随着盐效应的发生，但同离子效应影响大得多，故在一般情况下，通常忽略盐效应的影响，而主要考虑同离子效应。

知识点三

缓冲溶液

酸碱缓冲溶液是指具有稳定溶液酸度作用的溶液。即将体系适当稀释或加入少量强酸或少量强碱时，溶液的 pH 能基本保持不变。在反应体系中加入这种溶液，就能达到控制酸度的目的。

一、缓冲溶液的组成及作用原理

缓冲溶液的组成及作用原理

缓冲溶液一般是由弱酸及其共轭碱或弱碱及其共轭酸，以及由不同酸度的两性物质组成的。

现以 HA-A^-缓冲体系为例说明缓冲溶液的作用原理。溶液中存在下列平衡

$$HA \rightleftharpoons H^+ + A^-$$

当向溶液中加入少量强酸时，加入的 H^+可与溶液中大量 A^- 结合成 HA 分子，使平衡向左移动，溶液中 pH 基本保持不变；当加入少量强碱时，OH^-与溶液中的 H^+结合成 H_2O 分子，促使 HA 分子继续解离，平衡向右移动，溶液 pH 也基本保持不变；如果将溶液稍加稀释，HA 和 A^-浓度都相应降低，使 HA 的解离度增大，那么溶液中［H^+］仍然基本保持不变，从而使溶液酸度稳定。

二、缓冲溶液 pH 的计算

缓冲溶液pH的计算

对于 HA-A^-缓冲体系，设缓冲组分的浓度分别为 c_{HA}、c_{A^-}，溶液中存在下列平衡

$$HA \rightleftharpoons H^+ + A^-$$

平衡时有 $K_a^\ominus = \dfrac{[H^+]\cdot[A^-]}{[HA]}$ 或 $[H^+] = K_a^\ominus \cdot \dfrac{[HA]}{[A^-]}$

由于溶液中 HA 及 A^-浓度相对较高，同时由于同离子效应的存在，使得 HA 的解离度很小，可认为［HA］≈ $c_{酸}$，［A^-］≈ $c_{盐}$，则上式可近似处理成

$$[H^+] = K_a^\ominus \cdot \frac{c_{酸}}{c_{盐}} \qquad (3-12)$$

式（3-12）说明缓冲溶液的酸度与缓冲组分的性质（$K_a^\ominus$）有关，同时与缓冲组分比有关。可以适当改变浓度比值，就可在一定范围内配制不同 pH 的缓冲溶液。

同理可推出，对于弱碱及其盐组成的缓冲溶液

$$[OH^-] = K_b^\ominus \cdot \frac{c_{碱}}{c_{盐}} \qquad (3-13)$$

三、缓冲溶液的选择和配制

酸碱缓冲溶液根据用途的不同可以分成两大类，即普通酸碱缓冲溶液和标准酸碱缓冲溶液。标准酸碱缓冲溶液简称标准缓冲溶液，主

要用于校正酸度计。普通酸碱缓冲溶液主要用于化学反应或生产过程中酸度的控制，在实际工作中应用很广。

缓冲溶液的选择

选择酸碱缓冲溶液时主要考虑以下三点：

（1）对正常的化学反应或生产过程没有干扰，也就是说除维持酸度外，不能发生副反应。

（2）所需控制的 pH 应在缓冲溶液的缓冲范围内。如果酸碱缓冲溶液是由弱酸（弱碱）及其共轭碱（酸）组成的，则 $pK_a^\ominus$（$pK_b^\ominus$）应尽量与所需控制的 pH（pOH）一致。

（3）应具有较强的缓冲能力。为了达到这一要求，所选择体系中两组分的浓度比应尽量接近 1，且浓度适当大些为好。

表 3-1 列举了一些常见酸碱缓冲体系，可供选择时参考。

表 3-1　　常用酸碱缓冲溶液及有效缓冲范围

缓冲体系	$pK_a^\ominus$（或 $pK_b^\ominus$）	缓冲范围（pH）
HAc-NaAc	4.75	3.6~5.6
NH_3-NH_4Cl	4.75（$pK_b^\ominus$）	8.3~10.3
$NaHCO_3$-Na_2CO_3	10.25	9.2~11.0
KH_2PO_4-K_2HPO_4	7.21	5.9~8.0
H_3BO_3-$Na_2B_4O_7$	9.2	7.2~9.2

例如，欲配制一定体积 pH＝4.8 的缓冲溶液，根据欲选的缓冲对的 $pK_a^\ominus$ 应尽量与所需控制的 pH 一致的原则，应选择 HAc-NaAc 体系为好。

练一练
缓冲溶液

知识点四

酸碱滴定法

一、酸碱指示剂

酸碱滴定分析中，确定滴定终点的方法有仪器法与指示剂法两类。指示剂法是借助加入的酸碱指示剂在化学计量点附近的颜色变化来确定滴定终点的。这种方法简单、方便，是确定滴定终点的基本方法。本节仅介绍酸碱指示剂法。

酸碱指示剂

1. 作用原理

酸碱指示剂一般是有机弱酸、弱碱或两性物质，在不同的酸度条件下具有不同的结构和颜色。例如，酚酞指示剂是有机弱酸，在水溶液中有以下解离平衡存在：

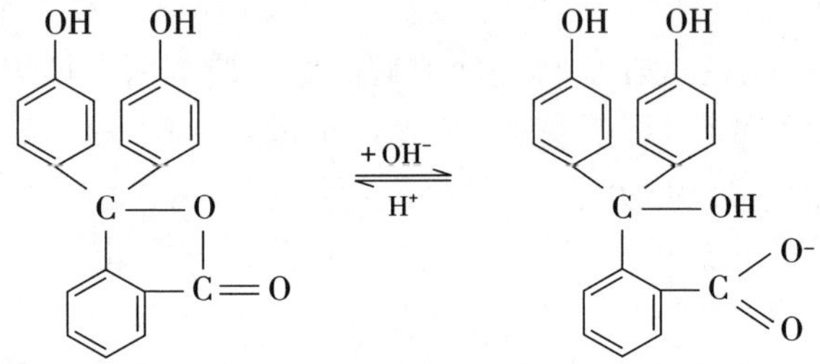

无色（酸式色，内酯式）　　　　红色（碱式色，醌式）

在酸性溶液中，平衡向左移动，酚酞主要以内酯式结构存在，溶液呈无色；在碱性溶液中，平衡向右移动，酚酞则主要以醌式结构存在，溶液呈红色。

再如另一种常用的酸碱指示剂甲基橙是一种有机弱碱，在溶液中有如下解离平衡存在：

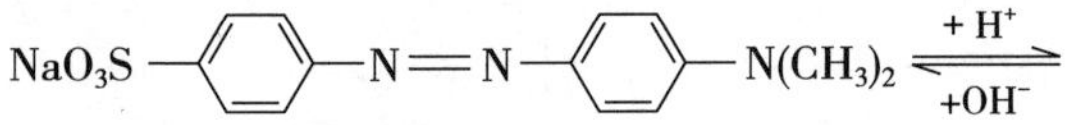

黄色（碱式色，偶氮式）

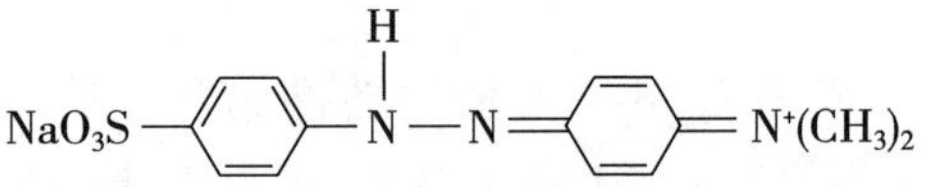

红色（酸式色，醌式）

显然，甲基橙与酚酞相似，在不同的酸度条件下具有不同的结构及颜色。增大溶液酸度，甲基橙主要以醌式结构存在，溶液呈红色。反之，甲基橙主要以偶氮式结构存在，溶液由红色变为黄色。

由此可见，当溶液的 pH 发生变化时，由于指示剂结构的变化，颜色也随之发生变化，因而可通过酸碱指示剂颜色的变化来确定酸碱滴定的终点。

2. 变色范围及其影响因素

若以 HIn 表示弱酸型指示剂，In^- 为其共轭碱，在水溶液中存在以下平衡

$$HIn \rightleftharpoons H^+ + In^-$$

相应的平衡常数为

$$K^{\ominus}_{HIn} = \frac{[H^+] \cdot [In^-]}{[HIn]}$$

或
$$\frac{[In^-]}{[HIn]}=\frac{K_{HIn}^{\ominus}}{[H^+]} \tag{3-14}$$

$K_{HIn}^{\ominus}$ 称为指示剂常数。可见溶液的颜色取决于 In^- 与 HIn 的浓度比，即 $[In^-]/[HIn]$，而 $[In^-]/[HIn]$ 又随溶液中 $[H^+]$ 的改变而改变。

一般来说，若 $[In^-]/[HIn]>10$，人眼所看到的为碱式色；若 $[In^-]/[HIn]<1/10$，则人眼所看到的是酸式色；当 $1/10\leqslant[In^-]/[HIn]\leqslant1$ 时，指示剂呈混合色，在此范围溶液对应的 pH 为 $pK_{HIn}^{\ominus}-1$ 至 $pK_{HIn}^{\ominus}+1$。$pH=pK_{HIn}^{\ominus}\pm1$ 就是指示剂理论变色的 pH 范围，简称指示剂理论变色范围，将 $pH=pK_{HIn}^{\ominus}$ 称为指示剂的理论变色点。

由此可见，不同的酸碱指示剂，$pK_{HIn}^{\ominus}$ 不同，它们的变色范围就不同。理论上说，指示剂的变色范围都是 2 个 pH 单位，但实验测得的指示剂变色范围并不都是 2 个 pH 单位，而是略有上下。这是由于实验测得的指示剂变色范围是人目视确定的，由于人的眼睛对不同颜色的敏感度不同，观察到的变色范围也不同。表 3-2 列出了一些常用的酸碱指示剂的变色范围。

表 3-2　几种常用的酸碱指示剂

指示剂	变色范围	颜色		$pK_{HIn}^{\ominus}$	浓度	用量
	pH	酸色	碱色			滴/10mL
百里酚蓝	1.2~2.8	红	黄	1.7	0.1%的20%乙醇溶液	1~2
甲基黄	2.9~4.0	红	黄	3.3	0.1%的90%乙醇溶液	1
甲基橙	3.1~4.4	红	黄	3.4	0.1%的水溶液	1
溴酚蓝	3.0~4.6	黄	紫	4.1	0.1%的20%乙醇或其钠盐水溶液	1
溴甲酚绿	3.8~5.4	黄	蓝	4.9	0.1%的20%乙醇或其钠盐水溶液	1
甲基红	4.4~6.2	红	黄	5.1	0.1%的60%乙醇或其钠盐水溶液	1
溴百里酚蓝	6.2~7.6	黄	蓝	7.3	0.1%的20%乙醇或其钠盐水溶液	1
中性红	6.8~8.0	红	黄橙	7.4	0.1%的60%乙醇溶液	1
酚红	6.7~8.4	黄	红	8.0	0.1%的60%乙醇或其钠盐水溶液	1
酚酞	8.0~10.0	无	红	9.1	0.1%的90%乙醇溶液	1~2
百里酚酞	9.4~10.6	无	蓝	10.0	0.1%的90%乙醇溶液	1~2

二、酸碱滴定曲线与指示剂的选择

在酸碱滴定中，一个重要问题就是选择合适的指示剂来确定滴定终点，而酸碱指示剂只能在一定的 pH 范围内发生颜色变化，因此必须了解滴定过程中溶液 pH 的变化规律。在滴定过程中溶液的 pH 随滴定剂体积或滴定分数变化的关系曲线称为酸碱滴定曲线。滴定曲线在滴定分析中不但可从理论上解释滴定过程的变化规律，对指示剂的选择更具有重要的实际意义。由于各种不同类型的酸碱滴定过程中 H^+浓度的变化规律是各不相同的，因此下面分别予以讨论。

1. 强酸（碱）的滴定

现以 0.1000mol/L NaOH 溶液滴定 20.00mL 0.1000mol/L HCl 溶液为例来讨论强碱滴定强酸过程中 pH 的变化情况、滴定曲线的形状及指示剂的选择。该滴定过程可分为四个阶段：

强碱滴定强酸

（1）滴定前　溶液的 pH 取决于被滴定 HCl 溶液的初始浓度。即

$$[H^+] = 0.1000\text{mol/L}$$
$$pH = 1.00$$

（2）滴定开始至化学计量点前　溶液的 pH 由剩余 HCl 溶液的酸度决定。

例如，当滴入 NaOH 溶液 19.80mL 时，溶液中剩余 HCl 溶液 0.20mL，则

$$[H^+] = \frac{0.1000 \times 0.20}{20.00 + 19.80} = 5.0 \times 10^{-4}\ \text{mol/L}$$
$$pH = 3.30$$

当滴入 NaOH 溶液 19.98mL 时，溶液中剩余 HCl 溶液 0.02mL，则

$$[H^+] = \frac{0.1000 \times 0.02}{20.00 + 19.98} = 5.0 \times 10^{-5}\ \text{mol/L}$$
$$pH = 4.30$$

（3）化学计量点时　此时溶液中的 HCl 与 NaOH 恰好反应完全，溶液呈中性，即

$$[H^+] = [OH^-] = 1.0 \times 10^{-7}\ \text{mol/L}$$
$$pH = 7.00$$

（4）化学计量点后　溶液的 pH 由过量的 NaOH 浓度决定。

例如，加入 NaOH 20.02mL 时，NaOH 溶液过量 0.02mL，此时溶液中 $[OH^-]$ 为

$$[OH^-] = \frac{0.02 \times 0.1000}{20.00 + 20.02} = 5.0 \times 10^{-5}\text{mol/L}$$
$$pOH = 4.30 \qquad pH = 9.70$$

用类似的方法可以计算出整个滴定过程中加入任意体积 NaOH 时溶液的 pH，其结果如表 3-3 所示。

表 3-3　0.1000mol/L NaOH 溶液滴定 20.00mL 0.1000mol/L HCl 溶液的 pH

加入 NaOH 溶液		剩余 HCl 溶液的体积	过量 NaOH 溶液的体积	pH	
滴定度/%	V/mL	V/mL	V/mL		
0	0.00	20.00		1.00	
90.0	18.00	2.00		2.28	
99.0	19.80	0.20		3.30	
99.9	19.98	0.02		4.30	A 滴定突跃
100.0	20.00	0.00		7.00	
100.1	20.02		0.02	9.70	B
101.0	20.20		0.20	10.70	
110.0	22.00		2.00	11.70	
200.0	40.00		20.00	12.50	

以 NaOH 溶液加入量为横坐标，对应溶液的 pH 为纵坐标作图，就能得到图3-1所示的滴定曲线。

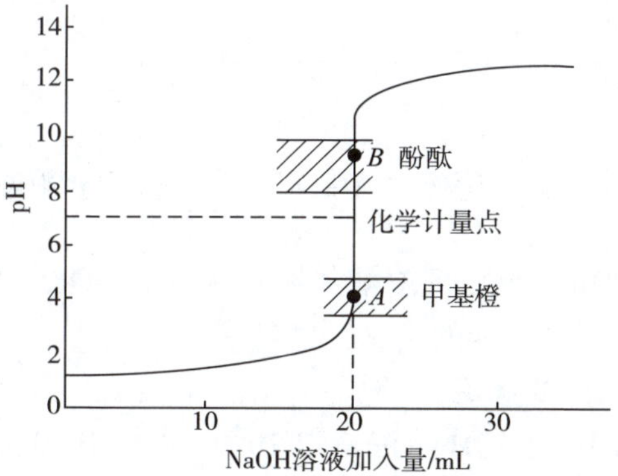

图 3-1　0.1000mol/L NaOH 溶液滴定 20.00mL 0.1000mol/L HCl 溶液的滴定曲线

化学中的哲学思维——量变与质变

由表 3-3 与图 3-1 可以看出，从滴定开始到加入 19.98mL NaOH 滴定溶液，溶液的 pH 仅改变了 3.30 个 pH 单位，曲线变化比较平坦。而在化学计量点附近，NaOH 溶液从 19.98mL 到 20.02mL，只增加了 0.04mL（约 1 滴），就使溶液的 pH 由 4.30 突变至 9.70，改变了 5.40 个 pH 单位，此时曲线呈现近似垂直的一段，溶液也从酸性变成了碱性。这种在化学计量点±0.1%范围内，pH 的急剧变化就称为滴定突跃，而突跃所在的 pH 范围称之为滴定突跃范围。此后，再继续滴加 NaOH 溶液，溶液的 pH 变化越来越小，曲线又趋平坦。

滴定突跃范围是选择指示剂的重要依据，凡在滴定突跃范围内能发生颜色变化的指示剂，都可用来指示滴定的终点。因此，选择指示剂的原则是指示剂的变色范围全部或部分地落入滴定突跃范围内。在本例中，滴定突跃范围是 4.30～9.70，甲基红、酚酞、甲基橙均可选用。实际分析时，为了更好地判断终点，通常选用酚酞作指示剂，因其终点颜色由无色变成浅红色，非常容易辨别。

强酸强碱的滴定中，滴定突跃范围的大小和溶液的浓度有关。酸碱的浓度越小，突跃范围就越窄；反之，酸碱的浓度越大，突跃范围就越宽。若用 1.0mol/L、0.1mol/L、0.01mol/L 的 NaOH 溶液分别滴定 20.00mL 1.0mol/L、0.1mol/L、0.01mol/L 的 HCl 溶液，突跃范围分别是 3.30～10.70、4.30～9.70、5.30～8.70，如图 3-2 所示。

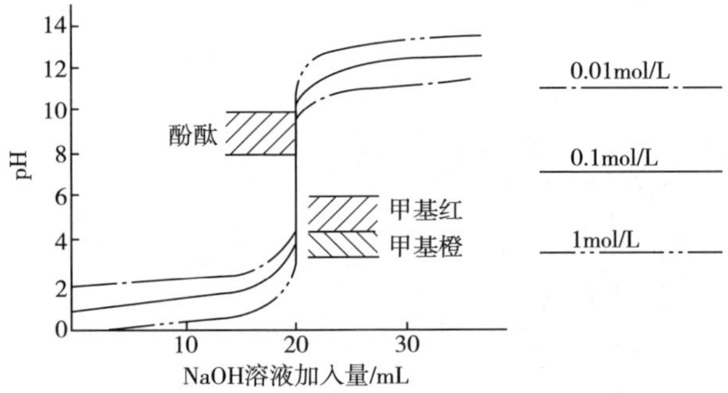

图 3-2　不同浓度 NaOH 溶液滴定不同浓度 HCl 溶液的滴定曲线

从图 3-2 可知，滴定剂溶液的浓度越大，则化学计量点附近的滴定突跃就越大，可供选择的指示剂就越多。

2. 弱酸（碱）的滴定

弱酸（碱）的滴定

以 0.1000mol/L NaOH 溶液滴定 20.00mL 0.1000mol/L HAc 溶液为例，讨论滴定过程中溶液 pH 的变化情况。

与讨论强酸滴定曲线方法相似，讨论这一类滴定曲线也分为四个阶段。

（1）滴定前　此时溶液的 pH 由 0.1000mol/L 的 HAc 溶液的酸度决定。$[H^+]$ 按一元弱酸的最简式计算。即

$$[H^+] = \sqrt{cK_a^{\ominus}} = \sqrt{0.1000 \times 1.76 \times 10^{-5}} = 1.33 \times 10^{-3} \text{mol/L}$$

$$pH = 2.88$$

（2）滴定开始至化学计量点前　这一阶段的溶液是由未反应的 HAc 与反应产物 NaAc 组成的缓冲体系。

$$[H^+] = K_a^{\ominus} \frac{[HAc]}{[Ac^-]}$$

当滴入 NaOH 溶液 19.98mL（剩余 0.02mL HAc）时，

$$[HAc] = \frac{0.1000 \times 0.02}{20.00 + 19.98} = 5.00 \times 10^{-5}\ mol/L$$

$$[Ac^-] = \frac{0.1000 \times 19.98}{20.00 + 19.98} = 5.00 \times 10^{-2}\ mol/L$$

$$[H^+] = 1.76 \times 10^{-5} \times \frac{5.0 \times 10^{-5}}{5.0 \times 10^{-2}} = 1.76 \times 10^{-8}\ mol/L$$

$$pH = 7.75$$

（3）化学计量点时　此时溶液的 pH 由 NaAc 决定，$[OH^-]$ 按一元弱碱的最简式计算。即

$$[OH^-] = \sqrt{cK_b^{\ominus}} = \sqrt{c \cdot \frac{K_W^{\ominus}}{K_a^{\ominus}}} = \sqrt{0.05000 \times \frac{1.0 \times 10^{-14}}{1.76 \times 10^{-5}}} = 5.33 \times 10^{-6}\ mol/L$$

$$pOH = 5.27 \qquad pH = 8.73$$

（4）化学计量点后　此时溶液由过量的 NaOH 和产物 NaAc 所组成，溶液的 pH 主要取决于过量的 NaOH。当滴入 20.02mL NaOH 溶液，NaOH 溶液过量 0.02mL，则

$$[OH^-] = \frac{0.02 \times 0.1000}{20.00 + 20.02} = 5.00 \times 10^{-5}$$

$$pOH = 4.30 \qquad pH = 9.70$$

按上述方法，依次计算出滴定过程中溶液的 pH，其计算结果如表 3-4 所示。

表 3-4　0.1000mol/L NaOH 溶液滴定 20.00mL 0.1000mol/L HAc 溶液的 pH

加入 NaOH 溶液		剩余 HAc 溶液的体积	过量 NaOH 溶液的体积	pH	
滴定度/%	V/mL	V/mL	V/mL		
0	0.00	20.00		2.88	
50.0	10.00	10.00		4.75	
90.0	18.00	2.00		5.71	
99.0	19.80	0.20		6.75	
99.9	19.98	0.02		7.75	A 滴定突跃
100.0	20.00	0.00		8.73	
100.1	20.02		0.02	9.70	B
101.0	20.20		0.20	10.70	
110.0	22.00		2.00	11.68	
200.0	40.00		20.00	12.52	

以加入的 NaOH 标准溶液的体积为横坐标，以被滴定溶液的 pH 为纵坐标作图，可得如图 3-3 所示的滴定曲线，该图中的虚线为强碱滴定强酸曲线的前半部分。

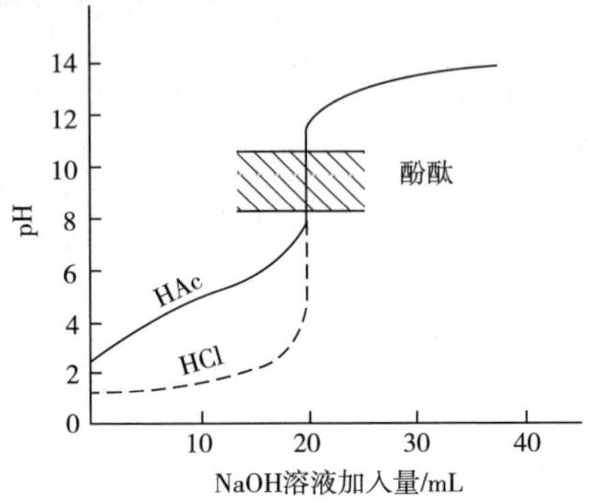

图 3-3 0.1000mol/L NaOH 滴定 20.00mL 0.1000mol/L HAc 的滴定曲线

与 NaOH 滴定 HCl 的滴定曲线相比较，NaOH 滴定 HAc 的滴定曲线有以下特点。

（1）滴定曲线的起点高　由于 HAc 是弱酸，其解离度较小，溶液中的 H^+浓度小于强酸的起始浓度。

（2）滴定曲线的形状不同　滴定刚开始和接近化学计量点时，溶液的 pH 升高较快，而在中间区域曲线变得较为平坦。这是由于开始和接近化学计量点时所形成的 $HAc-Ac^-$缓冲体系的缓冲能力较弱，而在中间区域缓冲能力较强之故。化学计量点后，滴定曲线的变化情况与 NaOH 滴定 HCl 时相同。

（3）化学计量点为碱性　滴定至化学计量点时，HAc 与 NaOH 反应完全，生成 NaAc，是弱碱。

（4）滴定突跃范围较小　0.1000mol/L NaOH 溶液滴定 0.1000mol/L HAc 溶液的突跃范围为 7.75~9.70，比相同浓度的 NaOH 溶液滴定 HCl 溶液小得多，而且滴定突跃处在碱性范围内。根据指示剂的选择原则，必须选择那些在碱性区域内变色的指示剂，如酚酞或百里酚酞等，而在酸性范围内变色的甲基橙和甲基红则不适用。

强碱滴定一元弱酸的滴定突跃范围，既与酸碱的浓度有关，还取决于一元弱酸的解离常数 $K_a^\ominus$。图 3-4 是用 0.1000mol/L NaOH 溶液滴定 20.00mL 0.1000mol/L 各种不同强度弱酸的滴定曲线。当弱酸的浓度一定时，$K_a^\ominus$ 越大，滴定的突跃范围越大；$K_a^\ominus$ 越小，滴定的突跃范围就越小。如果 c_{HA} = 0.1000mol/L，当 $K_a^\ominus \leqslant 10^{-9}$时，已无明显的滴定突跃，也无法用一般的指示剂确定滴定终点。只有当 $cK_a^{\ominus} \geqslant 10^{-8}$时方可用指示剂判别滴定突跃（约 0.4 个 pH 单位），所以常将 $cK_a^{\ominus} \geqslant 10^{-8}$作为用指示剂确定终点时，强碱直接准确滴定一元弱酸的可行性判据。

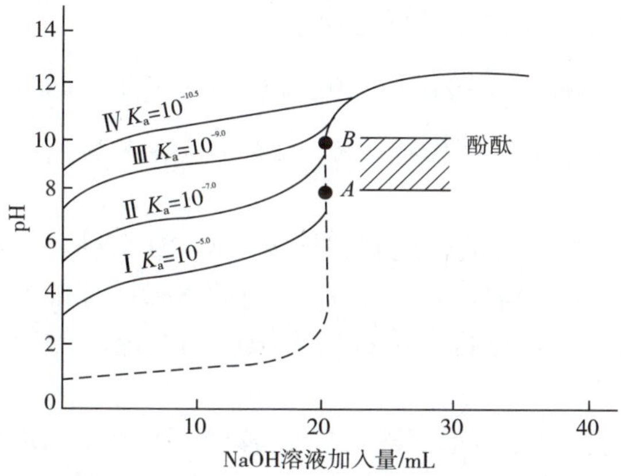

图 3-4　NaOH 溶液滴定不同弱酸溶液的滴定曲线

与强碱滴定弱酸相似，强酸滴定弱碱的突跃范围的大小，与弱碱的 $K_b^{\ominus}$ 及其浓度有关，只有当 $cK_b^{\ominus} \geqslant 10^{-8}$时，弱碱才能用强酸直接滴定。

三、 酸碱滴定法的应用

1. 酸碱标准溶液的配制和标定

酸碱滴定中最常用的标准溶液是 HCl 溶液和 NaOH 溶液，浓度在 0.01~1mol/L 均可，最常用浓度为 0.1mol/L。

酸碱标准溶液的配制和标定

（1）HCl 标准溶液的配制和标定　由于浓盐酸具有挥发性，不能用直接法配制标准溶液，只能采用间接法配制。配制时所取 HCl 的量可稍多些。

用于标定 HCl 标准溶液的基准物有无水碳酸钠和硼砂等。

①无水碳酸钠：Na_2CO_3容易制得纯品，价格便宜，但易吸收空气中的水分，使用前必须在 270~300℃下加热干燥 1h，然后密封于称量瓶内，保存在干燥器中备用。称量时要求动作迅速，以免吸收空气中水分而带入测定误差。

用 Na_2CO_3标定 HCl 溶液的标定反应为：

$$Na_2CO_3+2HCl \xlongequal{} 2NaCl+H_2CO_3$$
$$H_2CO_3 \longrightarrow H_2O+CO_2$$

滴定时可用甲基橙作指示剂，终点时溶液颜色由黄色变为橙色。

②硼砂（$Na_2B_4O_7 \cdot 10H_2O$）：硼砂容易提纯，且不易吸水，由于其摩尔质量大（381.4 g/mol），因此称量引入的相对误差较小。但硼砂在空气中相对湿度小于39%时易风化失去部分结晶水，因此应把它保存在相对湿度为60%的恒湿器中。

用硼砂标定 HCl 溶液的标定反应为：

$$Na_2B_4O_7 + 2HCl + 5H_2O = 4H_3BO_3 + 2NaCl$$

滴定时可选用甲基红作指示剂，终点时溶液颜色由黄变红，变色较为明显。

（2）NaOH 标准溶液的配制和标定　NaOH 固体易吸潮，也易吸收空气中的 CO_2，以致常含有 Na_2CO_3，因此 NaOH 标准溶液也不能用直接法配制，同样须先配制成接近所需浓度的溶液，然后再用基准物质标定其准确浓度。

化学家的故事——侯德榜

含有 Na_2CO_3的标准碱溶液滴定弱酸时，如果用酚酞作指示剂，滴定至酚酞出现浅红色时，Na_2CO_3 仅交换一个质子，作用到生成 $NaHCO_3$，于是就会引起一定的误差。因此，应配制和使用不含 CO_3^{2-} 的标准碱溶液。配制不含 CO_3^{2-} 的标准碱溶液，最常用的方法是：取一份纯净的 NaOH，加入一份水，搅拌，使之溶解，配成50%的浓溶液。在这种浓溶液中 Na_2CO_3的溶解度很小，待 Na_2CO_3沉降后，吸取上层澄清液，稀释至所需浓度。稀释用的水应预先除去其中的 CO_2，一般将蒸馏水煮沸数分钟，冷却后使用。

标定 NaOH 溶液的基准物质可选取 $H_2C_2O_4 \cdot 2H_2O$、苯甲酸等，但最常用的是邻苯二甲酸氢钾（$KHC_8H_4O_4$，缩写 KHP）。这种基准物质容易用重结晶法制得纯品，不含结晶水，不吸潮，容易保存，摩尔质量较大（204.2 g/mol），由于称量而造成的误差也较小，所以它是标定碱标准溶液较好的基准物质。标定前，邻苯二甲酸氢钾应于100～125℃下干燥后备用。

标定反应为：

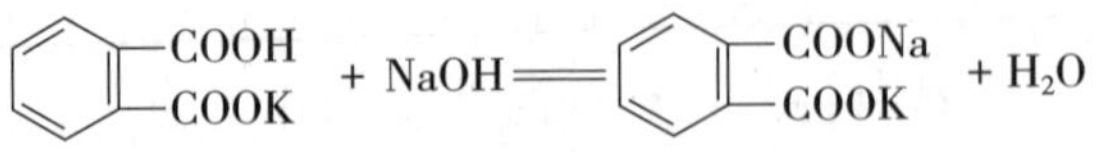

用酚酞作指示剂时，终点变色相当敏锐。

2. 应用示例

在水溶液体系中，可以利用酸碱滴定法直接或间接地测定许多酸碱物质以及通过一定的化学反应能释放出酸或碱的物质。

酸碱滴定法的应用

（1）果蔬中总酸度的测定　在果蔬中含有各种各样的有机酸，如苹果酸、柠檬酸、酒石酸、醋酸、草酸等。酸的种类和含量随果蔬的品种、成熟程度和贮藏时间的长短有很大变化。测定果蔬中这些酸的含量，不仅可以研究果蔬在不同成熟期的物质代谢，而且也可以作为鉴定品质的一项重要指标。

水果中有机酸的 $K_a^\ominus$ 一般都大于 10^{-7}，都可以用碱的标准溶液直接滴定，生成物是相应的共轭碱，终点时溶液呈碱性，应选酚酞为指示剂。

$$RCOOH + NaOH = RCOONa + H_2O$$

$$w_{总酸量} = \frac{c_{NaOH} \cdot V_{NaOH} \cdot K}{m_{试样}} \times 100\%$$

式中 K 为酸的换算系数（g/mol），苹果酸 K=67g/mol，柠檬酸 K=64g/mol，酒石酸 K=75g/mol，醋酸 K=60g/mol，乳酸 K=90g/mol。一般蔬菜以苹果酸计，柑橘、柠檬、柚子等以柠檬酸计，葡萄以酒石酸计，苹果、桃、李子等以苹果酸计。

（2）铵盐中氮的测定　肥料、土壤及某些有机化合物常常需要测定其氮的含量，通常是将样品加以适当的处理，使各种含氮化合物都转化为氨态氮，然后进行测定。常用的有以下两种方法。

①蒸馏法：样品用浓 H_2SO_4 消化分解（有时还需加入催化剂），使各种含氮化合物都转化为 NH_4^+，加浓 NaOH 溶液，将 NH_4^+ 以 NH_3 的形式蒸馏出来，用 H_3BO_3 溶液将 NH_3 吸收，以甲基红和溴甲酚绿为混合指示剂，用标准硫酸溶液滴定 $H_2BO_3^-$，近无色透明时为终点。H_3BO_3 的酸性极弱，它可以吸收 NH_3，但不影响滴定，不必定量加入。

也可以用标准 HCl 或 H_2SO_4 吸收，过量的酸以 NaOH 标准溶液返滴，以甲基红或甲基橙为指示剂。

蒸馏法测定 NH_4^+ 比较准确，但较费时。

②甲醛法：甲醛与铵盐作用，生成等物质的量的酸（质子化的六次甲基四胺和 H^+）：

$$4NH_4^+ + 6HCHO = (CH_2)_6N_4H^+ + 3H^+ + 6H_2O$$

通常采用酚酞作指示剂，用 NaOH 标准溶液滴定。如果样品中含有游离酸，则需要事先以甲基红作指示剂，用 NaOH 溶液进行中和。甲醛法较蒸馏法简便、快速。

（3）有机化合物中氮含量的测定——凯氏定氮法　凯氏定氮法是测定有机化合物中氮含量的重要方法。该法是于有机样品中加入硫酸钾溶液进行煮解，通常还加入硒或铜盐作催化剂，以提高煮解效率。在煮解过程中，有机物质中的氮定量转化为 NH_4HSO_4 或 $(NH_4)_2SO_4$，然后于上述煮解液中加入浓氢氧化钠至溶液呈强碱性，析出的 NH_3 随水蒸气蒸馏出来，导入定量且过量的标准盐酸溶液中，最后以标准氢氧化钠溶液返滴定余下的盐酸，根据消耗盐酸和氢氧化钠的量计算氮的质量。在上述操作中，若将蒸馏出来的氨导入饱和硼酸吸收液中，则可用标准盐酸溶液直接滴定所产生的硼酸盐，后者更为简便、快速。

许多不同蛋白质中氮的含量基本相同，因此，将氮的质量换算为蛋白质的换算系数为6.25（即蛋白质中含16%的氮），若蛋白质的大部分为清蛋白，则换算系数为6.27。

3. 计算示例

【例3-5】用硼砂（$Na_2B_4O_7 \cdot 10H_2O$）标定HCl溶液（大约浓度为0.1mol/L），希望用去的HCl溶液为25mL左右，应称取硼砂多少克？

解 滴定反应为

$$Na_2B_4O_7 + 2HCl + 5H_2O = 4H_3BO_3 + 2NaCl$$

$$m_{硼砂} = \frac{a}{b}V_{HCl}c_{HCl}M_{硼砂} = \frac{1}{2} \times 25 \times 10^{-3} \times 0.1 \times 381.4 = 0.4768 \approx 0.5g$$

【例3-6】称取0.2500g食品样品，采用凯氏定氮法测定氮的含量。以0.1000mol/L HCl溶液滴定至终点，消耗21.20mL，计算食品中蛋白质的含量。

解 已知将氮的质量换算为蛋白质的换算系数为6.25，所以

$$w_{蛋白质} = \frac{c_{HCl} \times V_{HCl} \times M_N \times 6.25}{m_s} \times 100\%$$

$$= \frac{0.1000 \times 21.20 \times 10^{-3} \times 14.01 \times 6.25}{0.2500} \times 100\%$$

$$= 74.25\%$$

练一练
酸碱滴定法

工作任务

任务一 HCl标准溶液的制备

任务要求

1. 进一步练习称量操作。
2. 会用基准试剂无水碳酸钠标定盐酸。
3. 学会判断滴定终点。

4. 体会唯物辩证法量变到质变的基本规律，培养善于积累、脚踏实地的作风。

5. 培养精雕细琢、追求卓越的工匠精神。

任务描述

1. 配制 0.1mol/L HCl 溶液。
2. 标定 HCl 溶液。

任务实施

一、仪器试剂准备

1. 仪器

电子天平（精度为 0.0001g）、称量瓶、聚四氟乙烯旋塞滴定管、锥形瓶、烧杯、玻璃棒、试剂瓶、小量筒。

2. 试剂

浓盐酸、无水碳酸钠（使用前于 280℃ 的干燥箱中干燥至恒重）、0.1%甲基橙指示剂（取甲基橙 0.1g，加热水 100mL 使之溶解）。

盐酸标准溶液的制备

二、操作步骤

序号	步骤	操作方法	操作提示
1	配制 0.1mol/L HCl 溶液	用量筒量取浓盐酸溶液约 4.2mL 倒入盛有蒸馏水的 500mL 烧杯中，以蒸馏水稀释至 500mL，转入试剂瓶中，摇匀，贴好标签备用	浓盐酸有很强的挥发性，应于通风橱中操作，取用后应立即盖好瓶盖
2	称量基准物碳酸钠	在电子天平上准确称取 0.12~0.16g 基准物无水碳酸钠三份，分别置于 250mL 锥形瓶中，标好编号	干燥至恒重的无水碳酸钠有吸湿性，因此采用差减法称取，并应迅速称量
3	标定 HCl 溶液	加入 30mL 左右蒸馏水使碳酸钠溶解。滴加 1~2 滴甲基橙指示剂，分别用 HCl 溶液滴定至由黄色变为橙色，即为终点。记录每次滴定时消耗的 HCl 溶液的体积	临近终点时，应剧烈摇动锥形瓶，加速 H_2CO_3 的分解，或将溶液加热至沸驱除 CO_2，冷却后再滴定至终点
4	计算 HCl 溶液浓度	根据基准物质无水碳酸钠的质量，计算 HCl 溶液的浓度	$c_{HCl} = \dfrac{2m_{Na_2CO_3}}{V_{HCl} \cdot M_{Na_2CO_3}}$

三、 数据处理

项目	1	2	3
倾倒前 Na_2CO_3+称量瓶质量/g			
倾倒后 Na_2CO_3+称量瓶质量/g			
Na_2CO_3质量/g			
HCl 溶液初读数/mL			
HCl 溶液终读数/mL			
V_{HCl}/mL			
c_{HCl}/（mol/L）			
$\overline{c_{HCl}}$/(mol/L)			
相对偏差/%			
相对平均偏差/%			

四、 考核标准

考核项目	考核内容	分值	得分
HCl 溶液的配制	正确使用量筒	3	
	加水稀释	2	
	引流转移入试剂瓶	3	
	摇匀	2	
基准物碳酸钠的称量	天平准备（水平、清扫、预热、调零）	3	
	称量瓶放于秤盘中央	2	
	敲样正确	3	
	样品无撒落	2	
	敲样次数不超过 3 次	2	
	称量质量符合要求	3	
	称量记录正确	3	
	操作规范熟练	2	
	加入蒸馏水溶解固体物质	2	

续表

考核项目	考核内容	分值	得分
HCl 溶液的标定	滴定管的试漏、洗涤、润洗	3	
	装液、排气	5	
	调零	3	
	滴定前管尖残液处理	2	
	指示剂的使用	2	
	滴定操作	3	
	终点颜色判断	5	
	终点后滴定管尖无悬挂液、无气泡	2	
	滴定管读数前静置 1~2min	3	
	读数时滴定管垂直，视线水平	2	
	读数正确	3	
数据记录及处理	数据记录及时、真实、正确、整洁	5	
	有效数字正确	3	
	公式正确	2	
	计算正确	5	
	精密度符合要求	5	
职业素质	穿实验服、文明操作、无仪器损坏	3	
	注重细节、精益求精	3	
	严谨客观、实事求是	3	
	注重质量、规范、安全、环保、节约	3	
	实验结束物品归位，台面整洁	3	

任务二　NaOH 标准溶液的制备

任务要求

1. 能用差减称量法称取基准物质邻苯二甲酸氢钾。
2. 能准确地标定 NaOH 溶液的浓度。
3. 能正确使用酚酞指示剂判断滴定终点。
4. 培养爱国情怀、强国之心。
5. 培养责任意识和工匠精神。

精益求精
追求卓越

任务描述

1. 0.1mol/L NaOH 溶液的配制。
2. NaOH 溶液的标定。

任务实施

一、 仪器试剂准备

1. 仪器

电子天平（精度分别为 0.1g 和 0.0001g）、称量瓶、聚四氟乙烯旋塞滴定管、锥形瓶、烧杯、量筒、玻璃棒、500mL 试剂瓶。

2. 试剂

NaOH 固体、基准试剂邻苯二甲酸氢钾、酚酞指示剂（0.1%的90%乙醇溶液）。

二、 操作步骤

操作视频——氢氧化钠标准溶液的制备

序号	步骤	操作方法	操作提示
1	配制 0.1mol/L NaOH 溶液	称取 2g 固体 NaOH 于 500mL 烧杯中，加入 50mL 蒸馏水溶解，稀释至 500mL，并转移至 500mL 试剂瓶中，用橡皮塞塞好瓶口，贴好标签备用	称取 NaOH 固体时，注意不要把 NaOH 撒在操作台上，如果撒落，应及时处理
2	称量基准物邻苯二甲酸氢钾	准确称取0.4~0.5g 基准物质邻苯二甲酸氢钾三份，分别置于 250mL 锥形瓶中，标好编号。加入 30mL 左右的蒸馏水使其溶解	（1）所用蒸馏水应煮沸 10min 以上，并迅速冷却，以除去 CO_2。 （2）加热有助于邻苯二甲酸氢钾的溶解，待完全溶解并冷却至室温后，再进行标定，否则误差很大
3	标定 NaOH 溶液	滴加 1~2 滴 0.1%酚酞指示剂，分别用 NaOH 溶液滴定至微红色，30s 不褪色即为终点。记录每次滴定消耗的 NaOH 溶液体积	放置过程中溶液会吸收空气中的 CO_2，使溶液 pH 降低，故 30s 后溶液褪色不需要再滴定
4	计算 NaOH 溶液浓度	根据基准物质邻苯二甲酸氢钾的质量，计算 NaOH 溶液的浓度	$c_{NaOH}=\frac{m_{KHC_8H_4O_4}}{V_{NaOH}\cdot M_{KHC_8H_4O_4}}$

三、数据处理

项目	1	2	3
倾倒前 $KHC_8H_4O_4$+称量瓶质量/g			
倾倒后 $KHC_8H_4O_4$+称量瓶质量/g			
$KHC_8H_4O_4$质量/g			
NaOH 溶液初读数/mL			
NaOH 溶液终读数/mL			
V_{NaOH}/mL			
c_{NaOH}/（mol/L）			
$\overline{c_{NaOH}}$/（mol/L）			
相对偏差/%			
相对平均偏差/%			

四、考核标准

考核项目	考核内容	分值	得分
NaOH 溶液的配制	正确称量 NaOH 固体	3	
	NaOH 溶解完全	2	
	稀释定容	3	
	摇匀	2	
基准物邻苯二甲酸氢钾的称量	天平准备（水平、清扫、预热、调零）	3	
	称量瓶放于秤盘中央	2	
	敲样正确	3	
	样品无撒落	2	
	敲样次数不超过 3 次	2	
	称量质量符合要求	3	
	称量记录正确	3	
	操作规范熟练	2	
	天平用后整理	5	
	加入蒸馏水溶解固体物质	2	

续表

考核项目	考核内容	分值	得分
NaOH 溶液的标定	滴定管的试漏、洗涤、润洗	3	
	装液、排气	5	
	调零	3	
	滴定前管尖残液处理	2	
	指示剂的使用	2	
	滴定操作	3	
	终点颜色判断	5	
	读数时滴定管垂直，视线水平	2	
	读数正确	3	
数据记录及处理	数据记录及时、真实、正确、整洁	5	
	有效数字正确	3	
	公式正确	2	
	计算正确	5	
	精密度符合要求	5	
职业素质	穿实验服、文明操作、无仪器损坏	3	
	注重细节、精益求精	3	
	严谨客观、实事求是	3	
	注重质量、规范、安全、环保、节约	3	
	实验结束物品归位，台面整洁	3	

任务三　食醋总酸度的测定

任务要求

1. 能合理稀释食醋样品。
2. 能测定食醋样品的总酸度。
3. 巩固移液管和容量瓶的使用及滴定操作。
4. 激发民族自豪感和大国自信意识，树立报效祖国的理想信念。
5. 培养严谨求实的职业态度和求精求准的工匠品质。

任务描述

1. 稀释食醋样品。

2. 用 NaOH 标准溶液测定食醋总酸度。
3. 计算食醋的总酸度。

中国醋业的前世今生

食醋总酸的测定

任务实施

一、仪器试剂准备

1. 仪器

聚四氟乙烯旋塞滴定管、锥形瓶、25mL 移液管、250mL 容量瓶、烧杯。

2. 试剂

NaOH 标准溶液、酚酞指示剂（0.1%的 90%乙醇溶液）、食用白醋。

二、操作步骤

序号	步骤	操作方法	操作提示
1	食醋样品稀释	用移液管准确吸取食用白醋 25.00mL 于 250mL 容量瓶中，以新煮沸并冷却的蒸馏水稀释至刻度，摇匀	食醋中醋酸含量较高（3%~5%），应适当稀释再进行测定
2	测定	用移液管准确吸取 25.00mL 稀释过的醋样于 250mL 锥形瓶中，加酚酞指示剂 1~2 滴，用 NaOH 标准溶液滴定至溶液呈微红色，并在 30s 内不褪色，即为终点。平行测定 3 次	如食醋颜色过深会对测定有干扰，在测定前可以加入活性炭进行脱色
3	计算	根据 NaOH 溶液的用量，计算食醋的总酸度	$\rho_{HAc}(g/L) = \dfrac{c_{NaOH} \cdot V_{NaOH} \times M_{HAc}}{V_{试样} \times \dfrac{25.00}{250.0}}$

三、数据处理

项目	1	2	3
$V_{样品}$/mL		25.00	
c_{NaOH}/（mol/L）			
NaOH 溶液初读数/mL			
NaOH 溶液终读数/mL			
V_{NaOH}/mL			

续表

项目	1	2	3
ρ_{HAc}/（g/L）			
$\overline{\rho_{HAc}}$/（g/L）			
相对偏差/%			
相对平均偏差/%			

四、 考核标准

考核项目	考核内容	分值	得分
食醋样品稀释	移液管的洗涤及润洗	3	
	容量瓶的洗涤	3	
	准确移取食醋样品	5	
	准确定容	3	
	摇匀	3	
滴定操作	滴定管的试漏、洗涤、润洗	3	
	装液、排气	5	
	调零	3	
	滴定前管尖残液处理	3	
	指示剂加入量适宜	3	
	滴定操作	5	
	终点颜色判断	5	
	终点后滴定管尖无悬挂液、无气泡	2	
	滴定管读数前静置 1~2min	3	
	读数时滴定管垂直，视线水平	3	
	读数正确	3	
数据记录及处理	数据记录及时、真实、正确、整洁	5	
	有效数字位数合理	5	
	公式正确	5	

续表

考核项目	考核内容	分值	得分
数据记录及处理	计算正确	5	
	精密度符合要求	5	
职业素质	穿实验服、文明操作、无仪器损坏	4	
	注重细节、精益求精	4	
	严谨客观、实事求是	4	
	注重质量、规范、安全、环保、节约	4	
	实验结束物品归位，台面整洁	4	

习　题

一、简答题

1. 以下哪些物质是酸碱质子理论的酸，哪些是碱，哪些具有两性？请分别写出它们的共轭碱或酸。

SO_4^{2-}，S^{2-}，$H_2PO_4^-$，NH_3，HSO_4^-，CO_3^{2-}，NH_4^+，H_2S，H_2O，H_3O^+，OH^-，HS^-，HPO_4^{2-}，$[Al(H_2O)_5OH]^{2+}$

2. 欲配制 pH 为 3 左右的缓冲溶液，应选下列何种酸及其共轭碱（括号内为 $pK_a^\ominus$）。

HAc（4.74），甲酸（3.74），一氯乙酸（2.86），二氯乙酸（1.30），苯酚（9.95）

二、计算题

1. 在室温下，H_2CO_3 饱和溶液浓度为 0.040mol/L，求室温下，H_2CO_3饱和溶液的 pH 近似值。已知该温度下 $K_{a1}^\ominus = 4.30\times10^{-7}$，$K_{a2}^\ominus = 5.61\times10^{-11}$。

2. 计算 0.10mol/L 的 NH_4Cl 和 0.20mol/L 的氨水组成的缓冲溶液的 pH。

3. 若用 0.02mol/L HCl 溶液滴定 20.00mL 的 0.02mol/L 的 KOH 溶液，试计算化学计量点前 0.1%、化学计量点及化学计量点后 0.1%时溶液的 pH。可以采用何种指示剂？

4. 称取无水 Na_2CO_3 1.3078g，溶解后稀释至 250mL。移取 25.00mL 上述Na_2CO_3溶液，用以标定 HCl 溶液。已知化学计量点时消耗 HCl 溶液 24.75mL，求此 HCl 溶液的浓度。

5. 称纯 $CaCO_3$ 0.5000g，溶于 50.00mL 过量的 HCl 中，多余酸用 NaOH 溶液回滴，用去 6.20mL。1.000mL NaOH 溶液相当于 1.010mL HCl 溶液，求这两种溶液的浓度。

6. 吸取密度为 1.004g/mL 的醋样 10.0mL，置于锥形瓶中，加入 2 滴酚酞指示剂，用 0.1014mol/L NaOH 溶液滴定醋中的 HAc，如需要 44.86mL，则醋样中 HAc 的含量为多少？

模块三
习题答案

7. 称取 2.449g 面粉，经消化处理后加入过量的 NaOH 溶液，加热，蒸出的氨吸收在 100.0mL 0.01086mol/L HCl 标准溶液中，过量的 HCl 用 0.01228mol/L NaOH 溶液回滴，用去 15.30mL，计算面粉中粗蛋白质的质量分数（对面粉，粗蛋白质含量为氮含量乘以 5.7）。

模块四

氧化还原滴定技术

学习目标

知识目标

1. 掌握氧化还原反应的概念及氧化还原反应方程式的配平方法；
2. 掌握电极电势的概念及能斯特方程的有关计算；
3. 熟悉氧化还原滴定法指示剂的类型及变色原理；
4. 掌握高锰酸钾法、碘量法的测定原理及标准溶液的配制和标定方法。

技能目标

1. 能用减量法熟练称量基准物质；
2. 能正确制备氧化还原滴定中常用的标准溶液；
3. 能应用氧化还原滴定法测定实际样品并给出正确的分析结果。

素质目标

1. 培养分析问题和解决问题的能力；
2. 培养严谨认真、实事求是的工作态度；
3. 培养安全、节约、环保、质量意识。

模块导学

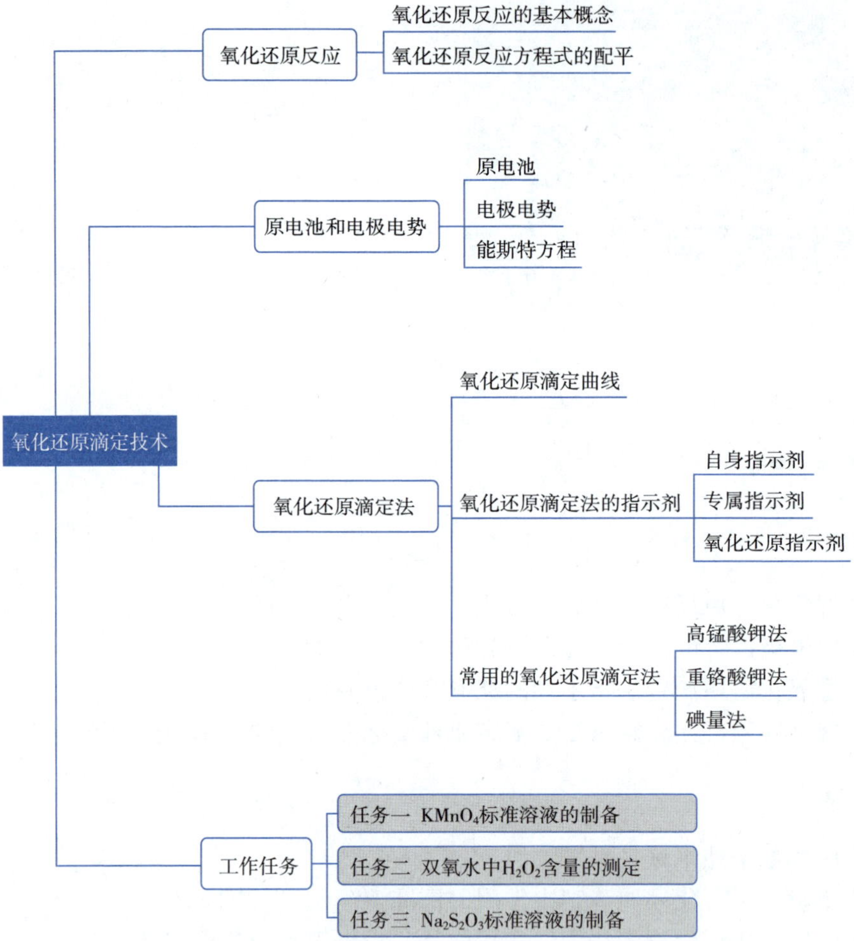
氧化还原滴定技术
氧化还原反应
氧化还原反应的基本概念
氧化还原反应方程式的配平
原电池和电极电势
原电池
电极电势
能斯特方程
氧化还原滴定法
氧化还原滴定曲线
氧化还原滴定法的指示剂
自身指示剂
专属指示剂
氧化还原指示剂
常用的氧化还原滴定法
高锰酸钾法
重铬酸钾法
碘量法
工作任务
任务一 $KMnO_4$标准溶液的制备
任务二 双氧水中H_2O_2含量的测定
任务三 $Na_2S_2O_3$标准溶液的制备

知识点一

氧化还原反应

从反应过程中电子是否发生转移的角度，可将化学反应分为氧化还原反应和非氧化还原反应两大类。

一、 氧化还原反应的基本概念

1. 氧化和还原

物质有电子得失或者电子对发生偏移的化学反应，称为氧化还原反应。如反应：

$$Zn + Cu^{2+} = Zn^{2+} + Cu$$

氧化还原反应的基本概念

在氧化还原反应中，物质失去电子或化合价升高的过程称为氧化，物质得到电子或化合价降低的过程称为还原。失去电子的物质称为还原剂，它本身被氧化；得到电子的物质称为氧化剂，它本身被还原。上述反应中 Zn 是还原剂，被氧化为 Zn^{2+}；Cu^{2+} 是氧化剂，被还原为 Cu。

氧化还原反应的本质是氧化剂和还原剂之间的电子得失或电子对的偏移。因此氧化反应和还原反应必然是同时发生的。原来的氧化剂，反应后转化为还原剂；原来的还原剂，反应后转化为氧化剂。

化学中的生活哲理——氧化还原反应的启示

2. 氧化数

为了便于描述在氧化还原反应中原子带电状态的改变，表明元素被氧化的程度，尤其是对于那些不能应用电子得失的概念来解释的氧化还原反应，提出了氧化数的概念。

1970 年，国际纯粹与应用化学联合会对氧化数定义如下：氧化数（又称氧化值）是指某元素一个原子的表观荷电数，这种表观荷电数是由假设把每个化学键中的电子对指定给电负性更大的原子而求得。

化学中的哲学思维——对立统一规律

确定氧化数的规则如下。

（1）由相同元素的原子形成的化学键或单质，其氧化数为零。

（2）在化合物中，氢原子的氧化数一般为+1（但在 NaH、CaH_2 中，氢的氧化数为-1）；氧原子的氧化数一般为-2（但在 H_2O_2、Na_2O_2 等过氧化物中，氧的氧化数为-1，在氧的氟化物 OF_2 和 O_2F_2 中，氧的氧化数分别为+2 和+1）。

（3）在离子型化合物中，各元素的氧化数的代数和等于离子所带的电荷。

（4）在一个中性分子中，各元素的氧化数的代数和等于零。

（5）在一个配离子中，各元素的氧化数的代数和等于该配离子的电荷。

氧化数和化合价均是反映元素的原子在键合情况下化合态的物理量，氧化数是某元素的一个原子在分子或离子中的表现电荷数，这种表现电荷数是假定把每个键中的电子指定给电负性大的元素而求得。它反映的是键合后的表现电荷数，可以是整数也可以是分数。而化合价反映的是键合的原子数，只能是整数。

二、 氧化还原反应方程式的配平

氧化还原反应通常比较复杂，参加反应的物质较多，配平这类方程式也较为复杂，可采用氧化数法和离子-电子法配平。下面介绍离子-电子法。

氧化还原反应方程式的配平

1. 配平原则

（1）反应过程中氧化剂得到的电子数应等于还原剂失去的电子数。

（2）反应前后各元素的原子总数相等。

2. 配平步骤

（1）正确写出未配平的离子反应方程式。

（2）将反应分解为两个半反应方程式。

（3）以适当系数分别乘以两个半反应方程式并配平，然后将两个半反应方程式相加，整理即得到配平的离子反应方程式。

【例 4-1】 完成反应并配平： $K_2Cr_2O_7 + Na_2SO_3 + H_2SO_4 \xrightarrow{H^+}$

解 配平步骤如下。

（1）写出未配平的离子反应式

$$Cr_2O_7^{2-} + SO_3^{2-} + H^+ \longrightarrow Cr^{3+} + SO_4^{2-}$$

（2）写出并配平两个半反应式

氧化反应 $SO_3^{2-} + H_2O - 2e \longrightarrow SO_4^{2-} + 2H^+$

还原反应 $Cr_2O_7^{2-} + 14H^+ + 6e \longrightarrow 2Cr^{3+} + 7H_2O$

（3）根据电子得失相等原则在两个半反应式前乘以适当系数，并相加

$$\begin{array}{r|ll} 3 & \times & SO_3^{2-} + H_2O - 2e \longrightarrow SO_4^{2-} + 2H^+ \\ +)\ 1 & \times & Cr_2O_7^{2-} + 14H^+ + 6e \longrightarrow 2Cr^{3+} + 7H_2O \\ \hline & & Cr_2O_7^{2-} + 3SO_3^{2-} + 14H^+ + 3H_2O \longrightarrow 2Cr^{3+} + 7H_2O + 3SO_4^{2-} + 6H^+ \end{array}$$

整理得： $Cr_2O_7^{2-} + 3SO_3^{2-} + 8H^+ \longrightarrow 2Cr^{3+} + 3SO_4^{2-} + 4H_2O$

还原为分子方程式：

$$K_2Cr_2O_7 + 3Na_2SO_3 + 4H_2SO_4 = Cr_2(SO_4)_3 + 3Na_2SO_4 + K_2SO_4 + 4H_2O$$

在配平半反应式时，如果反应物和生成物内所含的氧原子数不等，可以根据反应是在酸性、碱性或中性介质中进行，在半反应式中分别加 H^+、OH^-或 H_2O，并利用水的解离平衡使反应式两边的氧原子数和电荷数都相等。

练一练
氧化还原反应

知识点二

原电池和电极电势

一、 原电池

氧化还原反应是电子转移的反应。利用如图 4-1 装置可以证实此反应中确有电子转移。在一个烧杯中放入 $ZnSO_4$溶液并插入锌片，在另外一个烧杯中放入 $CuSO_4$溶液并插入铜片。将两个烧杯中的溶液用一个装满 KCl 饱和溶液与琼脂的倒置 U 型管（称为盐桥）连接起来，再用导线连接锌片和铜片，在导线之间接上一个电流计，使电流计的正极与铜片相连，负极与锌片相连。此时可见电流计的指针发生偏转，这说明反应中确有电子的转移，而且电子是沿着一定的方向有规则地流动。这种借助于氧化还原反应而产生电流的装置，也就是将化学能转变为电能的装置称为原电池。

原电池

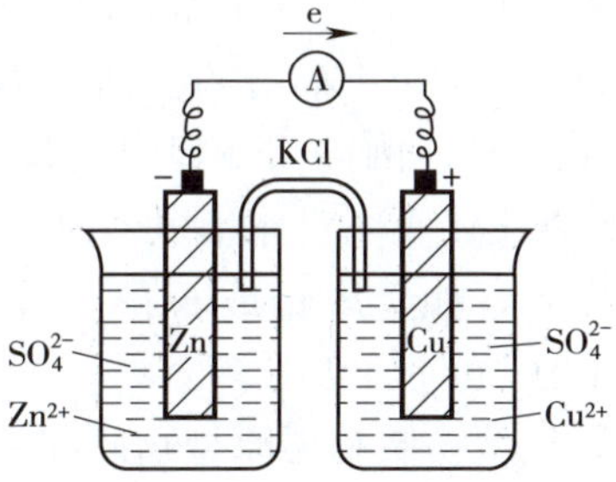

图 4-1 Cu-Zn 原电池示意图

在铜锌原电池中，电子是从锌片经导线向铜片流动的，锌失去电子后变成 Zn^{2+}而进入 $ZnSO_4$溶液，Zn 片上的负电荷密度就比较大了，因而 Zn 被称为负极。此时发生的反应为

$$Zn - 2e \longrightarrow Zn^{2+}$$

同时，$CuSO_4$溶液中的 Cu^{2+}得到电子变成 Cu 单质而沉积在铜片上，Cu 片上的正电荷密度就比较大了，因而 Cu 被称为正极。此时发生的

反应为

$$Cu^{2+} + 2e \longrightarrow Cu$$

盐桥的作用就是消除溶液中正负电荷的影响，使负离子向 $ZnSO_4$溶液扩散，正离子向 $CuSO_4$溶液扩散，以保持溶液的电中性，在这样的状态下，氧化还原反应就能继续进行，电流也不会停止。

此时铜锌原电池的总反应为

$$Zn + Cu^{2+} = Zn^{2+} + Cu$$

为简明起见，通常采用下列符号表示铜锌原电池：

$$(-)\ Zn \mid Zn^{2+}\ (c_1)\ \| Cu^{2+}\ (c_2)\ \mid Cu(+)$$

习惯把负极写在左边，正极写在右边。其中“｜”表示两相之间的接触界面，“‖”表示盐桥，c 表示溶液的浓度。当浓度为 $c^{\ominus}$ = 1mol/L 时，可不必写出。如有气体物质，则应标出其分压 p。

每个原电池都由两个“半电池”组成。而每一个“半电池”又都是由同一元素处于不同氧化数的两种物质构成的，一种是处于低氧化数的可作为还原剂的物质称为还原型（Red）；另一种是处于高氧化数的可作为氧化剂的物质称为氧化型（Ox）。这种由同一元素的氧化型和其对应的还原型所构成的整体，称为氧化还原电对，可以用符号 Ox／Red 来表示。例如，Cu 和 Cu^{2+}、Zn 和 Zn^{2+}所组成的氧化还原电对可分别写成 Cu^{2+}/Cu、Zn^{2+}/Zn。非金属单质及其相应的离子也可以构成氧化还原电对，例如 Cl_2/Cl^- 和 O_2/OH^-。在用 Cl_2/Cl^-、O_2/OH^-、Fe^{3+}/Fe^{2+}等氧化还原电对作半电池时，可以用能够导电而本身不参加反应的惰性导体（如金属铂或石墨）作电极。例如，氢电极可以表示为 $H^+(c) \mid H_2(p) \mid Pt$。

氧化型物质和还原型物质在一定条件下，可以相互转化：

$$\text{氧化型} + ne \rightleftharpoons \text{还原型}$$

或

$$Ox + ne \rightleftharpoons Red$$

这就是半电池反应或电极反应的通式。

【例 4-2】将下列氧化还原反应设计成原电池，并写出它的原电池符号。

$$2Fe^{2+}(c^{\ominus}) + Cl_2(p^{\ominus}) = 2Fe^{3+}(0.10mol/L) + 2Cl^-(2.0mol/L)$$

解　正极：　$Cl_2 + 2e = 2Cl^-$

　　负极：　$Fe^{2+} - e = Fe^{3+}$

原电池符号为：

(-) Pt | Fe^{2+}，Fe^{3+} (0.10mol/L) ‖ Cl^- (2.0mol/L) | Cl_2 | Pt (+)

二、电极电势

在原电池中，两个导线之间有电流通过，说明两个电极的电极电势不等，而这两个电极之间的电势差就是原电池的电动势。在铜锌原电池中，产生的电流由Cu极向Zn极流动，说明Cu极的电极电势比Zn极的电极电势高，即Cu^{2+}得到电子而被还原为Cu的能力比Zn^{2+}得到电子而被还原为Zn的能力大。因此，氧化剂的氧化能力、还原剂的还原能力的大小可以用电对的电极电势来衡量。

电极电势

金属的电极电势的大小反映了金属及其盐在溶液中得失电子趋势的大小，若能测出各金属的电极电势，则可比较金属及其离子在溶液中得失电子能力的强弱，从而判别溶液中氧化剂、还原剂的相对强弱。

到目前为止，电极电势的绝对值还无法测定。我们可以选定一个电对的电极电势作为标准，就能得到各个电对电极电势的相对数值。将表面镀有一层铂黑的铂片置于H^+浓度（严格讲为活度）为1mol/L的酸（常用硫酸）溶液中，在298.15K下不断通入压力为100kPa的氢气流，使铂黑电极上吸附的氢气达到饱和，即构成了标准氢电极（图4-2）。

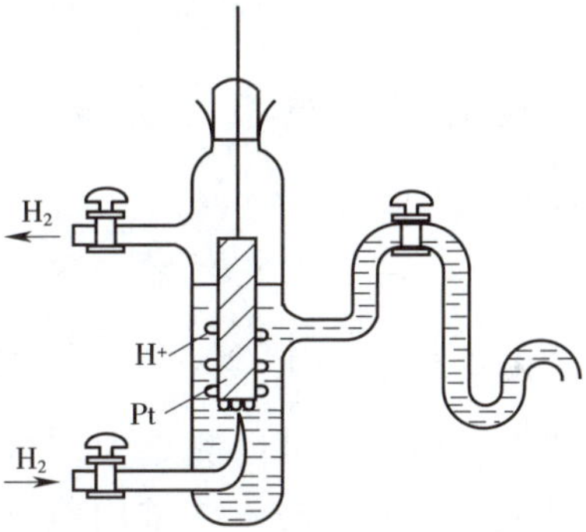

图4-2　标准氢电极示意图

标准氢电极与酸溶液间的电势差，称为标准氢电极的电极电势，即$\varphi^{\ominus}$，其数值指定为零，作为测量电极电势的相对标准。

不同电对的标准电极电势是通过测定原电池电动势的方法得到的。原电池的一极为标准氢电极，另一极为待测电极，测出该电池的标准电动势就可求得待测电对的标准电极电势。

例如，在298.15K时，将Zn放在1mol/L Zn^{2+}溶液中，按照图4-3所示装置，锌电极与标准氢电极组成一个原电池，用符号表示为：

(-) Zn | Zn^{2+} (1mol/L) ‖ H^+ (1mol/L) | H_2 ($p^{\ominus}$), Pt (+)

在这个原电池中，Zn的还原能力比H_2大，Zn失去电子，并通过导线传给氢电极，H^+在电极上得到电子变成H_2，所以，锌电极是原电池的负极，氢电极是原电池的正极。

负极　　　$Zn - 2e \longrightarrow Zn^{2+}$

正极　　　　　　$2H^+ + 2e \longrightarrow H_2$

总反应　　　　　$Zn + 2H^+ \xlongequal{} Zn^{2+} + H_2$

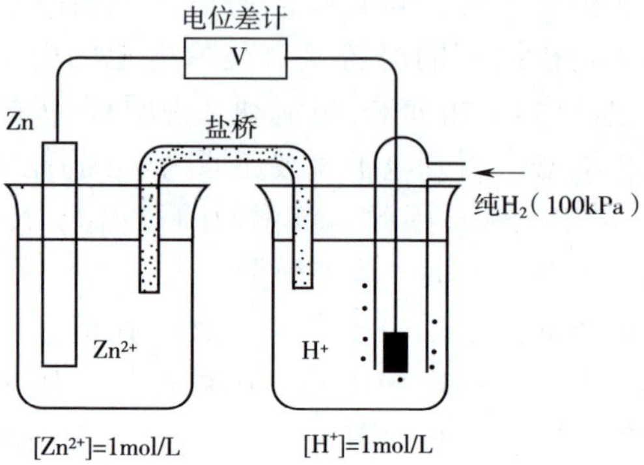

图 4-3　测定 Zn 电对标准电极电势的装置

实验测得锌电极与标准氢电极组成的原电池的电动势为 0.763V。则

$$E^{\ominus} = \varphi_{+}^{\ominus} - \varphi_{-}^{\ominus} = \varphi_{H^+/H_2}^{\ominus} - \varphi_{Zn^{2+}/Zn}^{\ominus} = 0.763V$$

因为 $\varphi_{H^+/H_2}^{\ominus} = 0$，所以 $\varphi_{Zn^{2+}/Zn}^{\ominus} = -0.763V$ 。

化学中的生活哲理——电极电势带来的启示

利用这种方法可以测定大多数电对的标准电极电势。书后附录三中列出了 298.15K 时一些常用电对的标准电极电势，查表时要注意溶液的酸碱性，电极在不同的介质中 $\varphi^{\ominus}$ 一般不同。

三、能斯特方程

化学家的故事——能斯特

标准电极电势是在特定条件下测得的，即在温度 298.15K，有关离子浓度为 1mol/L 或气体压力为 100kPa。当反应条件（主要是离子浓度、酸度以及气体的分压等）改变时，电极电势就会发生变化。这些影响因素之间的关系，在 298.15K 时可用能斯特方程来表示。

对于电极反应

$$a\,\text{Ox} + ne \rightleftharpoons b\,\text{Red}$$

其电极电势 φ 可以用式（4-1）表示：

$$\varphi = \varphi^{\ominus} + \frac{0.0592}{n}\lg\frac{[\text{Ox}]^a}{[\text{Red}]^b} \tag{4-1}$$

式中　φ ——电对在某一浓度（对于气体用分压）时的电极电势；

$\varphi^{\ominus}$ ——电对的标准电极电势；

n——电极反应中得失的电子数。

这个公式称为能斯特方程。它反映了非标准电极电势和标准电极电势的关系。应用能斯特方程时应注意以下问题。

（1）如果组成电对的物质为纯固体或纯液体时，则不列入方程式中。如果是气体物质，要用其相对压力 $p/p^{\ominus}$ 代入。

（2）如果参加电极反应的除氧化型、还原型物质外，还有其他物质如 H^+、OH^- 等，则这些物质的浓度也应表示在能斯特方程中。

【例 4-3】 写出电极 MnO_4^-/MnO_2 的电极反应及在 298.15K 时该电极的能斯特方程表达式。

解 电极反应为：

$$MnO_4^- + 2H_2O + 3e \rightleftharpoons MnO_2 + 4OH^-$$

电极电势为

$$\varphi_{MnO_4^-/MnO_2} = \varphi^{\ominus}_{MnO_4^-/MnO_2} + \frac{0.0592}{3}\lg\frac{[MnO_4^-]}{[OH^-]^4}$$

【例 4-4】 计算 298.15K 时高锰酸钾在 $c(H^+) = 1.000\times10^{-5}$ mol/L 的弱酸性介质中的电极电势。设其中的 $c(MnO_4^-) = c(Mn^{2+}) = 1.000$ mol/L。

解 在酸性介质中，$KMnO_4$ 的还原产物为 Mn^{2+}，其电极反应和标准电极电势为

$$MnO_4^- + 8H^+ + 5e \rightleftharpoons Mn^{2+} + 4H_2O \qquad \varphi^{\ominus}_{MnO_4^-/Mn^{2+}} = 1.51V$$

上述电极反应中还有 H^+ 参加反应，H^+ 浓度的改变对电极电势的影响可用能斯特方程式计算如下：

$$\varphi_{MnO_4^-/Mn^{2+}} = \varphi^{\ominus}_{MnO_4^-/Mn^{2+}} + \frac{0.0592}{5}\lg\frac{[MnO_4^-]\cdot[H^+]^8}{[Mn^{2+}]}$$

$$= 1.51 + \frac{0.0592}{5}\lg(1.000\times10^{-5})^8$$

$$= 1.036V$$

练一练
原电池和
电极电势

知识点三

氧化还原滴定法

氧化还原滴定法是以氧化还原反应为基础的滴定分析方法。氧化还原反应较为复杂，一般反应速度较慢，副反应较多，所以并不是所有的氧化还原反应都能用于滴定分析，应该符合滴定分析的一般要求，即反应完全、反应速度快、无副反应。

一、 氧化还原滴定曲线

氧化还原滴定曲线

在氧化还原滴定过程中，反应物和生成物的浓度不断改变，使有关电对的电极电势也发生变化，以溶液体系的电极电势为纵坐标，以滴定剂的体积（或滴定百分数）为横坐标，绘制的曲线称为氧化还原滴定曲线。

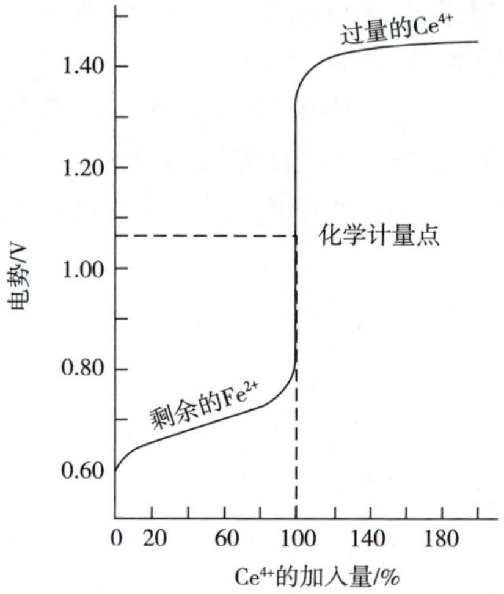

图 4-4　以 0.1000mol/L Ce^{4+}溶液滴定 0.1000mol/L Fe^{2+}溶液的滴定曲线

图 4-4 是在 0.5mol/L H_2SO_4溶液中，以 0.1000mol/L Ce^{4+}溶液滴定 Fe^{2+}溶液的滴定曲线。在化学计量点附近体系的电势有明显的突跃，突跃范围为 0.86 ~ 1.26V，化学计量点的电势恰好处于滴定突跃的中间。

一般突跃范围可近似表示为

$$\varphi^{\ominus}_{还原剂} + \frac{3 \times 0.0592}{n_2} \longrightarrow \varphi^{\ominus}_{氧化剂} - \frac{3 \times 0.0592}{n_1}$$

式中　n_1、n_2——对应电极反应中转移的电子数。

此式为判断氧化还原滴定的可能性和选择指示剂提供了依据。

二、 氧化还原滴定法的指示剂

氧化还原滴定法确定终点的常用指示剂有以下三种。

1. 自身指示剂

氧化还原滴定法的指示剂

某些标准溶液或者被滴定物本身具有颜色变化（氧化型和还原型颜色不同），可以指示终点，而无须另加指示剂。例如 MnO_4^- 本身显紫红色，还原产物 Mn^{2+}则几乎无色，所以用 $KMnO_4$来滴定无色或浅色的还原剂时，在化学计量点后，过量 MnO_4^- 的浓度为 2×10^{-6}mol/L 时溶液即呈粉红色。

2. 专属指示剂

有些物质本身并不具有氧化还原性，但它能与滴定剂或被测物产生特殊的颜色，因而可指示滴定终点。例如，可溶性淀粉与 I_2生成深蓝色的吸附配合物，显色反应特效而灵敏，蓝色的出现与消失可以指示终点。

3. 氧化还原指示剂

这类指示剂本身是具有氧化还原性质的有机化合物，它的氧化型和还原型具有不同颜色，故能因氧化还原作用而发生颜色的变化。例如，二苯胺磺酸钠是一种常用的氧化还原指示剂，当用 $K_2Cr_2O_7$溶液滴定 Fe^{2+}到化学计量点时，稍过量的 $K_2Cr_2O_7$即将二苯胺磺酸钠从无色的还原型氧化为红紫色的氧化型，指示终点的到达。

如果用 In_{ox}和 In_{red}分别表示氧化还原指示剂的氧化型和还原型，指示剂电对的电极反应为

$$In_{ox} + ne \rightleftharpoons In_{red}$$

与酸碱指示剂情况相似，氧化还原指示剂的变色范围是

$$\varphi_{In}^{\ominus} - \frac{0.0592}{n} \longrightarrow \varphi_{In}^{\ominus} + \frac{0.0592}{n}$$

指示剂不同，$\varphi_{In}^{\ominus}$ 不同。表 4-1 列出了一些重要氧化还原指示剂的 $\varphi_{In}^{\ominus}$ 及颜色变化。

表 4-1　一些重要氧化还原指示剂

氧化还原指示剂	$\varphi_{In}^{\ominus}$/V	颜色变化	
	$[H^+]$ =1mol/L	氧化态	还原态
亚甲蓝	0.52	蓝	无色
二苯胺	0.76	紫	无色
二苯胺磺酸钠	0.84	紫红	无色
邻苯氨基苯甲酸	0.89	紫红	无色
邻二氮菲亚铁	1.06	浅蓝	红
硝基邻二氮菲亚铁	1.25	浅蓝	紫红

在选择指示剂时，应使指示剂的电极电势尽可能与反应的化学计量点一致，以减小终点误差。

三、 常用的氧化还原滴定法

氧化还原滴定法按氧化剂不同可分为高锰酸钾法、重铬酸钾法、碘量法、溴量法、铈量法等。

1. 高锰酸钾法

高锰酸钾是一种强氧化剂，其氧化能力及还原产物与介质酸度有关。

高锰酸钾法

在强酸性溶液中，MnO_4^- 还原为 Mn^{2+}：

$$MnO_4^- + 8H^+ + 5e \rightleftharpoons Mn^{2+} + 4H_2O \qquad \varphi^\ominus = 1.51V$$

在中性或弱碱性溶液中，MnO_4^- 还原为 MnO_2：

$$MnO_4^- + 2H_2O + 3e \rightleftharpoons MnO_2 + 4OH^- \qquad \varphi^\ominus = 0.595V$$

在 OH^- 浓度大于 2mol/L 的碱溶液中，MnO_4^- 能与很多有机物反应，还原为 MnO_4^{2-}：

$$MnO_4^- + e \rightleftharpoons MnO_4^{2-} \qquad \varphi^\ominus = 0.558V$$

高锰酸钾法在各种介质条件下均能应用，因其在酸性介质中有更强的氧化性，一般在强酸性条件下使用。但在碱性条件下氧化有机物的反应速率较快，故滴定有机物常在碱性介质中进行。高锰酸钾作为氧化剂可以直接滴定 Fe^{2+}、H_2O_2、$C_2O_4^{2-}$、As^{3+}、Sb^{3+}等。

（1）高锰酸钾标准溶液的配制和标定　市售高锰酸钾试剂常含有少量的 MnO_2 及其他杂质，使用的蒸馏水中也含有少量如尘埃、有机物等还原性物质。这些物质都能使 $KMnO_4$ 还原，因此 $KMnO_4$ 标准溶液只能用间接法配制。配制时称取稍多于理论量的高锰酸钾溶于一定体积的蒸馏水中，加热至沸，保持微沸约 1h，使溶液中可能存在的还原性物质完全氧化。放置 2～3d，用微孔玻璃漏斗或玻璃棉滤去二氧化锰沉淀，滤液贮于棕色瓶中，暗处保存，最后再用基准物质标定。

标定 $KMnO_4$ 溶液的基准物很多，如 $Na_2C_2O_4$、$H_2C_2O_4 \cdot 2H_2O$、$(NH_4)_2Fe(SO_4)_2 \cdot 6H_2O$ 和纯铁丝等。其中常用的是 $Na_2C_2O_4$，它易提纯且性质稳定，不含结晶水，在 105～110℃烘至恒重，即可使用。在 H_2SO_4 介质中 $Na_2C_2O_4$ 与 $KMnO_4$ 的反应如下：

$$2MnO_4^- + 5C_2O_4^{2-} + 16H^+ = 2Mn^{2+} + 10CO_2 + 8H_2O$$

为了使标定反应能定量地较快进行，标定时应注意以下滴定条件。

①温度：$Na_2C_2O_4$ 溶液加热至 70～85℃再进行滴定。不能使温度超过 90℃，否则 $H_2C_2O_4$ 分解，导致标定结果偏高。

②酸度：溶液应保持足够大的酸度，一般控制酸度为 0.5～1mol/L。如果酸度不足，易生成 MnO_2 沉淀，酸度过高则又会使 $H_2C_2O_4$ 分解。

③滴定速度：MnO_4^- 与 $C_2O_4^{2-}$ 的反应开始时速度很慢，当有 Mn^{2+} 生成之后，反应速度逐渐加快。因此，开始滴定时，应该等第一滴 $KMnO_4$ 溶液褪色后，再加第二滴。此后，因反应生成的 Mn^{2+} 有自动催化作用而加快了反应速度，随之可加快滴定速度。但不能过快，否则

加入的 $KMnO_4$溶液会因来不及与 $C_2O_4^{2-}$ 反应，就在热的酸性溶液中分解，导致标定结果偏低。

④滴定终点：用 $KMnO_4$溶液滴定至溶液呈淡粉红色 30s 不褪色即为终点。放置时间过长，空气中还原性物质能使 $KMnO_4$还原而褪色。

标定好的 $KMnO_4$溶液在放置一段时间后，若发现有沉淀析出，应重新过滤并标定。

（2）高锰酸钾法的应用

【例 4-5】 直接滴定法测定 H_2O_2。

在酸性溶液中 H_2O_2被 MnO_4^- 定量氧化：

$$2MnO_4^- + 5H_2O_2 + 6H^+ = 2Mn^{2+} + 5O_2 + 8H_2O$$

此反应在室温下即可顺利进行。滴定开始时反应较慢，随着 Mn^{2+}生成而加速，也可先加入少量 Mn^{2+}作为催化剂。

若 H_2O_2中含有机物质，后者会消耗 $KMnO_4$，使测定结果偏高。这时应改用碘量法或铈量法测定 H_2O_2。

【例 4-6】 Ca^{2+}的测定——间接滴定法。

H_2O_2可用 $KMnO_4$直接滴定，而 Ca^{2+}不与 $KMnO_4$反应，因而只能采用间接法滴定。先用 $C_2O_4^{2-}$ 沉淀 Ca^{2+}：

$$Ca^{2+} + C_2O_4^{2-} = CaC_2O_4\downarrow$$

沉淀经过滤、洗涤后用稀硫酸溶解：

$$CaC_2O_4 + 2H^+ = H_2C_2O_4 + Ca^{2+}$$

再用 $KMnO_4$标准溶液滴定溶液中的 $H_2C_2O_4$，根据 $KMnO_4$用量间接算出 Ca^{2+}的含量。凡能与 $C_2O_4^{2-}$ 定量生成沉淀的金属离子均可采用此间接滴定法。

计量关系式：

$$n\ (Ca^{2+}) = n(C_2O_4^{2-}) = \frac{5}{2}n(MnO_4^-)$$

标定结果：

$$c_{KMnO_4} = \frac{2 \times m_{Na_2C_2O_4}}{5 \times M_{Na_2C_2O_4} \times V_{KMnO_4}}$$

式中　$m_{Na_2C_2O_4}$——称取 $Na_2C_2O_4$的质量，g；

V_{KMnO_4}——滴定时消耗 $KMnO_4$标准溶液的体积，mL；

$M_{Na_2C_2O_4}$——$Na_2C_2O_4$的摩尔质量，g/mol。

高锰酸钾法的优点是氧化能力强，可应用于直接、间接、返滴定等多种滴定方式，可对无机物、有机物进行滴定，应用很广，且无须另加指示剂，本身亦可作为指示剂。

高锰酸钾法的缺点是其标准溶液的稳定性不够，由于氧化性太强而使滴定的选择性较低。

2. 重铬酸钾法

重铬酸钾法

重铬酸钾法是以重铬酸钾为滴定剂的氧化还原滴定法。在酸性介质中，重铬酸钾可以被还原剂还原为 Cr^{3+}，其电极反应为：

$$Cr_2O_7^{2-} + 14H^+ + 6e \rightleftharpoons 2Cr^{3+} + 7H_2O \qquad \varphi^{\ominus} = 1.33V$$

可见 $K_2Cr_2O_7$是一种较强的氧化剂，能与许多无机物和有机物反应。由于 Cr^{3+}易水解，此法只能在酸性条件下使用。其优点是：①$K_2Cr_2O_7$易于提纯，在 140～150℃ 干燥后，可以直接称量准确配制成标准溶液；②$K_2Cr_2O_7$溶液非常稳定，保存在密闭容器中浓度可以长期保持不变；③$K_2Cr_2O_7$的氧化能力虽比 $KMnO_4$稍弱些，但不受 Cl^-还原作用的影响，故可以在盐酸溶液中进行滴定。

在酸性介质中，橙色的 $Cr_2O_7^{2-}$ 还原后生成绿色的 Cr^{3+}，故 KCr_2O_7本身不能作为指示剂，常用二苯胺磺酸钠等作指示剂。应该指出的是，使用 $K_2Cr_2O_7$时应注意废液处理，以防污染环境。

【例 4-7】铁矿石中全铁的测定。

铁矿石等试样一般先用 HCl 溶液加热分解，再加入 $SnCl_2$将 Fe^{3+}还原为 Fe^{2+}，过量的 $SnCl_2$用 $HgCl_2$氧化除去，然后加入 1～2mol/L 混酸（H_2SO_4+ H_3PO_4），以二苯胺磺酸钠作指示剂用 $K_2Cr_2O_7$标准溶液滴定 Fe^{2+}，终点时溶液由绿色（Cr^{3+}的颜色）突变为紫色或紫蓝色。加入 H_3PO_4可与 Fe^{3+}生成无色稳定的［$Fe(HPO_4)_2$］$^-$配阴离子，一方面消除了 Fe^{3+}的黄色，有利于终点颜色的观察；另一方面降低了 Fe^{3+}/Fe^{2+}电对的电势，使滴定突跃范围增大。

测定过程中发生如下反应：

$$2Fe^{3+} + Sn^{2+} = 2Fe^{2+} + Sn^{4+}$$

$$2HgCl_2 + SnCl_2 = Hg_2Cl_2 + SnCl_4$$

$$Cr_2O_7^{2-} + 6Fe^{2+} + 14H^+ = 2Cr^{3+} + 6Fe^{3+} + 7H_2O$$

3. 碘量法

碘量法是以 I_2作氧化剂或以 I^-作还原剂进行氧化还原滴定的方法。碘量法分直接碘量法和间接碘量法。

由于 I_2（固体）在水中的溶解度很小（0.00133mol/L），实际应用中常把它溶解在 KI 溶液中，以增大其溶解度。为方便起见，一般仍简

写为 I_2。

碘量法利用的半反应为：

$$I_3^- + 2e \rightleftharpoons 3I^- \qquad \varphi^{\ominus} = 0.536V$$

（1）直接碘量法　I_2是一较弱的氧化剂，能与较强的还原剂作用，因此可用 I_2标准溶液直接滴定 Sn^{2+}、Sb^{3+}、As_2O_3、S^{2-}、SO_3^{2-}等还原性物质，这种方法称为直接碘量法。例如：

碘量法

$$I_2 + SO_3^{2-} + H_2O = 2I^- + SO_4^{2-} + 2H^+$$

直接碘量法只能在酸性、中性和弱碱性溶液中进行，如果在较强的碱性溶液中，I_2会发生如下的歧化反应：

$$3I_2 + 6OH^- = IO_3^- + 5I^- + 3H_2O$$

给滴定带来误差。

由于 I_2的氧化性不强，能被其氧化的物质不多，所以直接碘量法应用有限。

（2）间接碘量法　间接碘量法与直接碘量法正好相反，它是利用 I^-的还原性来测定氧化性物质。首先加入过量 I^-使其与被测物反应，按计量反应方程式定量析出 I_2，而后用 $Na_2S_2O_3$标准溶液滴定析出的 I_2，从而间接测出被测物的含量。由于是用 $Na_2S_2O_3$标准溶液滴定析出的 I_2，所以又称滴定碘法。滴定反应在中性或弱酸性介质中进行：

$$2S_2O_3^{2-} + I_2 = S_4O_6^{2-} + 2I^-$$

（3）标准溶液的配制和标定

①碘标准溶液：碘可以用升华法纯制到符合直接配制标准溶液的纯度，但因为其具备挥发性和腐蚀性，不宜在电子天平上称量，故通常用间接法配制。先配制成近似浓度的溶液然后标定。为使碘中的微量碘酸盐杂质作用掉，以及中和硫代硫酸钠标准溶液配制时作为稳定剂加入的 Na_2CO_3，配制碘标准溶液时常加入少量盐酸。为避免 KI 的氧化，配制好的碘标准溶液须盛于棕色瓶中，密闭存放。

碘标准溶液的准确浓度，可采用标准溶液比较法，用已知浓度的硫代硫酸钠溶液标定；也可用基准物进行标定，常用的基准物质为 As_2O_3。

②$Na_2S_2O_3$标准溶液：$Na_2S_2O_3$不是基准试剂，不能直接配制成浓度准确的溶液，必须先配制成浓度相近的溶液而后标定。

$Na_2S_2O_3$溶液不稳定，与水中 CO_2和微生物作用会分解，因此配制 $Na_2S_2O_3$溶液须用新煮沸并冷却的蒸馏水，并加少量 Na_2CO_3以使溶液呈微碱性，达到除去 CO_2、杀死细菌、抑制细菌生长的作用。配好的溶液应贮于棕色瓶中避免光照，经 8~12d 后再标定。长期保存的 $Na_2S_2O_3$溶液应隔 1~2 个月标定一次，如出现浑浊应重配。

$Na_2S_2O_3$溶液的标定可用基准试剂 $K_2Cr_2O_7$、KIO_3、$KBrO_3$及纯铜等，以 $K_2Cr_2O_7$最为常用。标定时采用置换碘法，使 $K_2Cr_2O_7$先与过量的 KI 作用，再用欲标定浓度的 $Na_2S_2O_3$溶液滴定析出的 I_2。第一步反应为：

$$Cr_2O_7^{2-} + 14H^+ + 6I^- = 3I_2 + 2Cr^{3+} + 7H_2O$$

在酸度较低时此反应较慢，若酸度太强又有使 KI 被空气氧化成 I_2 的危险。因此必须注意酸度的控制，并避光放置 5min，此反应才能定量完成。析出的 I_2再用 $Na_2S_2O_3$溶液滴定，以淀粉溶液为指示剂。第二步反应为：

$$2S_2O_3^{2-} + I_2 = S_4O_6^{2-} + 2I^-$$

标定时应注意：$K_2Cr_2O_7$与 KI 反应时，溶液的酸度越大，反应速率越快，但酸度太大时，I^-容易被空气中的 O_2所氧化，所以在开始滴定时酸度一般以 0.2~0.4mol/L 为宜；$K_2Cr_2O_7$与 KI 的反应速率较慢，应将碘量瓶或锥形瓶（盖好表面皿）中的溶液在暗处放置一定时间（5min），待反应完全后再以 $Na_2S_2O_3$溶液滴定；以淀粉作指示剂时，应先以 $Na_2S_2O_3$溶液滴定至大部分 I_2已作用，溶液呈浅黄色，此时再加入淀粉溶液，用 $Na_2S_2O_3$溶液继续滴定至蓝色恰好消失，即为终点。淀粉指示剂若加入太早，则大量的 I_2与淀粉结合成蓝色物质，这一部分碘就不容易与 $Na_2S_2O_3$反应，产生误差。滴定至终点的溶液放置几分钟后，又会出现蓝色，这是由空气中 O_2氧化 I^-生成 I_2引起的。通常只需约半分钟不复现蓝色即认为到达终点。

（4）应用与示例　碘量法在氧化还原滴定法中占有极其重要的作用，许多具有氧化还原性的物质可以用碘量法测定其含量，尤其在药物分析上有着广泛应用。

①直接碘量法：只要能被碘直接氧化的物质，反应速率足够快，就可采用直接碘量法进行测定。一般来说这些都是强还原物质，如测定硫化物、亚硫酸盐、亚砷酸盐、维生素 C 等强还原剂。根据被测物还原能力的不同，直接碘量法在弱碱性或酸性环境中进行。例如在测定三氧化二砷时必须在 $NaHCO_3$弱碱性溶液中进行；而测定维生素 C 时，则要在 HAc 酸性溶液中进行。

【例 4-8】直接碘量法测定维生素 C 的含量。

操作步骤：精密称取 0.2g 维生素 C。用新煮沸放冷的蒸馏水 100mL 及稀 HAc 溶液 10mL 的混合溶液使之溶解。加淀粉指示液 1mL，

立即用 I_2 标准溶液滴定至显持续蓝色。

②间接碘量法：很多有氧化性的物质都可以用间接碘量法测定。

【例 4-9】 间接碘量法测定葡萄糖。

操作步骤：精密称取适量的样品溶液（含葡萄糖约 100mg），置于 250mL 碘量瓶中，准确加入 I_2 溶液（0.05mol/L）25mL，在不断振摇的情况下，滴加 NaOH 溶液（0.1mol/L）40mL，密闭，在暗处放置 10min。然后加入 H_2SO_4（0.5mol/L）6mL，摇匀。用 $Na_2S_2O_3$ 标准溶液（0.1mol/L）滴定。近终点时，加淀粉指示液 2mL，继续滴定至蓝色消失。同时做空白滴定进行校正。

练一练
氧化还原
滴定法

工作任务

任务一　$KMnO_4$ 标准溶液的制备

任务要求

1. 能配制和标定 $KMnO_4$ 标准溶液。
2. 能根据 $KMnO_4$ 自身的颜色判断滴定终点。
3. 能控制标定 $KMnO_4$ 溶液的条件。
4. 培养精益求精、求真务实、敢于质疑的职业精神。

任务描述

1. 配制 0.02mol/L $KMnO_4$ 溶液。
2. 标定 $KMnO_4$ 溶液。
3. 计算 $KMnO_4$ 溶液浓度。

任务实施

一、 仪器试剂准备

1. 仪器

电子天平（精度分别为 0.1g 和 0.0001g）、称量瓶、聚四氟乙烯旋塞滴定管、烧杯、微孔玻璃漏斗、锥形瓶、水浴锅、试剂瓶。

2. 试剂

基准试剂 $Na_2C_2O_4$、固体 $KMnO_4$、3mol/L H_2SO_4 溶液。

二、操作步骤

操作视频——高锰酸钾标准溶液的准备

序号	步骤	操作方法	操作提示
1	配制 0.02mol/L $KMnO_4$溶液	称取 1.7g $KMnO_4$固体，置于500mL烧杯中，加蒸馏水520mL使之溶解，盖上表面皿，加热至沸，并缓缓煮沸15min，并随时加水补充至500mL。冷却后，在暗处放置2~3d，然后用微孔玻璃漏斗或玻璃棉过滤除去 MnO_2 沉淀。滤液贮存在干燥棕色瓶中。此 $KMnO_4$ 浓度约为0.02mol/L	蒸馏水中常含有少量的还原性物质，使 $KMnO_4$还原为 MnO_2，故常将 $KMnO_4$溶液煮沸一段时间，冷却后还需放置2~3d，使之充分作用，然后将沉淀物过滤除去
2	标定 $KMnO_4$ 溶液	准确称取在110℃烘干的 $Na_2C_2O_4$ 0.15~0.20g，置于250mL锥形瓶中，加入蒸馏水 40mL 及 3mol/L H_2SO_4 10mL，加热至70~85℃，立即用待标定的 $KMnO_4$溶液滴定至溶液呈微红色，并且在30s内不褪色即为终点。平行测定3次	(1) 标定过程中注意“三度一点”条件的控制。 (2) $KMnO_4$颜色深，液面弯月面不易观察，读数时应以液面的最高线为准。 (3) 由于空气中含有还原性气体及灰尘等杂质，能使 $KMnO_4$慢慢分解，所以经过30s不褪色即可认为已达终点
3	计算 $KMnO_4$溶液浓度	根据称取的 $Na_2C_2O_4$质量和消耗的 $KMnO_4$溶液的体积，计算 $KMnO_4$标准溶液的准确浓度	$c_{KMnO_4}=\dfrac{2m_{Na_2C_2O_4}}{5M_{Na_2C_2O_4}\cdot V_{KMnO_4}}$

三、数据处理

项目	1	2	3
倾倒前 $Na_2C_2O_4$+称量瓶质量/g			
倾倒后 $Na_2C_2O_4$+称量瓶质量/g			

续表

项目	1	2	3
$Na_2C_2O_4$质量/g			
$KMnO_4$溶液初读数/mL			
$KMnO_4$溶液终读数/mL			
V_{KMnO_4}/mL			
c_{KMnO_4}/（mol/L）			
$\overline{c_{KMnO_4}}$/（mol/L）			
相对偏差/%			
相对平均偏差/%			

四、 考核标准

考核项目	考核内容	分值	得分
$KMnO_4$溶液的配制	计算与称量	3	
	加热溶解	2	
	溶液过滤	3	
	滤液贮存于棕色瓶中	2	
基准物 $Na_2C_2O_4$ 的称量	天平准备（水平、清扫、预热、调零）	3	
	称量瓶放于秤盘中央	2	
	敲样正确	3	
	试样无撒落	2	
	敲样次数不超过 3 次	2	
	称量质量符合要求	3	
	称量记录正确	3	
	操作规范熟练	2	
	天平用后整理	5	
	加入蒸馏水溶解固体物质	2	

续表

考核项目	考核内容	分值	得分
$KMnO_4$溶液的标定	滴定管的试漏、洗涤、润洗	3	
	装液、排气	5	
	调零	3	
	滴定前管尖残液处理	2	
	试液酸度的控制	2	
	试液温度的控制	3	
	滴定操作	5	
	终点颜色判断	3	
	读数时滴定管垂直，视线水平	2	
	读数正确	2	
数据记录及处理	数据记录及时、真实、正确、整洁	3	
	有效数字正确	3	
	公式正确	2	
	计算正确	5	
	精密度符合要求	5	
职业素质	穿实验服、文明操作、无仪器损坏	3	
	注重细节、精益求精	3	
	严谨客观、实事求是	3	
	注重质量、规范、安全、环保、节约	3	
	实验结束物品归位，台面整洁	3	

任务二　双氧水中 H_2O_2 含量的测定

任务要求

1. 能合理稀释双氧水试样。
2. 能用 $KMnO_4$法测定 H_2O_2 含量。
3. 培养勇于探索的创新精神、善于解决问题的实践能力。
4. 培养安全、质量、环保的职业意识。

任务描述

1. 稀释双氧水试样。
2. 用 $KMnO_4$滴定 H_2O_2试液。
3. 计算 H_2O_2的含量。

任务实施

一、 仪器试剂准备

1. 仪器

聚四氟乙烯旋塞滴定管、容量瓶、移液管、锥形瓶、量筒。

2. 试剂

$KMnO_4$标准溶液、3mol/L H_2SO_4溶液、约 30%双氧水。

二、 操作步骤

序号	步骤	操作方法	操作提示
1	稀释双氧水样品	用移液管移取 1.00mL 质量分数约为 30% 双氧水置于 250mL 容量瓶中，加蒸馏水稀释至刻度，充分摇匀	市售的双氧水是含 30%或 3%的 H_2O_2 水溶液
2	测定 H_2O_2 含量	用移液管移取 25.00mL 上述溶液，置于 250mL 锥形瓶中，加入 30mL 蒸馏水和 10mL 3mol/L H_2SO_4溶液，用 $KMnO_4$标准溶液滴定至溶液呈微红色，在 30s 内不褪色即为终点。记录滴定时所消耗的 $KMnO_4$ 溶液的体积，平行测定 3 次	滴定过程与用 $Na_2C_2O_4$ 标定 $KMnO_4$相似，但因为 H_2O_2 受热易分解，所以此滴定应在室温下进行
3	计算 H_2O_2 含量	根据 $KMnO_4$ 溶液的用量，计算双氧水中 H_2O_2的含量	$\rho_{H_2O_2}(g/mL)=\dfrac{\frac{5}{2}c_{KMnO_4}V_{KMnO_4}\times 10^{-3}\times M_{H_2O_2}}{1.00\times\frac{25.00}{250.0}}$

操作视频——双氧水中过氧化氢含量的测定

三、数据处理

项目	1	2	3
$V_{试样}$/mL	1.00		
c_{KMnO_4}/（mol/L）			
$KMnO_4$溶液初读数/mL			
$KMnO_4$溶液终读数/mL			
V_{KMnO_4}/mL			
$\rho_{H_2O_2}$/（g/mL）			
$\overline{\rho_{H_2O_2}}$/（g/mL）			
相对偏差/%			
相对平均偏差/%			

四、考核标准

考核项目	考核内容	分值	得分
双氧水样品稀释	移液管的洗涤及润洗	3	
	容量瓶的洗涤、试漏	3	
	准确移取试样	5	
	准确定容	3	
	摇匀	3	
H_2O_2含量的测定	滴定管的试漏、洗涤、润洗	3	
	装液、排气	5	
	调零	3	
	滴定前管尖残液处理	3	
	滴定操作	5	
	终点颜色判断	5	
	终点后滴定管尖无悬挂液、无气泡	5	
	滴定管读数前静置 1~2min	3	
	读数时滴定管垂直，视线水平	3	
	读数正确	3	

续表

考核项目	考核内容	分值	得分
数据记录及处理	数据记录及时、真实、正确、整洁	5	
	有效数字位数合理	5	
	公式正确	5	
	计算正确	5	
	精密度符合要求	5	
职业素质	穿实验服、文明操作、无仪器损坏	3	
	注重细节、精益求精	3	
	严谨客观、实事求是	5	
	注重质量、规范、环保、节约	4	
	实验结束物品归位，台面整洁	5	

任务三　$Na_2S_2O_3$标准溶液的制备

任务要求

1. 能正确配制、保存和标定 $Na_2S_2O_3$溶液。
2. 能正确使用淀粉指示剂。
3. 学会使用碘量瓶等器具。
4. 培养严谨踏实的工作作风和勇于探索的创新精神。

任务描述

1. 配制 0.1mol/L $Na_2S_2O_3$溶液。
2. 标定 $Na_2S_2O_3$溶液。
3. 计算 $Na_2S_2O_3$溶液浓度。

任务实施

一、仪器试剂准备

1. 仪器

电子天平（精度分别为 0.1g 和 0.0001g）、称量瓶、聚四氟乙烯旋塞滴定管、移液管、碘量瓶、量筒、烧杯、棕色试剂瓶。

2. 试剂

$Na_2S_2O_3 \cdot 5H_2O$、基准试剂 $K_2Cr_2O_7$（140～150℃烘干至恒重）、6mol/L HCl 溶液、无水 Na_2CO_3 固体、0.5%淀粉指示液（称取 0.5g 可溶性淀粉放入小烧杯中，加水 10mL，使成糊状，在搅拌下倒入 90mL 沸水中，微沸 2min，冷却后转移至 100mL 试剂瓶中）。

二、操作步骤

操作视频——硫代硫酸钠标准溶液的制备

序号	步骤	操作方法	操作提示
1	配制 0.1mol/L $Na_2S_2O_3$溶液	称取 6.2g $Na_2S_2O_3 \cdot 5H_2O$ 于 250mL 烧杯中，加入 100mL 新煮沸的冷蒸馏水，待完全溶解后，加入 0.05g 固体 Na_2CO_3，然后用新煮沸并冷却的蒸馏水稀释至 250mL，混合均匀倒入棕色试剂瓶中，此溶液的浓度约为 0.1mol/L。在暗处放置 7～14d 后标定	$Na_2S_2O_3$溶液易受微生物、空气中的氧以及溶解在水中的 CO_2 影响而分解，所以配制 $Na_2S_2O_3$ 标准溶液时应用新煮沸冷却的蒸馏水，并加入少量 Na_2CO_3使溶液呈微碱性，以防止其分解。溶液应避光和热，存放在棕色试剂瓶中，置暗处
2	标定 $Na_2S_2O_3$ 溶液	准确称取约 0.14g 预先干燥过的$K_2Cr_2O_7$基准物质 3 份，分别置于 250mL 碘量瓶中，加入 25mL 蒸馏水使溶解，然后加入 2g KI 固体和 6mol/L HCl 溶液 5mL，摇匀，于暗处放置 5min。待反应完全后，加入 50mL 蒸馏水稀释，立即用待标定的 $Na_2S_2O_3$溶液滴定至呈浅黄色，加入 0.5%淀粉指示剂 2mL，继续用 $Na_2S_2O_3$溶液滴定至蓝色刚好消失即为终点	（1）$K_2Cr_2O_7$与 KI 的反应速率较慢，应将碘量瓶中的溶液在暗处放置 5min，待反应完全后再以 $Na_2S_2O_3$ 溶液滴定。 （2）以淀粉作指示剂时，应先以$Na_2S_2O_3$溶液滴定至大部分 I_2 已作用，溶液呈浅黄色再加入淀粉溶液。淀粉指示剂加入太早，则大量的 I_2 与淀粉结合，这一部分碘就不容易与 $Na_2S_2O_3$ 反应，产生误差。 （3）滴定开始轻摇快滴，加淀粉指示剂后要大力振摇慢滴
3	计算 $Na_2S_2O_3$ 溶液浓度	根据称取的基准试剂 $K_2Cr_2O_7$ 的质量和耗用的 $Na_2S_2O_3$溶液的体积，计算 $Na_2S_2O_3$标准溶液的准确浓度	$c_{Na_2S_2O_3} = \dfrac{6m_{K_2Cr_2O_7}}{M_{K_2Cr_2O_7} \cdot V_{Na_2S_2O_3}}$

三、数据处理

项目	1	2	3
倾倒前 $K_2Cr_2O_7$+称量瓶质量/g			
倾倒后 $K_2Cr_2O_7$+称量瓶质量/g			
$K_2Cr_2O_7$质量/g			
$Na_2S_2O_3$溶液初读数/mL			
$Na_2S_2O_3$溶液终读数/mL			
$V_{Na_2S_2O_3}$ /mL			
$c_{Na_2S_2O_3}$ / (mol/L)			
$\overline{c_{Na_2S_2O_3}}$/ (mol/L)			
相对偏差/%			
相对平均偏差/%			

四、考核标准

考核项目	考核内容	分值	得分
$Na_2S_2O_3$溶液的配制	计算与称量	3	
	用新煮沸的冷蒸馏水	2	
	加入无水碳酸钠	2	
	倒入棕色细口试剂瓶	2	
	在暗处放置 7~14d 后标定	2	
基准物 $K_2Cr_2O_7$的称量	天平准备（水平、清扫、预热、调零）	3	
	称量瓶放于秤盘中央	2	
	敲样正确	2	
	试样无撒落	2	
	敲样次数不超过 3 次	2	
	称量质量符合要求	2	
	称量记录正确	2	
	操作规范熟练	2	
	加入蒸馏水溶解固体物质	2	
	天平用后整理	2	

续表

考核项目	考核内容	分值	得分
氧化还原反应	$K_2Cr_2O_7$置于碘量瓶中	2	
	加入 2g KI 固体	2	
	溶液酸度的调节	2	
	于暗处放置 5min	2	
$Na_2S_2O_3$溶液的标定	滴定管的试漏、洗涤、润洗	5	
	装液、排气、调零	5	
	滴定操作	5	
	指示剂的加入时机及加入量	5	
	终点颜色判断	3	
	读数时滴定管垂直，视线水平	2	
	读数正确	2	
数据记录及处理	数据记录及时、真实、正确、整洁	3	
	有效数字正确	3	
	公式正确	2	
	计算正确	5	
	精密度符合要求	5	
职业素质	穿实验服、文明操作、无仪器损坏	3	
	注重细节、精益求精	3	
	严谨客观、实事求是	3	
	注重质量、规范、环保、节约	3	
	实验结束物品归位，台面整洁	3	

习　题

一、简答题

1. 用离子–电子法配平下列反应的离子方程式：

（1）$I_2 + H_2S \xrightarrow{H^+} I^- + S$

（2）$PbO_2 + Cl^- \xrightarrow{H^+} PbCl_2 + Cl_2$

（3）$Ag + NO_3^- \xrightarrow{H^+} Ag^+ + NO$

（4）$Cl_2 + OH^- \xrightarrow{OH^-} Cl^- + ClO^-$

（5）$SO_3^{2-} + Cl_2 \xrightarrow{OH^-} Cl^- + SO_4^{2-}$

（6）$H_2O_2 + Cr^{3+} \xrightarrow{OH^-} CrO_4^{2-} + H_2O$

2. 对于下列氧化还原反应：①写出相应的半反应；②以这些氧化还原反应设计构成原电池，写出电池符号。

（1）$2Ag^+ + Cu = Cu^{2+} + 2Ag$

（2）$Pb^{2+} + Cu + S^{2-} = Pb + CuS\downarrow$

3. 试根据标准电极电势的数据，把下列物质按其氧化能力递增的顺序排列起来，写出它们在酸性介质中对应的还原产物：

$KMnO_4$、$K_2Cr_2O_7$、$FeCl_3$、H_2O_2、I_2、Br_2、Cl_2、F_2。

4. 用标准电极电势判断下列反应能否从左向右进行。

（1）$2Br^- + 2Fe^{3+} = Br_2 + 2Fe^{2+}$

（2）$2H_2S + H_2SO_3 = 3S\downarrow + 3H_2O$

（3）$2Ag + Zn(NO_3)_2 = Zn + 2AgNO_3$

（4）$2KMnO_4 + 5H_2O_2 + 6HCl = 2MnCl_2 + 2KCl + 8H_2O + 5O_2$

5. 标准溶液如何配制？用 $Na_2C_2O_4$ 标定 $KMnO_4$ 需控制哪些实验条件？

二、计算题

1. 已知反应：

$$MnO_4^- + 5Fe^{2+} + 8H^+ \rightleftharpoons Mn^{2+} + 5Fe^{3+} + 4H_2O$$

（1）试根据标准电极电势，判断上述反应进行的方向；

（2）将该氧化还原反应设计构成一个原电池，用电池符号表示该原电池的组成，计算其标准电动势；

（3）当氢离子浓度为 10mol/L，其他各离子浓度均为 1.0mol/L 时，计算该电池的电动势。

2. 已知 $MnO_4^- + 8H^+ + 5e \rightleftharpoons Mn^{2+} + 4H_2O$　$\varphi^{\ominus}(MnO_4^-/Mn^{2+}) = 1.51V$，求当 $c(H^+) = 1.0 \times 10^{-3}$ mol/L 和 $c(H^+) = 10$mol/L 时，各自的 φ 值是多少（设其他物质均处于标准态）？

3. 欲配制 500mL，$c(1/6K_2Cr_2O_7) = 0.5000$mol/L 的 $K_2Cr_2O_7$ 溶液，应称取 $K_2Cr_2O_7$ 多少克？

4. 如果在 25.00mL $CaCl_2$ 溶液中加入 40.00mL 0.1000mol/L $(NH_4)_2C_2O_4$ 溶液，待 CaC_2O_4 沉淀完全后，分离之，滤液以 0.02000mol/L $KMnO_4$ 溶液滴定，共耗去 $KMnO_4$ 溶液 15.00mL。计算在 250mL 该 $CaCl_2$ 溶液中 $CaCl_2$ 的含量为多少克？

5. 将 1.000g 钢样中的铬氧化成 $Cr_2O_7^{2-}$，加入 25.00mL 0.1000mol/L $FeSO_4$ 标准溶液，然后用 0.01800mol/L $KMnO_4$ 标准溶液 7.00mL 回滴过量的 $FeSO_4$。计算钢中铬的质量分数。

模块四
习题答案

模块五

沉淀滴定技术

学习目标

知识目标

1. 掌握溶度积原理、溶度积规则及有关计算；
2. 了解影响难溶电解质溶解度的因素并会利用溶度积规则判断沉淀的生成和溶解；
3. 掌握莫尔法和佛尔哈德法的原理、滴定条件、适用范围及应用。

技能目标

1. 能用减量法熟练称量基准物质；
2. 能正确制备硝酸银标准溶液；
3. 能正确运用银量法测定样品中氯离子等相关组分的含量。

素质目标

1. 培养规范操作的职业习惯；
2. 培养实事求是的严谨工作作风；
3. 培养安全、节约、环保、质量意识。

模块导学

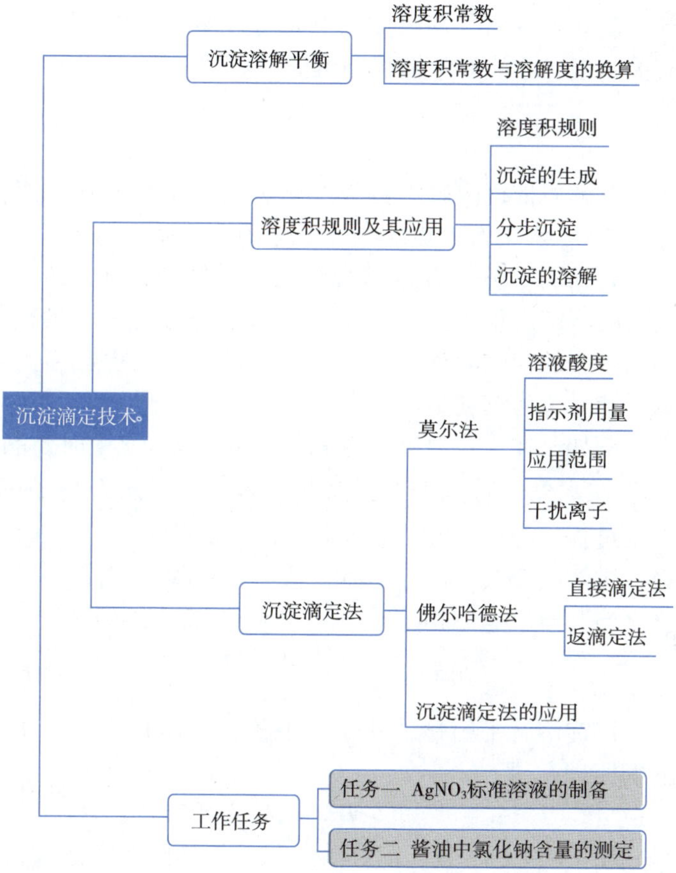
沉淀滴定技术
沉淀溶解平衡
溶度积常数
溶度积常数与溶解度的换算
溶度积规则及其应用
溶度积规则
沉淀的生成
分步沉淀
沉淀的溶解
沉淀滴定法
莫尔法
溶液酸度
指示剂用量
应用范围
干扰离子
佛尔哈德法
直接滴定法
返滴定法
沉淀滴定法的应用
工作任务
任务一 $AgNO_3$标准溶液的制备
任务二 酱油中氯化钠含量的测定

知识点一

沉淀溶解平衡

在进行分析检验时，常常要利用沉淀的生成或溶解进行物质的提纯、制备、分离以及组成的测定等。掌握影响沉淀生成与溶解平衡的有关因素，才能有效地控制沉淀反应的进行。

一、溶度积常数

溶度积常数

电解质依据溶解度的大小可分为易溶电解质和难溶电解质，通常把在 100g 水中溶解度小于 0.01g 的电解质称为难溶电解质。难溶电解质也有强弱之分，有些是难溶的强电解质，如 $BaSO_4$、AgCl 等，虽然它们的溶解度很小，但在水中溶解的部分是全部解离的。在含有难溶强电解质的饱和溶液中，存在着未溶固体与由其溶解生成的离子之间的平衡，称为沉淀溶解平衡。

例如，在一定温度下将 $BaCO_3$ 晶体投入水中时，晶体表面的 Ba^{2+} 和 CO_3^{2-} 在水分子的作用下，离开晶体表面以水合离子的形式进入水中，这个过程称为溶解过程。同时，已溶解的 Ba^{2+} 和 CO_3^{2-} 在溶液中相互碰撞，重新结合成 $BaCO_3$ 晶体，这个过程称为沉淀过程。在一定温度下，当沉淀和溶解速率相等时，就达到了沉淀溶解平衡。此过程可表示为：

$$BaCO_3\ (s) \underset{沉淀}{\overset{溶解}{\rightleftharpoons}} Ba^{2+}\ (aq) + CO_3^{2-}\ (aq)$$

沉淀溶解平衡是一种化学平衡，遵循化学平衡的一般规律。根据平衡原理，得

$$K_{SP}^{\ominus} = [Ba^{2+}][CO_3^{2-}]$$

$K_{SP}^{\ominus}$ 称为溶度积常数，简称溶度积。与其他平衡常数相同，溶度积常数是温度的函数，它反映了物质的溶解能力。

溶度积的一般表示式为：

$$A_mB_n(s) \underset{沉淀}{\overset{溶解}{\rightleftharpoons}} mA^{n+}(aq) + nB^{m-}(aq)$$

$$K_{sp}^{\ominus} = [A^{n+}]^m [B^{m-}]^n$$

二、溶度积常数与溶解度的换算

溶度积与溶解度的关系

溶度积和溶解度都可用来衡量难溶电解质的溶解能力，两者可以相互换算。换算时所用溶解度的单位是 mol/L。

【例 5-1】 25℃时 $BaSO_4$ 的溶解度 $s=2.43\times10^{-3}$g/L，求 $K_{sp}^{\ominus}$（$BaSO_4$）。

解 先将 $BaSO_4$ 的溶解度 2.43×10^{-3}g/L 换算为以 mol/L 为单位的

溶解度

$$s = (2.43\times10^{-3}/233.4)\ \text{mol/L} = 1.04\times10^{-5}\text{mol/L}$$

$$BaSO_4\ (s) \rightleftharpoons Ba^{2+}\ (aq) + SO_4^{2-}\ (aq)$$

平衡浓度 $\qquad s \qquad s$

则有 $\quad K_{sp}^{\ominus} = [Ba^{2+}][SO_4^{2-}] = (1.04\times10^{-5})^2 = 1.08\times10^{-10}$

【例 5-2】已知室温下，Ag_2CrO_4的溶度积是 1.12×10^{-12}，问 Ag_2CrO_4 的溶解度 s 为多少？

解 设 Ag_2CrO_4 的溶解度为 s mol/L，Ag_2CrO_4 的沉淀溶解平衡式为：

$$Ag_2CrO_4\ (s) \rightleftharpoons 2Ag^+\ (aq) + CrO_4^{2-}\ (aq)$$

平衡浓度/(mol/L) $\qquad 2s \qquad s$

则有 $\quad K_{sp}^{\ominus} = [Ag^+]^2[CrO_4^{2-}] = (2s)^2\cdot s = 1.12\times10^{-12}$

$$s = 6.54\times10^{-5}\text{mol/L}$$

即 Ag_2CrO_4的溶解度为 6.54×10^{-5}mol/L。

对于相同类型的难溶电解质，溶度积越大，溶解度也越大；但对于不同类型的电解质，不能通过溶度积的数据直接比较溶解度的大小。

练一练
沉淀溶解平衡

知识点二

溶度积规则及其应用

一、 溶度积规则

对于某难溶电解质的溶液，任意状态下各离子相对浓度幂的乘积称为离子积，用符号 Q 表示。

必须指出离子积 Q 具有与溶度积 $K_{sp}^{\ominus}$ 相同的表达式，但概念上有所区别。即在一定温度下，$K_{sp}^{\ominus}$ 为一常数而 Q 的数值不定，可以说 $K_{sp}^{\ominus}$ 是 Q 中的一个特例。

溶度积规则

在任何给定的溶液中，Q 与 $K_{sp}^{\ominus}$ 的大小可能有三种情况：

（1）$Q< K_{sp}^{\ominus}$ 时，为不饱和溶液，无沉淀析出，若体系中有固体存在，固体将溶解直至饱和为止。

（2）$Q = K_{sp}^{\ominus}$ 时，是饱和溶液，无沉淀析出，沉淀与溶解处于动态平衡。

（3）$Q> K_{sp}^{\ominus}$ 时，为过饱和溶液，有沉淀析出，直至饱和。

上述三种情况，概括了 Q 与 $K_{sp}^{\ominus}$ 的关系，称为溶度积规则，用以判断沉淀的生成和溶解。

二、沉淀的生成

1. 沉淀生成的条件

根据溶度积规则，沉淀生成的条件是 $Q>K_{sp}^{\ominus}$。通常采用加入沉淀剂、控制溶液酸度、应用同离子效应等方法生成沉淀。

沉淀的生成

【例 5-3】 如果在 10mL 0.010mol/L $BaCl_2$溶液中加入 30mL 0.0050mol/L Na_2SO_4溶液，问有无沉淀产生？

解 两种溶液混合后，总体积为 40mL，则

$$c_{Ba^{2+}}=\frac{0.010\times10}{40}=2.5\times10^{-3}\text{mol/L},\quad c_{SO_4^{2-}}=\frac{0.0050\times30}{40}=3.75\times10^{-3}\text{mol/L}$$

离子积 $$Q=c_{Ba^{2+}}\times c_{SO_4^{2-}}=2.5\times10^{-3}\times3.75\times10^{-3}=9.4\times10^{-6}$$

因为 $Q>K_{sp}^{\ominus}(BaSO_4)$，所以有 $BaSO_4$沉淀生成。

2. 沉淀的完全程度

沉淀完全与否主要根据不同应用领域的允许要求。一般来说，只要沉淀后溶液中被沉淀离子的浓度小于或等于 10^{-5}mol/L，就可以认为该离子被沉淀完全。

【例 5-4】 在 0.01mol/L 的 $FeCl_3$溶液中，欲产生 $Fe(OH)_3$沉淀，溶液的 pH 最小为多少？若使 Fe^{3+}沉淀完全，溶液的 pH 至少为多少？已知：$K_{sp}^{\ominus}\{Fe(OH)_3\}=4.0\times10^{-38}$。

解 $Fe(OH)_3$在溶液中存在下列平衡：

$$Fe(OH)_3\ (s) \rightleftharpoons Fe^{3+}\ (aq)+3OH^-\ (aq)$$

根据溶度积规则，欲产生 $Fe(OH)_3$沉淀，至少应满足：$Q\geqslant K_{sp}^{\ominus}$

即

$$c_{OH^-}\geqslant\sqrt[3]{\frac{K_{sp}^{\ominus}}{[Fe^{3+}]}}=\sqrt[3]{\frac{4.0\times10^{-38}}{0.01}}=1.59\times10^{-12}\text{mol/L}$$

$$pOH=-\lg[OH^-]=11.80$$

则 $$pH=14-11.80=2.20$$

即 pH 不得低于 2.20，否则不会出现 $Fe(OH)_3$沉淀。

欲使 Fe^{3+}沉淀完全，则沉淀后溶液中 $[Fe^{3+}]\leqslant1\times10^{-5}$mol/L，此时

$$c_{OH^-}\geqslant\sqrt[3]{\frac{K_{sp}^{\ominus}}{[Fe^{3+}]}}=\sqrt[3]{\frac{4.0\times10^{-38}}{1.0\times10^{-5}}}=1.59\times10^{-11}\text{mol/L}$$

$$pOH = -\lg[OH^-] = 10.80$$

则

$$pH = 14 - 10.80 = 3.20$$

即 Fe^{3+}沉淀完全时，pH 不能小于 3.20，说明 pH = 2.20 时开始沉淀，pH 达到 3.20 时沉淀完全。

三、分步沉淀

当溶液中存在两种以上的离子可与同一试剂反应产生沉淀，首先析出的是离子积最先达到溶度积的难溶电解质。这种由于难溶电解质溶度积不同，加入同一种沉淀剂后使混合离子按顺序先后沉淀下来的现象称为分步沉淀。

分步沉淀

【例 5-5】 向 Cl^- 和 I^- 浓度均为 0.010mol/L 的溶液中，逐滴加入 $AgNO_3$溶液，问哪一种离子先沉淀？第二种离子开始沉淀时，溶液中第一种离子的浓度是多少？两者有无分离的可能？［$K_{sp}^{\ominus}$（AgCl）= 1.8×10^{-10}，$K_{sp}^{\ominus}$（AgI）= 8.3×10^{-17}。］

解　假设计算过程都不考虑加入试剂后溶液体积的变化，根据溶度积规则，首先计算 AgCl 和 AgI 开始沉淀所需的 Ag^+浓度分别为：

$$[Ag^+] = \frac{K_{sp}^{\ominus}(AgCl)}{[Cl^-]} = \frac{1.8\times10^{-10}}{0.010} = 1.8\times10^{-8}\text{mol/L}$$

$$[Ag^+] = \frac{K_{sp}^{\ominus}(AgI)}{[I^-]} = \frac{8.3\times10^{-17}}{0.010} = 8.3\times10^{-15}\text{ mol/L}$$

AgI 开始沉淀时，需要的 Ag^+浓度低，故 I^-首先沉淀出来。当 Cl^-开始沉淀时，溶液对 AgCl 来说也已达到饱和，这时 Ag^+浓度必须同时满足这两个沉淀溶解平衡，所以：

$$[Ag^+] = \frac{K_{sp}^{\ominus}(AgCl)}{[Cl^-]} = \frac{K_{sp}^{\ominus}(AgI)}{[I^-]}$$

$$\frac{[I^-]}{[Cl^-]} = \frac{K_{sp}^{\ominus}(AgI)}{K_{sp}^{\ominus}(AgCl)} = \frac{8.3\times10^{-17}}{1.8\times10^{-10}} = 4.6\times10^{-7}$$

当 AgCl 开始沉淀时，Cl^-的浓度为 0.010mol/L，此时溶液中剩余的 I^-浓度为：

$$[I^-] = \frac{K_{sp}^{\ominus}(AgI)\cdot[Cl^-]}{K_{sp}^{\ominus}(AgCl)} = 4.6\times10^{-7}\times0.010 = 4.6\times10^{-9}\text{mol/L}$$

可见，当 Cl^-开始沉淀时，I^-的浓度已小于 10^{-5}mol/L，故两者可以定性分离。

四、沉淀的溶解

根据溶度积规则，沉淀溶解的条件为：$Q < K_{sp}^{\ominus}$。可通过生成弱电解质、氧化还原反应、生成配合物等方法实现。

1. 生成弱电解质使沉淀溶解

沉淀的溶解

（1）生成弱酸使沉淀溶解　由弱酸所形成的难溶性弱酸盐，如 $CaCO_3$、$BaCO_3$ 和 FeS 等一般都溶于强酸，这是因为这些弱酸盐的酸根阴离子与强酸提供的 H^+ 结合生成微弱解离的弱酸，甚至生成有关气体。溶液中酸根离子浓度减小，使 $Q < K_{sp}^{\ominus}$，于是平衡向沉淀溶解方向移动。只要有足够酸量，固体就会全部溶解。

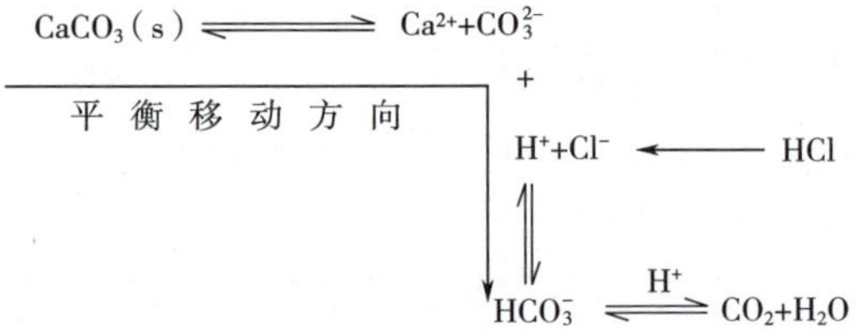

（2）生成弱碱使沉淀溶解　$Mg(OH)_2$ 可溶解在 NH_4Cl 溶液中，因为 NH_4^+ 也是酸，可导致 OH^- 浓度降低，使 $Q < K_{sp}^{\ominus}$，引起沉淀溶解。

$$Mg(OH)_2\ (s) + 2NH_4^+ \Longrightarrow Mg^{2+} + 2NH_3 + 2H_2O$$

（3）生成弱酸盐使沉淀溶解　在 $PbSO_4$ 沉淀中加入 NH_4Ac，能形成可溶性难解离的 $Pb(Ac)_2$，使溶液中 Pb^{2+} 浓度降低，导致 $Q < K_{sp}^{\ominus}$，沉淀溶解。

$$PbSO_4\ (s) + 2Ac^- \Longrightarrow Pb(Ac)_2 + SO_4^{2-}$$

（4）生成水　在 $Fe(OH)_2$ 中加入 HCl 后，生成 H_2O，OH^- 浓度降低，使 $Q < K_{sp}^{\ominus}$，沉淀溶解。

$$Fe(OH)_2(s) + 2H^+ \Longrightarrow Fe^{2+} + 2H_2O$$

2. 生成配合物使沉淀溶解

许多难溶化合物在配位剂的作用下，能够生成配离子而溶解。

$$AgCl(s) + Cl^- \Longrightarrow AgCl_2^-(aq)$$

一般情况下，当难溶化合物的溶度积不是很小，并且配合物的生成常数比较大时，就有利于配位溶解反应的发生。此外，配位剂的浓度也是影响难溶化合物能否发生配位溶解的重要因素之一。

3. 发生氧化还原反应使沉淀溶解

由于金属硫化物的 $K_{sp}^{\ominus}$ 值相差很大，故其溶解情况大不相同。例如 ZnS、PbS、FeS 等 $K_{sp}^{\ominus}$ 值较大的金属硫化物都能溶于盐酸，而 HgS、CuS 等 $K_{sp}^{\ominus}$ 值很小的金属硫化物就不能溶于盐酸。在这种情况下，只能通过加入氧化剂，使某一离子发生氧化还原反应而降低其浓度，达到溶解的目的。例如 CuS（$K_{sp}^{\ominus}=1.27\times10^{-36}$）可溶于 HNO_3，反应如下

$$3CuS + 8HNO_3\text{（稀）} = 3Cu(NO_3)_2 + 3S\downarrow + 2NO\uparrow + 4H_2O$$

练一练
溶度积规则
及其应用

知识点三

沉淀滴定法

沉淀滴定法是以沉淀反应为基础的滴定分析方法。用于沉淀滴定法的沉淀反应必须符合下列条件。

（1）生成沉淀的溶解度要小（一般要求小于 10^{-6}g/mL）。

（2）沉淀反应必须迅速，而且反应定量进行，没有副反应发生。

（3）有适当的方法确定滴定终点。

目前应用较广的是银量法，即以生成难溶银盐的反应为基础的沉淀滴定法。银量法可以测定 Cl^-、Br^-、I^-、Ag^+和 SCN^-等，如食盐水的测定，电解液中 Cl^-的测定以及农业、三废等方面经常遇到的 Cl^-的测定等。目前应用比较广泛的银量法主要有莫尔法和佛尔哈德法。

一、莫尔法

莫尔法是以铬酸钾（K_2CrO_4）作指示剂，在中性或弱碱性溶液中，用 $AgNO_3$标准溶液直接滴定 Cl^-（或 Br^-）。

根据分步沉淀原理，由于 AgCl（或 AgBr）的溶解度比 Ag_2CrO_4的小，因此 AgCl（或 AgBr）首先沉淀，待 AgCl（或 AgBr）定量沉淀后，过量一滴 $AgNO_3$溶液便与 K_2CrO_4反应，形成砖红色的 Ag_2CrO_4沉淀而指示终点。

莫尔法

反应

$$Ag^+ + Cl^- = AgCl\downarrow\text{（白色）}\qquad K_{sp}^{\ominus}=1.8\times10^{-10}$$

$$Ag^+ + Br^- = AgBr\downarrow\text{（浅黄色）}\qquad K_{sp}^{\ominus}=5.0\times10^{-13}$$

$$2Ag^+ + CrO_4^{2-} = Ag_2CrO_4\downarrow\text{（砖红色）}\qquad K_{sp}^{\ominus}=1.12\times10^{-12}$$

应用 K_2CrO_4作指示剂应注意以下几点。

1. 溶液酸度

溶液应控制在中性或弱碱性（pH = 6.5~10.5）条件下进行滴定。若溶液为酸性，CrO_4^{2-} 将和 H^+结合生成 $HCrO_4^-$，致使 Ag_2CrO_4沉淀出现过迟，甚至不会沉淀。若碱性过高，又将出现 Ag_2O 沉淀。

$$2H^+ + 2\,CrO_4^{2-} \rightleftharpoons 2\,HCrO_4^- \rightleftharpoons Cr_2O_7^{2-} + H_2O$$

$$2Ag^+ + 2OH^- \rightleftharpoons 2AgOH\downarrow \rightarrow Ag_2O + H_2O$$

如果试液为酸性或强碱性，可用酚酞作指示剂，以稀 NaOH 溶液或稀 H_2SO_4溶液调节至酚酞的红色刚好褪去，也可用 $NaHCO_3$、$CaCO_3$或 $Na_2B_4O_7$等预先中和，然后再滴定。

2. 指示剂用量

为准确测定，必须控制 K_2CrO_4的浓度，若 K_2CrO_4浓度过高，终点将出现过早，且溶液颜色过深，影响终点的观察。而若 K_2CrO_4浓度过低，终点出现过迟，也影响滴定的准确度。实验证明 K_2CrO_4的浓度以 0.005mol/L 为宜。

3. 应用范围

莫尔法可以直接测定 Cl^-或 Br^-，当两者共存时，则滴定的是二者的总量。另外，在滴定过程中，应剧烈振荡溶液，以减少 AgCl 或 AgBr 对 Cl^-或 Br^-的吸附作用，以便获得准确滴定终点。而 AgI 和 AgSCN 沉淀吸附 I^-和 SCN^-作用更为强烈，因此莫尔法不适宜于测定 I^-和 SCN^-。

此法不适于以 NaCl 标准溶液滴定 Ag^+。如果要用此法测定试样中的 Ag^+，则应在试液中加入一定量的过量的 NaCl 标准溶液，然后再用 $AgNO_3$标准溶液返滴定过量的 Cl^-。

4. 干扰离子

莫尔法的选择性较差，凡能与 CrO_4^{2-} 生成沉淀的阳离子如 Ba^{2+}、Pb^{2+}、Hg^{2+}等，以及与 Ag^+ 生成沉淀的阴离子如 PO_4^{3-}、AsO_4^{3-}、S^{2-}、$C_2O_4^{2-}$ 等，均干扰滴定。

莫尔法不能在有氨或其他能与 Ag^+生成配合物的物质存在下进行滴定，因为配合物的形成会使 AgCl 和 Ag_2CrO_4溶解。如果溶液中有氨或其他能与 Ag^+生成配合物的物质，必须用酸中和或加入其他试剂消除。

二、 佛尔哈德法

用铁铵矾［$NH_4Fe(SO_4)_2 \cdot 12H_2O$］作指示剂的银量法称为佛尔哈德法。本法又可分为直接滴定法和返滴定法。

1. 直接滴定法测定 Ag^+

佛尔哈德法

在含有 Ag^+ 的酸性溶液中，以铁铵矾作指示剂，用 NH_4SCN（或 KSCN、NaSCN）的标准溶液滴定。溶液中首先生成白色沉淀 AgSCN。滴定到化学计量点附近时，Ag^+ 浓度迅速降低，SCN^- 浓度迅速增加，当过量的 SCN^- 与铁铵矾中 Fe^{3+} 反应生成红色配合物 $[FeSCN]^{2+}$ 时即为终点。其反应式为：

$$Ag^+ + SCN^- \rightleftharpoons AgSCN\downarrow \text{（白色）}$$

$$Fe^{3+} + SCN^- \rightleftharpoons [FeSCN]^{2+} \text{（红色）}$$

在滴定过程中不断有 AgSCN 沉淀形成，由于 AgSCN 沉淀具有强烈的吸附作用，使溶液中部分 Ag^+ 被吸附在表面，导致 Ag^+ 浓度降低，SCN^- 浓度增加，致使红色的出现会略早于化学计量点。因此，滴定过程中也需剧烈摇动，使被吸附的 Ag^+ 及时释放出来。

2. 返滴定法测定卤素离子

在含有卤素离子的 HNO_3 溶液中，加入过量的 $AgNO_3$ 标准溶液，再以铁铵矾作指示剂，用 NH_4SCN 标准溶液回滴过量的 Ag^+。例如测定 Cl^- 的反应为：

$$Cl^- + Ag^+ \rightleftharpoons AgCl\downarrow \qquad K_{sp}^{\ominus} = 1.8\times10^{-10}$$

$$Ag^+ + SCN^- \rightleftharpoons AgSCN\downarrow \text{（白色）} \qquad K_{sp}^{\ominus} = 1.0\times10^{-12}$$

$$Fe^{3+} + SCN^- \rightleftharpoons [FeSCN]^{2+} \text{（红色）}$$

由于滴定在 HNO_3 溶液介质中进行，许多弱酸盐如 PO_4^{3-}、AsO_4^{3-}、S^{2-} 等都不干扰卤素离子的测定，因此，此法选择性比较高。但是应注意：

（1）采用本法测定 Cl^- 时，由于 AgSCN 的溶解度小于 AgCl 的溶解度，所以用 NH_4SCN 标准溶液回滴剩余的 Ag^+ 达化学计量点后，稍微过量的 SCN^- 可能与 AgCl 作用，使 AgCl 转化为 AgSCN：

$$AgCl + SCN^- \rightleftharpoons AgSCN\downarrow + Cl^-$$

如果剧烈摇动溶液，反应将不断向右进行，直至达到平衡。显然，到达终点时，已多消耗了一部分 NH_4SCN 标准溶液，造成较大误差。为了避免上述误差，通常采用以下两种措施：①当加入一定量过量的 $AgNO_3$ 标准溶液之后，立即将溶液煮沸使 AgCl 凝聚，以减少 AgCl 沉淀对 Ag^+ 的吸附。滤去沉淀，并用稀 HNO_3 充分洗涤沉淀，然后用 NH_4SCN 标准溶液回滴滤液中的过量 Ag^+。②在滴入 NH_4SCN 标准溶液前，加 1~2mL 硝基苯并且不断摇动，使 AgCl 沉淀进入硝基苯层中而不再与滴定溶液接触，从而避免发生上述 AgCl 沉淀转化为 AgSCN 沉淀的反应。

（2）本法测定 Br^- 和 I^- 时，不会发生上述沉淀转化反应。但在测定 I^- 时，应先加 $AgNO_3$ 溶液再加指示剂，以避免发生如下反应：

$$2\,Fe^{3+} + 2\,I^- = 2Fe^{2+} + I_2$$

（3）佛尔哈德法应在酸度大于 0.3mol/L 的溶液中进行。因为指示剂中的 Fe^{3+} 在中性或碱性溶液中将发生水解反应，甚至产生沉淀而影响测定结果。Fe^{3+} 的浓度一般控制在 0.015mol/L 左右，Fe^{3+} 的浓度过大也会因其黄色而干扰终点的观察。

（4）氧化剂和氮的氧化物以及铜盐、汞盐可与 SCN^- 作用而干扰测定，必须预先分离除去。

三、沉淀滴定法的应用

1. 标准溶液的配制与标定

沉淀滴定法的应用

银量法中常用的标准溶液是 $AgNO_3$ 和 NH_4SCN 溶液。

$AgNO_3$ 标准溶液可以直接用干燥的 $AgNO_3$ 来配制。一般采用标定法。配制 $AgNO_3$ 溶液的蒸馏水应不含 Cl^-。$AgNO_3$ 溶液见光易分解，应保存于棕色瓶中。常用基准物 NaCl 标定 $AgNO_3$ 溶液。NaCl 易吸潮，使用前将它置于瓷坩埚中，加热 500～600℃ 干燥，然后放入干燥器中备用。标定 $AgNO_3$ 溶液一般采用莫尔法。

市售 NH_4SCN 不符合基准物要求，不能直接称量配制。常用已标定好的 $AgNO_3$ 溶液按佛尔哈德法的直接滴定法进行标定。

2. 应用示例——酱油中氯化钠含量的测定

在含有 NaCl 的酱油中，加入过量的 $AgNO_3$ 标准溶液，过量的 $AgNO_3$ 溶液用铁铵矾作指示剂，以 NH_4SCN 标准溶液滴定到刚有血红色出现，即为滴定终点。为使测定准确，加入硝基苯将 AgCl 沉淀包住，阻止 SCN^- 与 AgCl 发生沉淀转化。

测定步骤为：准确移取酱油样品 5.00mL 于 100mL 容量瓶中，加水至刻度，摇匀。准确移取上述试液 10.00mL 置于 250mL 锥形瓶中，加水 50mL，混匀。加入 6mol/L HNO_3 溶液 15mL 及 0.02mol/L $AgNO_3$ 标准滴定溶液 25.00mL，再加硝基苯 5mL，用力振荡摇匀。待 AgCl 沉淀凝聚后，加入铁铵矾指示液 5mL，用 0.02mol/L NH_4SCN 标准溶液滴定至溶液呈血红色为终点。记录消耗的 NH_4SCN 标准溶液体积。由此计算酱油中氯化钠含量。

练一练
沉淀滴定法

工作任务

任务一 $AgNO_3$标准溶液的制备

任务要求

1. 能正确配制和标定 $AgNO_3$溶液。
2. 学会使用铬酸钾作指示剂判断滴定终点。
3. 培养质量、环保、节约的职业意识。

任务描述

1. 0.02mol/L $AgNO_3$溶液的配制。
2. $AgNO_3$溶液的标定。
3. $AgNO_3$溶液浓度的计算。

任务实施

一、 仪器试剂准备

1. 仪器

电子天平（精度分别为 0.1g 和 0.0001g）、称量瓶、聚四氟乙烯旋塞滴定管、25mL 移液管、锥形瓶、棕色试剂瓶。

2. 试剂

固体 $AgNO_3$、基准试剂 NaCl（于 500~600℃灼烧至恒重）、5% K_2CrO_4 指示剂（称取 5g K_2CrO_4，溶解后稀释至 100mL）。

二、 操作步骤

序号	步骤	操作方法	操作提示
1	0.02mol/L $AgNO_3$ 溶液的配制	称取 1.7g 固体 $AgNO_3$，溶于 500mL 不含 Cl^-的蒸馏水中，贮存于棕色试剂瓶中，摇匀，置于暗处，待标定	（1）$AgNO_3$ 试剂及其溶液具有腐蚀性，破坏皮肤组织，切勿接触皮肤及衣服。 （2）所用蒸馏水应不含 Cl^-，否则配制的 $AgNO_3$ 溶液出现白色浑浊，不能使用

操作视频——硝酸银标准溶液的制备

续表

序号	步骤	操作方法	操作提示
2	0.02mol/L NaCl 标准溶液的配制	准确称取基准试剂 NaCl 约 0.3g 于小烧杯中，加少量不含 Cl^- 的蒸馏水溶解后转移至 250mL 容量瓶中，稀释至标线，摇匀	所用蒸馏水应不含 Cl^-
3	$AgNO_3$ 溶液的标定	准确移取 25.00mLNaCl 标准溶液于锥形瓶中，加入 25mL 不含 Cl^- 的蒸馏水和 1mLK_2CrO_4 指示剂，在充分摇动下，用配好的 $AgNO_3$ 溶液滴定至溶液出现稳定的浅橙色即为终点，记录消耗的 $AgNO_3$ 溶液的体积。平行测定 3 次	（1）使用 K_2CrO_4 指示剂要适量。 （2）滴定溶液保持中性或弱碱性。 （3）为减少沉淀的吸附作用，滴定过程中必须剧烈振荡溶液
4	$AgNO_3$ 标准溶液浓度的计算	根据称取的 NaCl 质量和耗用的 $AgNO_3$ 溶液的体积，计算 $AgNO_3$ 标准溶液的准确浓度	$c_{AgNO_3}=\frac{m_{NaCl}}{M_{NaCl}\cdot V_{AgNO_3}}$

三、数据处理

项目	1	2	3
倾倒前 NaCl+称量瓶质量/g			
倾倒后 NaCl +称量瓶质量/g			
NaCl 质量/g			
$AgNO_3$溶液初读数/mL			
$AgNO_3$溶液终读数/mL			
V_{AgNO_3} /mL			
c_{AgNO_3}/（mol/L）			
$\overline{c_{AgNO_3}}$/（mol/L）			
相对偏差/%			
相对平均偏差/%			

四、考核标准

考核项目	考核内容	分值	得分
$AgNO_3$溶液的配制	计算与称量	3	
	试样溶解	2	
	加水稀释，转移至棕色试剂瓶	3	
NaCl 标准溶液的配制	天平准备（水平、清扫、预热、调零）	5	
	称量瓶放于秤盘中央	2	
	敲样正确	3	
	试样无撒落	2	
	敲样次数不超过 3 次	2	
	称量质量符合要求	2	
	称量记录正确	2	
	加入不含 Cl^- 的蒸馏水溶解 NaCl	2	
	容量瓶定容	5	
	摇匀	2	
$AgNO_3$溶液的标定	移液管的规范使用	5	
	滴定管的试漏、洗涤、润洗	3	
	装液、排气、调零	2	
	滴定前管尖残液处理	2	
	指示剂的使用	3	
$AgNO_3$溶液的标定	滴定操作	3	
	终点颜色判断	3	
	读数时滴定管垂直，视线水平	2	
	读数正确	2	
数据记录及处理	数据记录及时、真实、正确、整洁	3	
	有效数字正确	2	
	公式正确	5	
	计算正确	5	
	精密度符合要求	5	

续表

考核项目	考核内容	分值	得分
职业素质	穿实验服、文明操作、无仪器损坏	4	
	注重细节、精益求精	4	
	严谨客观、实事求是	4	
	注重质量、规范、环保、节约	4	
	实验结束物品归位，台面整洁	4	

任务二　酱油中氯化钠含量的测定

任务要求

1. 学会莫尔法测定氯化钠的含量。
2. 能正确控制滴定条件。
3. 能正确使用 K_2CrO_4 指示剂并判断滴定终点。
4. 激发民族自豪感和大国自信意识，树立报效祖国的理想信念。
5. 培养追求卓越的创新精神。

任务描述

1. 酱油试样的稀释。
2. 莫尔法测定酱油中氯化钠的含量。
3. 酱油中氯化钠含量的计算。

任务实施

一、仪器试剂准备

酱油中氯化钠含量的测定

1. 仪器

聚四氟乙烯旋塞滴定管、移液管、容量瓶、锥形瓶、烧杯。

2. 试剂

$AgNO_3$ 标准溶液、5% K_2CrO_4 指示剂（称取 5g K_2CrO_4，溶解后稀释至 100mL）、酱油试样。

二、操作步骤

序号	步骤	操作方法	操作提示
1	酱油样品稀释	准确移取酱油5.00mL，置于100mL容量瓶中，加蒸馏水稀释至刻度，摇匀	（1）如酱油颜色过深，可加入活性炭脱色处理并进行过滤，重复几次直到酱油为澄清透明或带有淡黄色的液体为止。 （2）所用蒸馏水应不含Cl^-
2	NaCl含量的测定	吸取酱油稀释液10.00mL，置于250mL锥形瓶中，加蒸馏水50mL，摇匀。加入K_2CrO_4指示剂1mL，在充分振荡下用$AgNO_3$标准溶液滴定至刚出现稳定的浅橙色即为终点，记下所消耗$AgNO_3$溶液的体积。平行测定3次	（1）Ag是贵重金属，滴定的废液应予以回收，不可随意倒入水槽。 （2）所用蒸馏水应不含Cl^-
3	计算NaCl含量	根据$AgNO_3$溶液的浓度及用量，计算酱油中NaCl的含量	$\rho_{NaCl}=\dfrac{c_{AgNO_3}\cdot V_{AgNO_3}\times10^{-3}\times M_{NaCl}}{10.00\times\dfrac{5.00}{100.0}}$

三、数据处理

项目	1	2	3
$V_{样品}$/mL	5.00		
c_{AgNO_3}/（mol/L）			
$AgNO_3$溶液初读数/mL			
$AgNO_3$溶液终读数/mL			
V_{AgNO_3}/mL			
ρ_{NaCl}/（g/mL）			
$\overline{\rho_{NaCl}}$/（g/mL）			
相对偏差/%			
相对平均偏差/%			

四、 考核标准

考核项目	考核内容	分值	得分
酱油样品稀释	移液管的洗涤及润洗	3	
	容量瓶的洗涤、试漏	3	
	准确移取试样	5	
	准确定容	3	
	摇匀	3	
NaCl 含量的测定	滴定管的试漏、洗涤、润洗	3	
	装液、排气	5	
	调零	3	
	滴定前管尖残液处理	3	
	滴定操作	5	
	终点颜色判断	5	
	终点后滴定管尖无悬挂液、无气泡	5	
	滴定管读数前静置 1~2min	3	
	读数时滴定管垂直，视线水平	3	
	读数正确	3	
数据记录及处理	数据记录及时、真实、正确、整洁	5	
	有效数字位数合理	5	
	公式正确	5	
	计算正确	5	
	精密度符合要求	5	
职业素质	穿实验服、文明操作、无仪器损坏	4	
	注重细节、精益求精	4	
	严谨客观、实事求是	4	
	注重质量、规范、环保、节约	4	
	实验结束物品归位，台面整洁	4	

习　题

一、简答题

根据溶度积规则说明下列事实。

（1）$CaCO_3$沉淀能溶解于 HAc 溶液中；

（2）$Fe(OH)_3$沉淀溶解于稀硫酸溶液中；

（3）$BaSO_4$难溶于稀盐酸中。

二、计算题

1. 根据 AgI 和 Ag_2CrO_4的溶度积，通过计算说明：

（1）哪一种化合物的溶解度大；

（2）在 0.01mol/L $AgNO_3$溶液中，哪一种化合物的溶解度大。

2. 根据 $Mg(OH)_2$的溶度积计算以下情况下其溶解度：

（1）在水中；

（2）在 0.010mol/L NaOH 溶液中；

（3）在 0.010mol/L $MgCl_2$溶液中。

3. 计算 CaC_2O_4沉淀在 pH=3.0，c（$C_2O_4^{2-}$）= 0.010mol/L 溶液中的溶解度。

4. $CaCO_3$能溶于 HAc 溶液中。若沉淀达到溶解平衡时溶液中的 HAc 浓度为 1.0mol/L，且室温下反应产物 H_2CO_3在水溶液中的饱和浓度为 0.040mol/L，试求 1.0L 溶液中能溶解多少 $CaCO_3$？共需多大浓度的 HAc？

5. 已知 LiF 的 $K_{sp}^{\ominus}=1.8\times10^{-3}$，$MgF_2$ 的 $K_{sp}^{\ominus}=6.5\times10^{-9}$，某溶液中含有 0.10mol/L Li^+和 0.10mol/L Mg^{2+}，滴加 NaF 溶液（忽略体积变化），哪种离子最先被沉淀出来？当第二种沉淀析出时，第一种被沉淀的离子是否沉淀完全？两种离子有无可能被分离开？

6. 某溶液中含有 Fe^{3+} 和 Fe^{2+}，浓度均为 0.050mol/L。若要使 $Fe(OH)_3$沉淀完全，而 Fe^{2+}不沉淀，问所需控制的溶液 pH 的范围是多少？

7. 溶液中含有 Ag^+、Pb^{2+}、Ba^{2+}、Sr^{2+}，它们的浓度均为 1.0×10^{-2}mol/L。加入 K_2CrO_4溶液，试通过计算说明上述离子开始沉淀的先后顺序。

8. 已知 AgCl 的 $K_{sp}^{\ominus}=1.8\times10^{-10}$，$Ag_2CrO_4$的 $K_{sp}^{\ominus}=1.12\times10^{-12}$。在 0.1mol/L KCl 和 0.1mol/L K_2CrO_4混合溶液中，逐滴加入 $AgNO_3$溶液，问 AgCl 和 Ag_2CrO_4，哪个最先产生沉淀？

9. 用莫尔法测定生理盐水中 NaCl 含量。准确量取生理盐水 10.00mL，加入K_2CrO_4指示剂 0.5~1mL，以 0.1045mol/L $AgNO_3$标准溶液滴至砖红色，共用去 14.58mL。计算生理盐水中 NaCl 的含量（g/mL）。

模块五
习题答案

模块六

配位滴定技术

学习目标

知识目标

1. 掌握配合物的组成和命名；
2. 熟悉影响配位平衡的因素及有关计算；
3. 掌握 EDTA 的性质及与金属离子配位的特点；
4. 了解酸度对配位滴定的影响以及条件稳定常数的意义；
5. 掌握金属离子被准确滴定的条件；
6. 熟悉金属指示剂的变色原理、具备条件和常用的金属指示剂。

技能目标

1. 能用减量法熟练称量基准物质；
2. 能正确使用金属指示剂并会正确判断滴定终点；
3. 能正确制备 EDTA 标准溶液并测定样品中相关组分含量。

素质目标

1. 培养规范操作的职业习惯；
2. 培养严谨认真、实事求是的工作态度；
3. 培养安全、节约、环保、质量意识。

模块导学

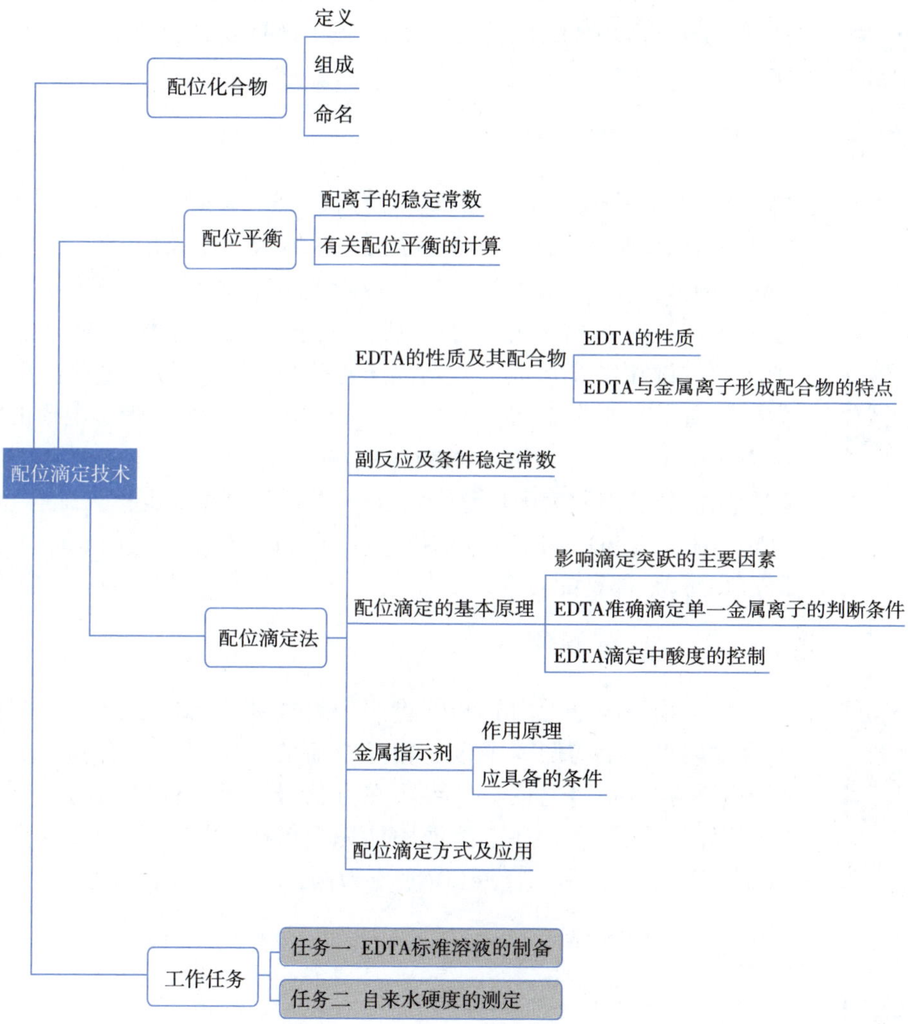
定义
组成
配位化合物
命名
配离子的稳定常数
配位平衡
有关配位平衡的计算
EDTA的性质
EDTA的性质及其配合物
EDTA与金属离子形成配合物的特点
配位滴定技术
副反应及条件稳定常数
影响滴定突跃的主要因素
配位滴定的基本原理
EDTA准确滴定单一金属离子的判断条件
配位滴定法
EDTA滴定中酸度的控制
作用原理
金属指示剂
应具备的条件
配位滴定方式及应用
任务一 EDTA标准溶液的制备
工作任务
任务二 自来水硬度的测定

知识点一

配位化合物

化学家的故事——徐光宪

配位化合物简称配合物，过去称为络合物，其原意是指复杂的化合物，是一类含有配位键、组成复杂并具有多种特性、被广泛应用的化合物。

一、 配合物的定义

配合物的定义

有一些化合物，如 $[Cu(NH_3)_4]SO_4$、$[Ag(NH_3)_2]Cl$、$[Co(NH_3)_6]Cl_2$ 等，它们在水溶液中能解离出复杂的离子，如 $[Cu(NH_3)_4]^{2+}$、$[Ag(NH_3)_2]^+$、$[Co(NH_3)_6]^{2+}$，这些离子在水中具有足够的稳定性。通常我们把这些由中心原子（或阳离子）与一定数目的分子或阴离子以配位键相结合形成的复杂离子称为配离子。带正电荷的配离子称为配阳离子，如 $[Cu(NH_3)_4]^{2+}$、$[Ag(NH_3)_2]^+$等；带负电荷的配离子称为配阴离子，如 $[HgI_4]^{2-}$和 $[Fe(NCS)_6]^{3-}$等。含有配离子的化合物和配位分子统称为配位化合物（习惯上把配离子也称为配合物），如 $[Cu(NH_3)_4]SO_4$、$K_4[Fe(CN)_6]$、$H[Cu(CN)_2]$、$[PtCl_2(NH_3)_2]$、$[Fe(CO)_5]$ 都是配合物。

二、 配合物的组成

配合物的组成

配合物一般分为内界和外界两个组成部分，中心原子和配体组成配合物内界，由与配离子带有相反电荷的离子组成配合物外界。通常把内界写在方括号之内，外界写在方括号之外。配合物的内界与外界之间以离子键结合，在水溶液中能完全解离成配离子和外界离子。以 $[Cu(NH_3)_4]SO_4$和 $K_4[Fe(CN)_6]$ 为例，其组成可表示为：

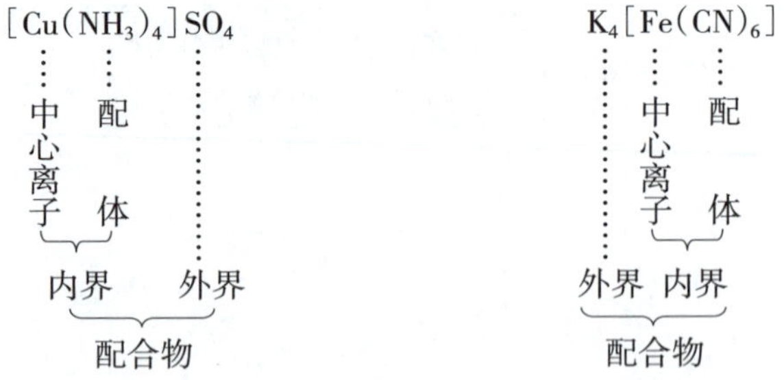

化学中的生活哲理——像配合物一样团结

1. 中心原子

中心原子（或离子）是配合物的形成体，位于配合物的中心，一般为带正电荷的金属离子或中性原子，还有极少数的阴离子。常见的中心原子（或离子）为过渡金属离子（如 Cu^{2+}、Fe^{3+}、Cr^{3+}等离子）或原子（如 $[Ni(CO)_4]$ 中的 Ni、$[Fe(CO)_5]$ 中的 Fe）。

2. 配体和配位原子

在配合物中，与中心原子以配位键结合的阴离子或中性分子称为配体，如 $[Ag(NH_3)_2]^+$、$[Ni(CO)_4]$ 和 $[SiF_6]^{2-}$中的 NH_3、CO 和 F^-都是配体。配体中直接向中心原子提供孤对电子形成配位键的原子称为配位原子，如 NH_3中的 N、CO 中的 C、F^-中的 F 等。配位原子常见的是电负性较大的非金属原子，如 N、O、C、S、F、Cl、Br、I 等。

按配体中配位原子的多少，可将配体分为单齿配体和多齿配体。只含有一个配位原子的配体称为单齿配体，如 NH_3、H_2O、CN^-、Cl^-等。含有两个或两个以上配位原子的配体称为多齿配体，如乙二胺 $H_2N—CH_2—CH_2—NH_2$（简写为 en）、草酸根 $C_2O_4^{2-}$ 和乙二胺四乙酸（简写为 EDTA），分别为二齿、二齿和六齿配体。由中心原子（离子）与多齿配体形成的具有环状结构的配合物称为螯合物，大多数螯合物具有五原子环或六原子环的稳定结构。图 6-1 是 Ca^{2+}、Fe^{3+}与 EDTA 的螯合物的结构示意图。

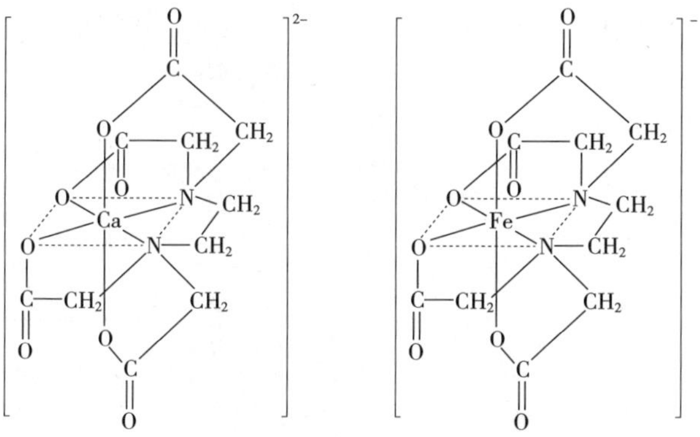

图 6-1　Ca^{2+}、Fe^{3+}与 EDTA 的螯合物结构示意图

3. 配位数

中心原子的配位数是中心原子以配位键直接结合的配位原子的总数。对于单齿配体，则中心原子的配位数与配体的数目相等，例如配离子 $[Cu(NH_3)_4]^{2+}$中 Cu^{2+}离子的配位数是 4；对于多齿配体，则中心原子的配位数等于同中心原子配位的原子的数目，即配位数 = $\sum i$（配体个数）×齿数。例如配离子 $[Cu(en)_2]^{2+}$中的配体 en 是双齿配体，1 个 en 分子中有 2 个 N 原子与 Cu^{2+}形成配位键，因此 Cu^{2+}的配位数是 4 而不是 2。配合物中，中心原子的常见配位数是 2、4 和 6。

三、 配合物的命名

配位化合物的命名遵循一般无机化合物的命名原则，命名时阴离子在前，阳离子在后，称为某化某或某酸某。

命名时按以下顺序进行：配体数目（中文数字）—配体名称（不同配体间以“·”分开）—“合”—中心离子名称—中心原子氧化数（罗马数字加括号）。

配合物的命名

如果有多种配体时，则配体命名顺序为：先无机配体后有机配体；先阴离子配体后中性分子配体。若配体均为阴离子或中性分子时，按配位原子元素符号的英文字母的顺序排列。

下面列举一些命名实例：

$K_3[Fe(CN)_6]$	六氰合铁（Ⅲ）酸钾
$[Co(NH_3)_5H_2O]Cl_3$	三氯化五氨·一水合钴（Ⅲ）
$[PtCl(NO_2)(NH_3)_4]CO_3$	碳酸一氯·一硝基·四氨合铂（Ⅵ）
$[Ni(CO)_4]$	四羰基合镍
$[Pt(NH_2)NO_2(NH_3)_2]$	氨基·硝基·二氨合铂（Ⅱ）
$K[PtCl_3NH_3]$	三氯·一氨合铂（Ⅱ）酸钾
$[Cr(OH)(C_2O_4)(H_2O)(en)]$	一羟基·一草酸根·一水·一乙二胺合铬（Ⅲ）

练一练
配位化合物

知识点二

配位平衡

一、 配离子的稳定常数

配位平衡

若将过量的氨水加入 $AgNO_3$ 溶液中，则有 $[Ag(NH_3)_2]^+$ 配离子生成，这类反应称配位反应。若向此溶液中加入 NaCl，不见有 AgCl 沉淀，似乎 Ag^+ 已完全与 NH_3 配位成 $[Ag(NH_3)_2]^+$。可是加入 KI 溶液后，却有黄色 AgI 沉淀析出，说明溶液中仍有未被配位的 Ag^+，即 $[Ag(NH_3)_2]^+$ 还可能解离出少量的 Ag^+。可见，在溶液中配位反应和解离反应同时存在，一定温度下，当配离子生成与解离的速率相等时，体系达到动态平衡，这种平衡称为配位平衡。即上述溶液中存在下列平衡：

$$Ag^+ + 2NH_3 \underset{\text{解离}}{\overset{\text{配位}}{\rightleftharpoons}} [Ag(NH_3)_2]^+$$

为了定量描述不同配离子在溶液中的解离程度，一般用配合物的稳定常数 $K^{\ominus}_{稳}$或不稳定常数 $K^{\ominus}_{不稳}$ 来表示，即

$$Ag^+ + 2NH_3 \rightleftharpoons [Ag(NH_3)_2]^+$$

$$K^{\ominus}_{稳} = \frac{[Ag(NH_3)_2^+]}{[Ag^+] \cdot [NH_3]^2} \quad (6-1)$$

$$[Ag(NH_3)_2]^+ \rightleftharpoons Ag^+ + 2NH_3$$

$$K^{\ominus}_{不稳} = \frac{[Ag^+] \cdot [NH_3]^2}{[Ag(NH_3)_2^+]} \quad (6-2)$$

可见，$K^{\ominus}_{稳}$值可以量度配离子稳定性大小，$K^{\ominus}_{稳}$值越大，配离子在水溶液中的稳定性越高；$K^{\ominus}_{不稳}$ 值用以量度配离子不稳定性大小，$K^{\ominus}_{不稳}$ 越大，配离子越易解离。

同一配离子，$K^{\ominus}_{稳}$与 $K^{\ominus}_{不稳}$ 具有倒数关系：

$$K^{\ominus}_{不稳} = \frac{1}{K^{\ominus}_{稳}} \quad (6-3)$$

实际上，配离子在水溶液中的配合（或解离）过程都是分步进行的，每一步都有对应的稳定常数，称逐级稳定常数或分步稳定常数。以上 $K^{\ominus}_{稳}$表达式表示的是总稳定常数或累积稳定常数，等于逐级稳定常数的乘积。

还必须指出，只有在相同类型的情况下，才能根据 $K^{\ominus}_{稳}$值的大小直接比较配离子的稳定性。

二、有关配位平衡的计算

1. 计算配合物溶液中有关离子的浓度

在实际工作中，一般总是加入过量的配位剂，这时金属离子将绝大部分处在最高配位数的状态，其他较低级的配离子可忽略不计。此时若只求简单金属离子的浓度，只需按总的 $K^{\ominus}_{稳}$（或 $K^{\ominus}_{不稳}$ ）进行计算，这样可使计算大为简化。

【例 6-1】 计算溶液中与 1.0×10^{-3}mol/L $[Cu(NH_3)_4]^{2+}$和 1.0mol/L NH_3处于平衡状态的游离 Cu^{2+}浓度。

解

	Cu^{2+}	+	$4NH_3$	$\rightleftharpoons$	$[Cu(NH_3)_4]^{2+}$
平衡浓度/（mol/L）	x		1.0		1.0×10^{-3}

已知 $[Cu(NH_3)_4]^{2+}$的 $K^{\ominus}_{稳} = 10^{12.59} = 3.89\times10^{12}$，将上述各项平衡浓度代入稳定常数表达式：

$$K_{稳}^{\ominus} = \frac{[Cu(NH_3)_4^{2+}]}{[Cu^{2+}][NH_3]^4}$$

$$\frac{1.0 \times 10^{-3}}{x \cdot (1.0)^4} = 3.89 \times 10^{12}$$

$$x = \frac{1.0 \times 10^{-3}}{3.89 \times 10^{12}} = 2.57 \times 10^{-16} \text{mol/L}$$

故游离 Cu^{2+}的浓度为 2.57×10^{-16}mol/L。

上例中虽然在计算 Cu^{2+}浓度时可按上式简单计算，但并非溶液中绝对不存在 $[Cu(NH_3)_3]^{2+}$、$[Cu(NH_3)_2]^{2+}$等离子，因此不可认为c（Cu^{2+}）与c（NH_3）之比是 1∶4 的关系。例题中因 NH_3过量且 $[Cu(NH_3)_4]^{2+}$的累积稳定常数 $K_{稳}^{\ominus}$很大，故忽略配离子的解离还是合理的。

2. 判断配位平衡与沉淀溶解平衡之间的转化

【例 6-2】 若在 1.00L【例 6-1】所述的溶液中加入 0.0010mol NaOH，问有无 $Cu(OH)_2$沉淀生成？若加入 0.0010mol Na_2S，有无 CuS 沉淀生成？

解 已知 $Cu(OH)_2$的 $K_{sp}^{\ominus} = 2.2 \times 10^{-20}$；CuS 的 $K_{sp}^{\ominus} = 6.3 \times 10^{-36}$

①当加入 0.0010mol NaOH 后，溶液中的 $[OH^-] = 0.0010$mol/L，该溶液中相应离子浓度幂的乘积：

$$[Cu^{2+}][OH^-]^2 = 2.57 \times 10^{-16} \times (1.0 \times 10^{-3})^2 = 2.57 \times 10^{-22}$$

$$Q < K_{sp}^{\ominus}\{Cu(OH)_2\}$$

故加入 0.0010mol NaOH 后，无 $Cu(OH)_2$沉淀生成。

②若加入 0.0010mol Na_2S 后，溶液中的 $[S^{2-}] = 0.0010$mol/L（未考虑 S^{2-}的水解），该溶液中相应离子浓度幂的乘积：

$$[Cu^{2+}][S^{2-}] = 2.57 \times 10^{-16} \times 1.0 \times 10^{-3} = 2.57 \times 10^{-19}$$

$$Q > K_{sp}^{\ominus}(CuS)$$

练一练
配位平衡

故加入 0.0010mol Na_2S 后，有 CuS 沉淀产生。

知识点三

配位滴定法

配位滴定法是以配位反应为基础的滴定分析方法，可作为滴定金属离子含量的分析方法。

在与金属离子配合的各种配位剂中，氨羧配位剂是一类十分重要的化合物，目前配位滴定中最重要、应用最广的氨羧配位剂是乙二胺四乙酸（EDTA）。

一、 EDTA 的性质及其配合物

1. EDTA

乙二胺四乙酸为四元弱酸，常用 H_4Y 表示。乙二胺四乙酸两个羧基上的 H^+ 常转移到 N 原子上，形成双偶极离子：

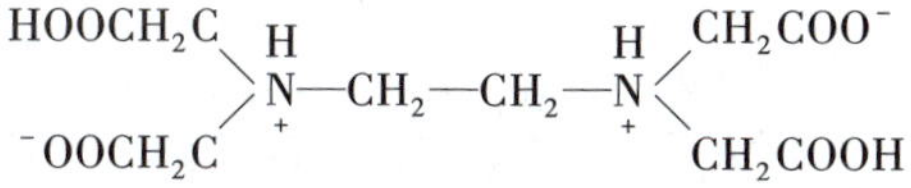

EDTA及其与金属离子的配合物

由于乙二胺四乙酸在水中的溶解度很小（室温下，每 100mL 水中只能溶解 0.02g），故常用它的二钠盐（$Na_2H_2Y \cdot 2H_2O$，一般也称 EDTA）。它的溶解度较大（室温下，每 100mL 水中能溶解 11.2g），饱和溶液的浓度约为 0.3mol/L。

在酸度很高的溶液中，EDTA 的两个羧基负离子可再接受两个 H^+，形成H_6Y^{2+}，这时，EDTA 就相当于一个六元酸。在水溶液中，EDTA 有六级解离平衡，任何水溶液中，EDTA 总是以 H_6Y^{2+}、H_5Y^+、H_4Y、H_3Y^-、H_2Y^{2-}、HY^{3-}、Y^{4-} 7 种形式存在，其中能与金属离子配位的只有 Y^{4-}。各种存在形式的分布系数与溶液 pH 的关系如图 6-2 所示。

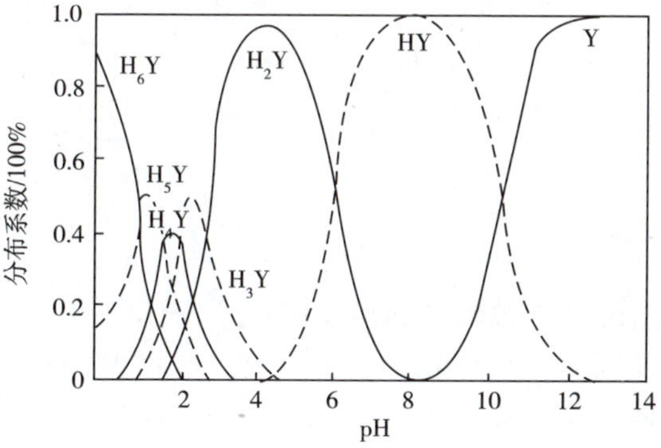

图 6-2　EDTA 溶液中各种存在形式在不同 pH 时的分配情况

由图 6-2 可知，在 $pH<0.9$ 的强酸性溶液中，EDTA 主要以 H_6Y^{2+} 的形式存在；在 pH = 0.9~1.6 的溶液中，EDTA 主要以 H_5Y^+的形式存在；在 pH =1.6~2.0 的溶液中 EDTA 主要以 H_4Y 的形式存在；在 pH = 2.0~2.67 的溶液中，EDTA 的主要存在形式是 H_3Y^-；在 pH = 2.67~6.16 的溶液中，EDTA 的主要存在形式是H_2Y^{2-}；在 pH 很大

化学家的故事——徐寿

（≥12）的碱性溶液中，EDTA 才几乎完全以 Y^{4-} 的形式存在。

2. EDTA 与金属离子的配合物

EDTA 是一个六齿配位剂，具有很强的配位能力，几乎能与所有的金属离子形成配位比为 1∶1 的稳定螯合物。一般配位反应进行得很快，形成的螯合物大多带有电荷，因此能在水溶液中进行。

由于金属离子与 EDTA 形成 1∶1 的螯合物，为了方便，常忽略离子所带的电荷，可把反应方程式简写为：

$$M + Y \rightleftharpoons MY$$

其稳定常数为：

$$K^{\ominus}_{稳} = \frac{[MY]}{[M][Y^{4-}]} = \frac{[MY]}{[M][Y]} \tag{6-4}$$

螯合物的稳定性主要决定于金属离子和配体的性质。在一定的条件下，每一个螯合物都有其特有的稳定常数。一些常见金属离子与 EDTA 形成的螯合物的稳定常数如表 6-1 所示。

表 6-1　常见金属离子与 EDTA 形成的螯合物的稳定常数

阳离子	lg $K^{\ominus}_{MY}$	阳离子	lg $K^{\ominus}_{MY}$	阳离子	lg $K^{\ominus}_{MY}$	阳离子	lg $K^{\ominus}_{MY}$
Na^{+}	1.66	Ca^{2+}	10.69	Zn^{2+}	16.50	Th^{4+}	23.20
Li^{+}	2.79	Mn^{2+}	14.04	Pb^{2+}	18.04	Cr^{3+}	23.40
Ag^{+}	7.32	Fe^{2+}	14.33	Ni^{2+}	18.67	Fe^{3+}	25.10
Ba^{2+}	7.76	Ce^{3+}	15.98	Cu^{2+}	18.80	V^{3+}	25.90
Sr^{2+}	8.73	Al^{3+}	16.11	Hg^{2+}	21.80	Bi^{3+}	27.94
Mg^{2+}	8.69	Co^{2+}	16.31	Y^{3+}	23.00	Co^{3+}	36.00

二、副反应及条件稳定常数

在 EDTA 滴定中，被测金属离子 M 与 Y 配位，生成配合物 MY，这是主反应。与此同时，反应物 M、Y 及反应产物 MY 也可能与溶液中的其他组分发生各种副反应：

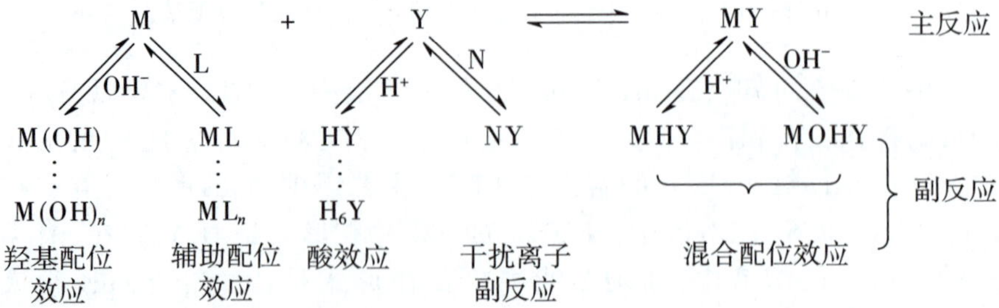

这些副反应的发生都将影响主反应进行的程度，从而影响到 MY 的稳定性。反应物 M、Y 的副反应将不利于主反应的进行，而反应产物 MY 的副反应则有利于主反应。当各种副反应同时发生时，考虑到混合配合物大多不太稳定，可以忽略不计。下面着重讨论酸效应。

化学中的生活哲理——主反应与副反应

由于 H^+ 与 Y^{4-} 之间发生副反应，就使 EDTA 参加主反应的能力下降，这种现象称为酸效应。酸效应的大小用酸效应系数 $\alpha_{Y(H)}$ 来衡量。酸效应系数表示 EDTA 的各种存在形式的总浓度与能参加配位反应的 Y^{4-} 的平衡浓度之比：

$$\alpha_{Y(H)} = \frac{[Y]_{总}}{[Y^{4-}]}$$

在实际工作中，使用 $\lg\alpha_{Y(H)}$ 较方便，由于酸效应系数只与 pH 有关，故 EDTA 在不同 pH 下的酸效应系数 $\alpha_{Y(H)}$ 可直接查表，如表 6-2 所示。

表 6-2　　EDTA 在不同 pH 时的 $\lg\alpha_{Y(H)}$

pH	$\lg\alpha_{Y(H)}$	pH	$\lg\alpha_{Y(H)}$	pH	$\lg\alpha_{Y(H)}$	pH	$\lg\alpha_{Y(H)}$	pH	$\lg\alpha_{Y(H)}$
0.0	23.64	2.0	13.51	4.0	8.44	6.0	4.65	8.5	1.77
0.4	21.32	2.4	12.19	4.4	7.64	6.4	4.06	9.0	1.29
0.8	19.08	2.8	11.09	4.8	6.84	6.8	3.55	9.5	0.83
1.0	18.01	3.0	10.60	5.0	6.45	7.0	3.32	10.0	0.45
1.4	16.02	3.4	9.70	5.4	5.69	7.5	2.78	11.0	0.07
1.8	14.27	3.8	8.85	5.8	4.98	8.0	2.26	12.0	0.01

从表 6-2 可以看出，多数情况下 $\alpha_{Y(H)}$ 不等于 1，$[Y]_{总}$ 不等于 $[Y^{4-}]$。而前面的式（6-4）中的稳定常数 $K^{\ominus}_{MY}$ 是 $[Y]_{总} = [Y^{4-}]$ 时的稳定常数，故不能在 pH 小于 12 时应用。因为：

$$[Y^{4-}] = \frac{[Y]_{总}}{\alpha_{Y(H)}}$$

将上式代入式（6-4），有：

$$K^{\ominus}_{MY} = \frac{[MY]}{[M][Y^{4-}]} = \frac{[MY] \cdot \alpha_{Y(H)}}{[M][Y]_{总}}$$

整理后得：

$$\frac{[MY]}{[M][Y]_{总}} = \frac{K^{\ominus}_{MY}}{\alpha_{Y(H)}} = K^{\ominus'}_{MY} \qquad (6-5)$$

式中 $K^{\ominus'}_{MY}$ 是考虑了酸效应后 MY 配合物的稳定常数，称为条件稳定常数。条件稳定常数的大小可以说明在溶液酸度影响下配合物 MY 的实际稳定程度。

式（6-5）在实际应用中常以对数形式表示，即

$$\lg K_{MY}^{\ominus}{}' = \lg K_{MY}^{\ominus} - \lg\alpha_{Y(H)} \tag{6-6}$$

【例 6-3】 计算 pH=2.0 和 pH=5.0 时的 $\lg K_{ZnY}^{\ominus\prime}$ 值。

解　查表 6-1，知 $\lg K_{ZnY}^{\ominus} = 16.50$

①查表 6-2，pH = 2.0 时，$\lg\alpha_{Y(H)} = 13.51$，由式（6-6）得：

$$\lg K_{MY}^{\ominus\prime} = \lg K_{MY}^{\ominus} - \lg\alpha_{Y(H)} = 16.50 - 13.51 = 2.99$$

②查表 6-2，pH = 5.0 时，$\lg\alpha_{Y(H)} = 6.45$，由式（6-6）得：

$$\lg K_{MY}^{\ominus\prime} = \lg K_{MY}^{\ominus} - \lg\alpha_{Y(H)} = 16.50 - 6.45 = 10.05$$

以上计算结果说明，若在 pH = 5.0 时滴定 Zn^{2+}，$\lg K_{ZnY}^{\ominus\prime} = 10.05$，ZnY 很稳定，配位反应可以进行的很完全。而在 pH=2.0 时滴定 Zn^{2+}，$\lg K_{ZnY}^{\ominus\prime} = 2.99$，由于副反应严重，ZnY 很不稳定，配位反应进行不完全。

三、配位滴定的基本原理

1. 影响滴定突跃的主要因素

配位滴定的基本原理

本节主要讨论以 EDTA 为配位剂的配位滴定法。在 EDTA 配位滴定中，随着滴定剂 EDTA 的加入，溶液中被滴定金属离子的浓度不断减少，在化学计量点附近，被滴金属离子浓度的负对数 pM（pM = -lg［M］）将发生突变。以滴定剂 EDTA 加入的体积 V 为横坐标，pM 为纵坐标，作 $pM-V_{EDTA}$ 图，即可以得到配位滴定的滴定曲线。

下面以 pH=12.0，用 0.01000mol/L EDTA 标准溶液滴定 20.00mL 0.01000mol/L 的 Ca^{2+} 溶液为例说明滴定过程中 pCa 的变化。所得的数据如表 6-3 所示。

表 6-3　pH=12.0 时用 0.01000mol/L EDTA 标准溶液滴定 20.00mL0.01000mol/L 的 Ca^{2+} 溶液过程的 pCa 值

加入 EDTA 的量		Ca^{2+} 被配位的%	过量 EDTA 的%	pCa
mL	%			
0.00	0			2.0
18.00	90.0	90.0		3.3
19.80	99.0	99.0		4.3
19.98	99.9	99.9		5.3
20.00	100.0	100.0	（化学计量点）	6.5
20.02	100.1		0.1	7.7

续表

加入 EDTA 的量		Ca^{2+}被配位的%	过量 EDTA 的%	pCa
mL	%			
20.20	101.0		1.0	8.7
40.00	200.0		100.0	10.5

以 pCa 对 EDTA 的加入量作图即可得到 pH = 12.0 时的滴定曲线，如图 6-3 所示。

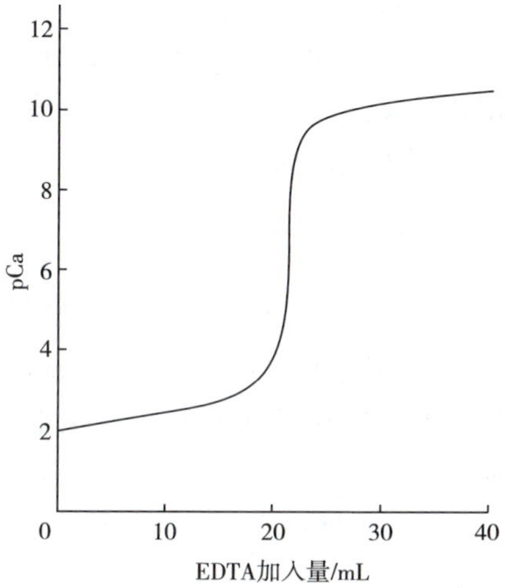

图 6-3　pH = 12.0 时 0.01000mol/L EDTA 滴定 20.00mL 0.01000mol/L Ca^{2+}的滴定曲线

如图 6-3 可见滴定的突跃范围为 5.3～7.7，同理也可做其他 pH 时的滴定曲线。

用 EDTA 滴定某一金属离子时滴定突跃范围的大小与溶液酸度有关。在一定酸度范围内，酸度越低，稳定常数就越大，配合物越稳定，突跃范围就越大；反之，酸度越高，突跃范围越小。由此可见，在配位滴定中，选择并控制溶液的酸度具有很重要的作用。在滴定的适宜酸度范围内，酸度适当低一点，突跃范围适当大一些，将有利于提高滴定的准确性。此外，滴定突跃范围大小还与辅助配位剂的存在等因素有关。

2. EDTA 准确滴定单一金属离子的判断条件

在配位滴定中，若滴定误差不超过 0.1%，则可认为金属离子已被定量滴定。理论和实践均已证明，用配位滴定法准确滴定单一金属离子的条件是：被定量滴定的金属离子的初始浓度 c_M 与其配合物的条件稳定常数的乘积大于或等于 10^6，即：

$$c_M \cdot K_{MY}^{\ominus'} \geq 10^6 \qquad 或 \qquad \lg c_M + \lg K_{MY}^{\ominus'} \geq 6 \tag{6-7}$$

3. EDTA 滴定中酸度的控制

配位滴定中，在只考虑酸效应的情况下，若 $c_M = 0.01\text{mol/L}$，则式（6-7）可以改写成

$$\lg K_{MY}^{\ominus'} = \lg K_{MY}^{\ominus} - \lg\alpha_{Y(H)} \geq 8$$

$$\lg\alpha_{Y(H)} \leq \lg K_{MY}^{\ominus} - 8 \tag{6-8}$$

由上式可求出各种离子能被准确滴定的最大 $\lg\alpha_{Y(H)}$，然后查表可得各种金属离子能被 EDTA 定量滴定的最高酸度或最低 pH。pH 越大，$\lg K_{MY}^{\ominus'}$ 越大，对准确滴定越有利。但是随着 pH 的增大，金属离子可能会发生水解，反而不能准确滴定或者根本无法滴定。因此，准确滴定单一金属离子的最高 pH，可根据氢氧化物的沉淀溶解平衡计算。

【例 6-4】求 0.020mol/L EDTA 标准溶液滴定 0.020mol/L Cu^{2+}溶液的适宜酸度范围。

解 （1）求滴定 Cu^{2+}的最高允许酸度

化学计量点时，由于溶液体积增加一倍，则 $c_{Cu^{2+}}=0.010$mol/L

金属离子被准确滴定的条件是

$$\lg K_{MY}^{\ominus'}=\lg K_{MY}^{\ominus}-\lg\alpha_{Y(H)}\geqslant 8$$

所以
$$\lg\alpha_{Y(H)}\leqslant\lg K_{MY}^{\ominus}-8=18.8-8=10.8$$

$\lg\alpha_{Y(H)}=10.8$ 时，pH=2.9，即为滴定 Cu^{2+}的最高酸度或最低 pH。

（2）求滴定 Cu^{2+}的最低允许酸度

最低允许酸度即为 Cu^{2+}不发生水解时的 pH，根据金属离子开始生成氢氧化物沉淀时的 pH 求得。

$$[Cu^{2+}][OH^-]^2=K_{sp}^{\ominus}[Cu(OH)_2]=2.2\times10^{-20}$$

$$[OH^-]=\sqrt{\frac{2.2\times10^{-20}}{0.02}}=1.0\times10^{-9}\text{mol/L}$$

$$pH=5.0$$

所以，适合酸度范围 pH 为 2.9~5.0。

利用上述方法，可以近似计算滴定各种金属离子的最低 pH，将计算结果得到的 $\lg K_{MY}^{\ominus}$ 值和相应的 pH 作图，然后绘出 EDTA 滴定一些金属离子的酸效应曲线，如图 6-4 所示。

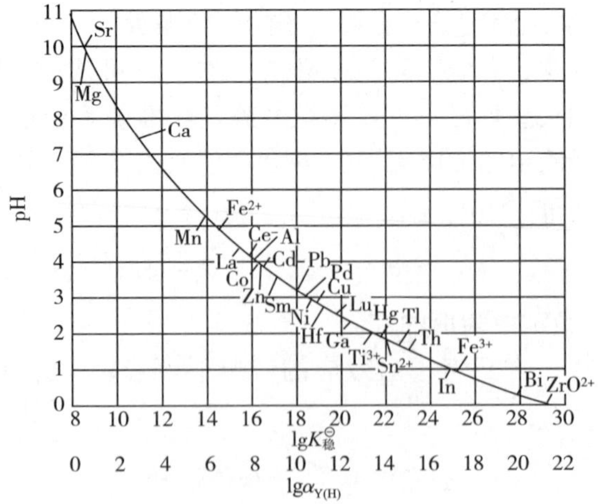

图 6-4 酸效应曲线

由酸效应曲线可以迅速查出各离子被滴定时的最低 pH；其次可以看出利用控制酸度的方法，有可能在同一溶液中连续滴定（测定）几种离子；最后可以看出在某 pH 范围内滴定某种离子时，哪些离子有干扰。

四、 金属指示剂

在配位滴定中，通常使用能与金属离子生成有色配合物的显色剂来指示终点，这类显色剂称为金属离子显色剂，简称金属指示剂。

1. 金属指示剂的作用原理

在滴定前加入金属指示剂（用 In 表示金属指示剂的配位基团），则 In 与待测金属离子 M 有如下反应（省略电荷）：

$$\underset{}{M} + \underset{\text{甲色}}{In} \rightleftharpoons \underset{\text{乙色}}{MIn}$$

金属指示剂

这时溶液呈 MIn（乙色）的颜色。当滴入 EDTA 溶液后，Y 先与游离的 M 结合，至化学计量点附近，Y 夺取 MIn 中的 M：

$$\underset{\text{乙色}}{MIn} + Y \rightleftharpoons MY + \underset{\text{甲色}}{In}$$

使指示剂 In 游离出来，溶液由乙色变为甲色，指示滴定终点的到达。

2. 金属指示剂应具备的条件

金属指示剂大多是水溶性的有机染料，它必须具备以下条件：

（1）金属指示剂配合物 MIn 与指示剂 In 的颜色应有显著不同，终点颜色变化明显。

（2）MIn 配合物的稳定性要适当，既要有足够的稳定性，又要比配合物 MY 的稳定性略低，否则 EDTA 不能夺取 MIn 中的 M，终点推迟，甚至不变色。但如果配合物 MIn 的稳定性太低，当浓度较小而还未达终点时，In 就从 MIn 中解离出来，使终点提前，变色不敏锐。

化学中的生活哲理——由金属指示剂想到的

（3）MIn 配合物应易溶于水，且金属指示剂的化学性质稳定，配位反应要灵敏、迅速，有良好的变色可逆性。

表 6-4 列出了常用的金属指示剂及应用范围。

表 6-4　　常用金属指示剂

指示剂	使用 pH 范围	颜色变化		直接滴定离子	指示剂配制	注意事项
		In	MIn			
铬黑 T (Eriochrome Black T)	8~10	蓝	酒红	pH10：Mg^{2+}、Zn^{2+}、Cd^{2+}、Pb^{2+}、Mn^{2+}、稀土	1：100 NaCl（固体）	Fe^{3+}、Al^{3+} 等有封闭

续表

指示剂	使用pH范围	颜色变化		直接滴定离子	指示剂配制	注意事项
		In	MIn			
二甲酚橙（Xylenol Orange）	<6	亮黄	红	pH<1：ZrO^{2+} pH1~3：Bi^{3+}、Th^{4+} pH5~6：Zn^{2+}、Pb^{2+}、Cd^{2+}、Hg^{2+}、稀土	0.5%水溶液	Fe^{3+}、Al^{3+}等有封闭
PAN	2~12	黄	紫红	pH2~3：Bi^{3+}、Th^{4+} pH4~5：Cu^{2+}、Ni^{2+}	0.1%乙醇溶液	
酸性铬蓝K（Acid Chrome Blue K）	8~13	蓝	红	pH10：Mg^{2+}、Zn^{2+} pH13：Ca^{2+}	1∶100 NaCl（固体）	
磺基水杨酸（ssal）	1.5~2.5	无色	紫红	pH1.5~3：Fe^{3+}（加热）	5%水溶液	ssal本身无色，FeY^-呈黄色

五、配位滴定方式及应用

配位滴定可以采用直接滴定、返滴定、置换滴定和间接滴定等方式进行。改变滴定方式，在一些情况下还能提高配位滴定的选择性。

配位滴定方式及应用

1. 直接滴定法

用EDTA标准溶液直接滴定被测离子的方法称为直接滴定法。它方便快速，引入误差较少，所以只要满足与EDTA形成稳定的配合物、反应速率快，并且有变色敏锐的指示剂等条件，应尽可能采用直接滴定法。例如，在pH≈10时，滴定Pb^{2+}，可先在酸性试液中加入酒石酸盐与Pb^{2+}配位，再调节溶液的pH为10左右，然后进行滴定，这样就防止了Pb^{2+}的水解。

2. 返滴定法

若被测离子与滴定剂反应缓慢、被测离子在选定的滴定条件下发生水解等副反应，或无合适指示剂、被测离子对指示剂有封闭作用时，可采用返滴定法。即在被测离子的溶液中加入过量的EDTA标准溶液，使待测离子配位反应完全后，再用另一金属离子的标准溶液滴定过量的EDTA标准溶液，根据两种标准溶液的浓度和用量，可求出被测离子的含量。

如铝的测定常采用返滴定法。先加入一定量过量的EDTA标准溶液，在pH≈3.5时，煮沸溶液，反应完全后，调节溶液pH至5~6，加入二甲酚橙，即可用标准Zn^{2+}溶液进行返滴定，终点颜色由亮黄→红。

3. 置换滴定法

置换滴定方式比较灵活，可用一种配位剂置换被测离子与EDTA配合物中的EDTA，然后用其他金属离子的标准溶液滴定释放出来的EDTA，如 Ag^{+} 与EDTA的配合物不稳定，不能用EDTA直接滴定，但将 Ag^{+} 加入到 $[Ni(CN)_4]^{2-}$ 溶液中，则在pH = 10的氨性溶液中，以紫脲酸铵作指示剂，用EDTA滴定置换出来的 Ni^{2+}，即可求得 Ag^{+} 的含量。或者用被测离子将另一金属离子配合物中的金属离子置换出来，然后用EDTA标准溶液滴定。如测定白合金中的Sn时，可于试液中加入过量的EDTA，将可能存在的 Pb^{2+}、Zn^{2+}、Cd^{2+}、Bi^{3+} 等与 Sn^{4+} 一起形成配合物。用 Zn^{2+} 标准溶液滴定，除去过量的EDTA，加入 NH_4F，选择性地将SnY中的EDTA释放出来，再用 Zn^{2+} 标准溶液滴定释放出来的EDTA，即可求得 Sn^{4+} 含量。

4. 间接滴定法

对于不能与滴定剂（配位剂）形成稳定配合物的离子，可以采用间接滴定法测定。即当滴定不能与EDTA形成稳定配合物的离子时，先加入过量的能与EDTA形成稳定配合物的金属离子作沉淀剂，使待测离子沉淀完全，过量的沉淀剂用EDTA滴定。或将沉淀分离、溶解后，再用EDTA滴定其中的金属离子。例如 PO_4^{3-} 的测定，在一定条件下，可将 PO_4^{3-} 沉淀为 $MgNH_4PO_4$，然后过滤，将沉淀溶解，调节溶液的pH = 10，用铬黑T作指示剂，以EDTA标准溶液来滴定溶液中的 Mg^{2+}，由镁的含量间接计算出磷的含量。

练一练
配位滴定法

工作任务

任务一　EDTA标准溶液的制备

任务要求

1. 能正确配制EDTA溶液。
2. 能用氧化锌作基准物质标定EDTA溶液。
3. 能正确使用铬黑T等金属指示剂。
4. 培养学对立统一的辩证唯物主义观点。
5. 培养精益求精、求真务实、敢于质疑的职业精神。

任务描述

1. 0.01mol/L EDTA 溶液的配制。
2. EDTA 溶液的标定。

任务实施

一、仪器试剂准备

1. 仪器

电子天平（精度分别为 0.1g 和 0.0001g）、称量瓶、聚四氟乙烯旋塞滴定管、容量瓶、25mL 移液管、锥形瓶、烧杯、量筒、玻璃棒、表面皿、试剂瓶。

2. 试剂

乙二胺四乙酸二钠（$Na_2H_2Y \cdot 2H_2O$）、基准试剂氧化锌（900℃灼烧至恒重）、铬黑 T 指示剂（称取 1.0g 铬黑 T，与 100g NaCl 一起研细混匀，临用前配制）、HCl（1+1）、pH = 10 的 $NH_3 \cdot H_2O-NH_4Cl$ 缓冲溶液（称取 5.4g 固体 NH_4Cl，加水 20mL，加浓氨水 35mL，溶解后用水稀释至 100mL）、40%氨水（量取 40mL 氨水，加水稀释至 100mL）。

二、操作步骤

操作视频——EDTA标准溶液的制备

序号	步骤	操作方法	操作提示
1	0.01mol/L EDTA 溶液的配制	称取乙二胺四乙酸二钠（$Na_2H_2Y \cdot 2H_2O$）2g，加入 200mL 蒸馏水，加热使之溶解，冷却后转入试剂瓶中，加水稀释至 500mL，充分摇匀待标定。此溶液的浓度约为 0.01mol/L	（1）$Na_2H_2Y \cdot 2H_2O$ 在水中溶解较慢，可加热使溶解或放置过夜。 （2）配制好的溶液保存在聚乙烯瓶或硬质玻璃瓶中，普通玻璃瓶中的 Ca^{2+}、Mg^{2+} 会和 EDTA 反应而影响 EDTA 溶液的稳定性
2	Zn^{2+} 标准溶液的配制	准确称取约 0.2g 基准试剂氧化锌于 250mL 烧杯中，盖上表面皿。从烧杯嘴处滴加 3mL HCl 溶液（1+1），放置至 ZnO 全部溶解后，定量转移到 250mL 容量瓶中，用水稀释至刻度，摇匀	基准物氧化锌溶解要完全，且要全部转移至容量瓶中

续表

序号	步骤	操作方法	操作提示
3	EDTA溶液浓度的标定	准确吸取25.00mL锌标准溶液于250mL锥形瓶中，加入70mL水，用40%氨水中和至pH为7～8，再加10mL$NH_3 \cdot H_2O-NH_4Cl$缓冲液（pH=10），加入少许铬黑T指示剂，用配好的EDTA溶液滴定至溶液由酒红色变为纯蓝色，记下所消耗的EDTA溶液的体积。平行测定3次	（1）滴加氨水调整溶液酸度时要逐滴加入，同时还要边滴加边摇动锥形瓶，防止滴加过量，以刚出现浑浊为宜。 （2）滴定前加入指示剂后立即滴定。不要三份同时加入指示剂后再一份一份滴定，这样会因指示剂在水溶液中不稳定而造成颜色变化不正常。 （3）指示剂用量对滴定终点判断影响很大，一定要少量。 （4）配位反应的速度较慢，所以EDTA的滴定速度不能太快，保证其充分反应。接近终点时应充分摇动，注意控制滴定终点
4	EDTA标准溶液浓度的计算	根据称取的ZnO质量和耗用的EDTA溶液的体积，计算EDTA标准溶液的准确浓度	$c_{EDTA}=\dfrac{m_{ZnO}\times\dfrac{25.00}{250.0}}{M_{ZnO}\cdot V_{EDTA}}$

三、数据处理

项目	1	2	3
倾倒前ZnO+称量瓶质量/g			
倾倒后ZnO +称量瓶质量/g			
ZnO质量/g			
移取Zn^{2+}标准溶液的体积/mL	25.00	25.00	25.00
EDTA溶液初读数/mL			

续表

项目	1	2	3
EDTA 溶液终读数/mL			
V_{EDTA} /mL			
c_{EDTA} /（mol/L）			
$\overline{c_{EDTA}}$ /（mol/L）			
相对偏差/%			
相对平均偏差/%			

四、 考核标准

考核项目	考核内容	分值	得分
EDTA 溶液的配制	计算与称量	3	
	试样加热溶解	2	
	加水稀释，转移至试剂瓶	2	
基准试剂氧化锌的称量	天平准备（水平、清扫、预热、调零）	3	
	称量瓶放于秤盘中央	2	
	敲样正确	3	
	试样无撒落	1	
	敲样次数不超过 3 次	1	
	称量质量符合要求	2	
	称量记录正确	2	
	操作规范熟练	2	
	天平用后整理	2	
Zn^{2+} 标准溶液的配制	滴加盐酸正确	2	
	氧化锌溶解完全	5	
	溶液转移	2	
	加水定容	2	
	平视刻度线	2	
	摇匀	2	
Zn^{2+} 标准溶液的移取	移液管的洗涤与润洗	5	
	移液操作	5	

续表

考核项目	考核内容	分值	得分
EDTA 溶液的标定	滴定管的试漏、洗涤、润洗	3	
	装液、排气	5	
	调零	2	
	滴定前管尖残液处理	2	
	试液 pH 的调节	5	
	滴定操作	3	
	终点颜色判断	3	
	读数时滴定管垂直，视线水平	1	
	读数正确	1	
数据记录及处理	数据记录及时、真实、正确、整洁	3	
	有效数字正确	2	
	公式正确	2	
	计算正确	3	
	精密度符合要求	3	
职业素质	穿实验服、文明操作、无仪器损坏	2	
	注重细节、精益求精	3	
	严谨客观、实事求是	3	
	注重质量、规范、环保、节约	2	
	实验结束物品归位，台面整洁	2	

任务二　自来水硬度的测定

任务要求

1. 进一步学习用 $CaCO_3$ 标定 EDTA。
2. 能用 EDTA 测定水样的硬度。
3. 能正确使用铬黑 T 等金属指示剂。
4. 坚定大国自信，培养责任意识。
5. 培养严谨认真、精益求精、追求完美的工匠精神。

任务描述

1. 水样总硬度的测定。

农村饮水安全工程让农民喝上放心水

2. 水样中钙硬度的测定。

3. 分别计算总硬度、钙硬度和镁硬度含量。

任务实施

一、仪器试剂准备

1. 仪器

聚四氟乙烯旋塞滴定管、锥形瓶、50mL 移液管、烧杯、量筒。

2. 试剂

自来水硬度的测定

EDTA 标准溶液（0.01mol/L）、NaOH 溶液（10%）、NH_3-NH_4Cl 缓冲溶液（pH=10）、铬黑 T（称取 1.0g 铬黑 T，与 100g NaCl 一起研细混匀，临用前配制）、钙指示剂（称取 1.0g 钙指示剂，与 100g NaCl 一起研细混匀）、水样。

二、操作步骤

序号	步骤	操作方法	操作提示
1	总硬度测定	准确移取 50.00mL 水样于 250mL 锥形瓶中，加入 5mL 氨缓冲溶液，加入少许铬黑 T 指示剂，用 EDTA 标准溶液滴定，并充分摇匀，滴至溶液由酒红色变为纯蓝色即为终点，记录所耗 EDTA 的体积 V_1。平行测定 3 次	（1）根据水的硬度不同，适当增加或减少水样的取样量。 （2）水样中加入缓冲溶液后，应立即滴定，防止生成沉淀。 （3）当水样中 Mg^{2+} 含量较低时，铬黑 T 指示剂终点变色不够敏锐，可加入一定量的 Mg-EDTA 混合液以增加溶液中 Mg^{2+} 含量，使终点变色敏锐
2	钙硬度测定	准确移取 50.00mL 水样于 250mL 锥形瓶中，加入 10% NaOH 溶液 5mL。加钙指示剂约 0.01g，用 EDTA 标准溶液滴定至溶液由酒红色变为纯蓝色即为终点，记录所消耗 EDTA 的体积 V_2。平行测定 3 次	分析钙硬度和总硬度所取水样体积必须一致，所用 EDTA 标准溶液的浓度必须相同
3	水的硬度计算	分别计算水的总硬度、钙硬度和镁硬度含量	$\rho_{CaCO_3}(mg/L)=\frac{c_{EDTA}\cdot V_1\cdot M_{CaCO_3}}{V_{水样}}\times 1000$ $\rho_{Ca}(mg/L)=\frac{c_{EDTA}\cdot V_2\cdot M_{Ca}}{V_{水样}}\times 1000$ $\rho_{Mg}(mg/L)=\frac{c_{EDTA}\cdot (V_1-V_2)\cdot M_{Mg}}{V_{水样}}\times 1000$

三、 数据处理

1. 自来水总硬度测定

项目	1	2	3
自来水样体积 $V_{水样}$/mL			
c_{EDFA}/(mol/L)			
EDTA 溶液初读数/mL			
EDTA 溶液终读数/mL			
V_1/mL			
ρ_{CaCO_3}/(mg/L)			
$\overline{\rho_{CaCO_3}}$/(mg/L)			
相对偏差/%			
相对平均偏差/%			

2. 自来水中 Ca^{2+} 和 Mg^{2+} 含量测定

项目	1	2	3
自来水样体积 $V_{水样}$/mL			
EDTA 溶液初读数/mL			
EDTA 溶液终读数/mL			
V_2/mL			
ρ_{Ca}/(mg/L)			
$\overline{\rho_{Ca}}$/(mg/L)			
相对偏差/%			
相对平均偏差/%			
ρ_{Mg}/(mg/L)			

四、 考核标准

考核项目	考核内容	分值	得分
移取水样	移液管的洗涤及润洗	3	
	取样量适宜	3	
	准确移取试样	5	
	放出水样	3	

续表

考核项目	考核内容	分值	得分
水样处理	调节 pH	3	
	选择指示剂	3	
	指示剂用量	3	
水的硬度测定	滴定管的试漏、洗涤、润洗	3	
	装液、排气	5	
	调零	3	
	滴定前管尖残液处理	3	
	滴定操作	5	
	终点颜色判断	5	
	终点后滴定管尖无悬挂液、无气泡	5	
	滴定管读数前静置 1~2min	3	
	读数时滴定管垂直，视线水平	3	
	读数正确	3	
数据记录及处理	数据记录及时、真实、正确、整洁	5	
	有效数字位数合理	5	
	公式正确	5	
	计算正确	5	
	精密度符合要求	5	
职业素质	穿实验服、文明操作、无仪器损坏	4	
	注重细节、精益求精	3	
	严谨客观、实事求是	2	
	注重质量、规范、环保、节约	3	
	实验结束物品归位，台面整洁	2	

习　题

一、简答题

1. 写出下列配合物的化学式。

（1）二硫代硫酸合银（Ⅰ）酸钠

（2）硫酸一氯・一氨・二乙二胺合铬（Ⅲ）

(3) 二氯二羟基·二氨合铂(Ⅳ)

(4) 氯化二氯·三氨·一水合钴(Ⅲ)

(5) 三硝基·三氨合钴(Ⅲ)

(6) 二氯·一草酸根·一乙二胺合铁(Ⅲ)离子

2. EDTA与金属离子的配合物有哪些特点?

3. 金属指示剂的作用原理如何?它应具备哪些条件?

4. 向 $[Cu(NH_3)_4]SO_4$ 溶液中分别加入少量下列物质,问下列平衡怎样移动?

$$[Cu(NH_3)_4]^{2+} \rightleftharpoons Cu^{2+} + 4NH_3$$

(1) 硝酸　(2) 氨水　(3) K_2S 溶液　(4) NaOH 溶液

二、计算题

1. 将0.50mol/L氨水加入0.50mL 0.20mol/L的 $AgNO_3$ 溶液中,计算平衡时溶液中 Ag^+、$[Ag(NH_3)_2]^+$、NH_3 及 H^+ 的浓度。

2. 计算AgBr在1.00mol/L $Na_2S_2O_3$ 中的溶解度。在500mL 1.00mol/L $Na_2S_2O_3$ 溶液中可溶解多少克AgBr?

3. 在1L 1.0mol/L的氨水中加入0.01mol固体 $CuSO_4$,计算:

(1) 溶液中 Cu^{2+} 浓度;

(2) 若在此溶液中加入0.01mol固体NaOH,有无 $Cu(OH)_2$ 沉淀生成?

(3) 若加入0.01mol固体 Na_2S,有无CuS沉淀生成(忽略体积变化)?

4. 用配位滴定法测定氯化锌的含量。称取0.2500g试样,溶于水后,在pH = 5~6时,用二甲酚橙作指示剂,用0.01024mol/L EDTA标准溶液滴定,用去17.61mL。计算试样中 $ZnCl_2$ 的质量分数。

5. 称取含钙的样品0.2000g,溶解后移入100mL容量瓶中,稀释至刻度。吸取25.00mL,以钙指示剂指示终点,于pH=12的情况下,用0.02000mol/L EDTA溶液滴定,消耗19.86mL。计算样品中钙的含量(以CaO的质量分数计)。

6. 用0.01060mol/L EDTA标准溶液滴定水中的钙和镁含量。准确移取100.0mL水样,以铬黑T为指示剂,在pH=10时滴定,消耗EDTA溶液31.30mL;另取一份100.0mL水样,加NaOH溶液使呈强碱性,用钙指示剂指示终点,消耗EDTA溶液19.20mL,计算水中钙和镁的含量(以CaO mg/L和 $MgCO_3$ mg/L表示)。

模块六
习题答案

模块七

有机化学基础

学习目标

知识目标

1. 熟悉有机化合物的分类方法及分类情况；
2. 了解有机化合物的同分异构现象；
3. 掌握烃及其烃的衍生物的命名规律；
4. 掌握烃及其烃的衍生物的物理性质及重要化学反应。

技能目标

1. 能正确进行蒸馏、萃取、热过滤和抽滤等操作；
2. 能规范使用分液漏斗，能用萃取法分离液体混合物；
3. 能正确安装和拆卸蒸馏装置，能进行简单的蒸馏操作；
4. 能用重结晶方法提纯固体有机化合物。

素质目标

1. 树立安全意识和环保意识，初步建立绿色化学理念；
2. 培养独立观察问题、分析问题和解决问题的能力；
3. 培养实事求是、理论联系实际的工作作风；
4. 培养辩证思维和创新精神，秉持质疑、求证、求实、创新的科学态度。

模块导学

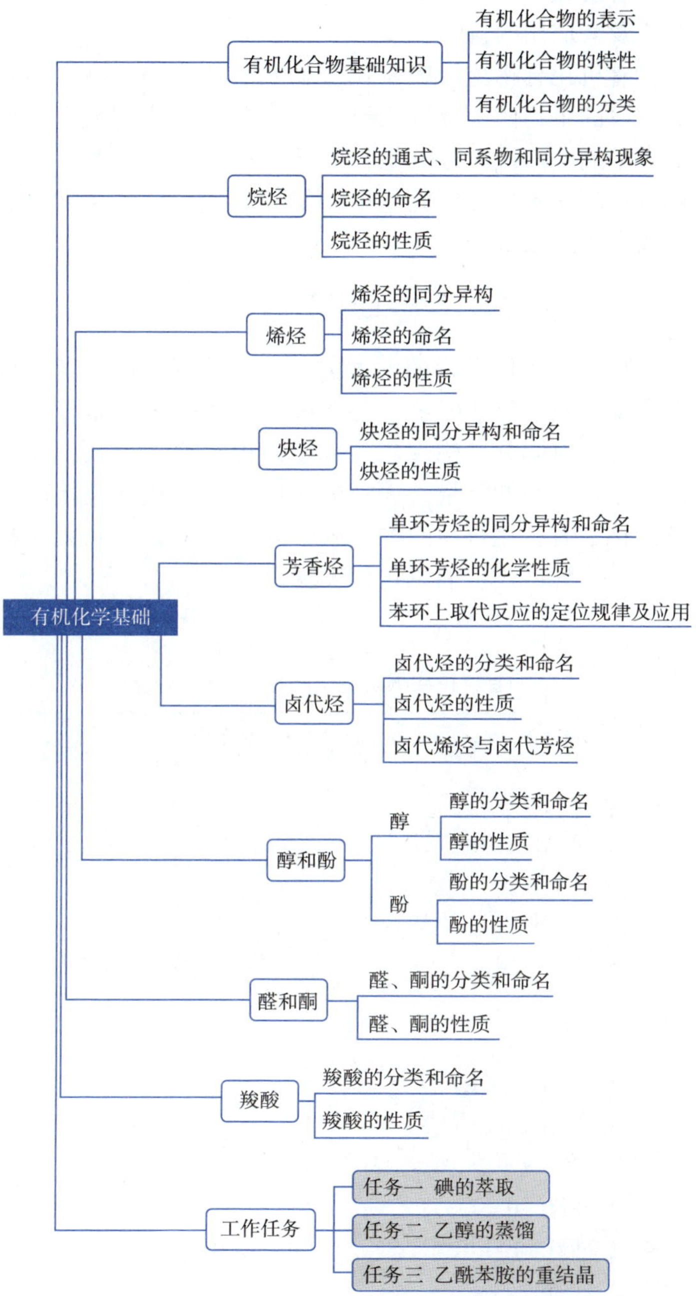
有机化学基础
有机化合物基础知识
有机化合物的表示
有机化合物的特性
有机化合物的分类
烷烃
烷烃的通式、同系物和同分异构现象
烷烃的命名
烷烃的性质
烯烃
烯烃的同分异构
烯烃的命名
烯烃的性质
炔烃
炔烃的同分异构和命名
炔烃的性质
芳香烃
单环芳烃的同分异构和命名
单环芳烃的化学性质
苯环上取代反应的定位规律及应用
卤代烃
卤代烃的分类和命名
卤代烃的性质
卤代烯烃与卤代芳烃
醇和酚
醇
醇的分类和命名
醇的性质
酚
酚的分类和命名
酚的性质
醛和酮
醛、酮的分类和命名
醛、酮的性质
羧酸
羧酸的分类和命名
羧酸的性质
工作任务
任务一 碘的萃取
任务二 乙醇的蒸馏
任务三 乙酰苯胺的重结晶

知识点一

有机化合物基础知识

化学中的哲学思维——否定之否定规律

有机化学是化学的一个分支，是研究有机化合物的制备、结构、性质及其应用的科学。

有机化合物泛指碳氢化合物及其衍生物。最初的有机化合物是从有生机的生物体中提取得到的，有机化合物的名字由此而来，也正因此在早期人们认为有机化合物只能从生物体中提取，直到 1828 年，维勒（F. Wohler）在实验室中用氨和氰酸合成了尿素，使有机化合物的含义发生了根本的变化。

一、有机化合物的表示

有机化合物的表示

组成有机化合物的元素并不多，主要有碳、氢两种元素，有的还含有氧、氮、硫和卤素，但有机化合物的种类繁多，主要原因是有机化合物具有同分异构现象，也就是由于连接方式不同引起的分子式相同而结构不同的现象。表示分子中原子间相互连接的次序和方式的化学式称为有机化合物的构造式。表 7-1 列出了目前常用的构造式的表示方法：蛛网式、缩写式和键线式。

表 7-1 有机化合物构造式的表示方法

	蛛网式	缩写式	键线式
2-甲基丁烷	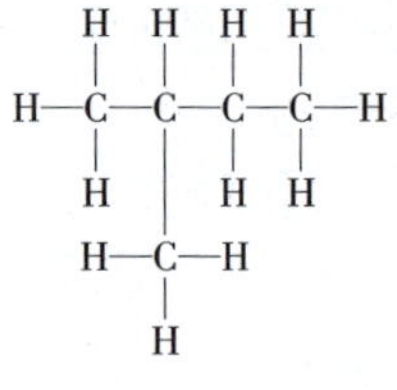	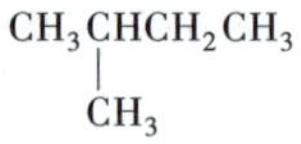	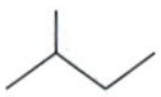
2-丁烯	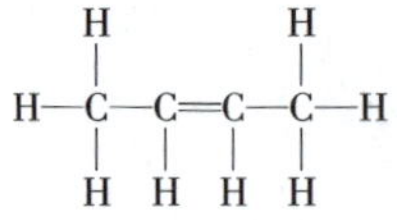	$CH_3CH{=}CHCH_3$	
正丁醇	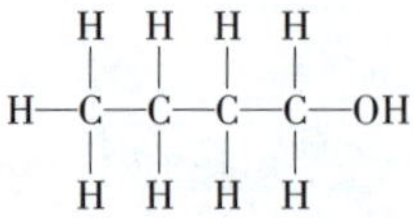	$CH_3CH_2CH_2CH_2OH$	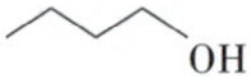

续表

	蛛网式	缩写式	键线式
环己烷	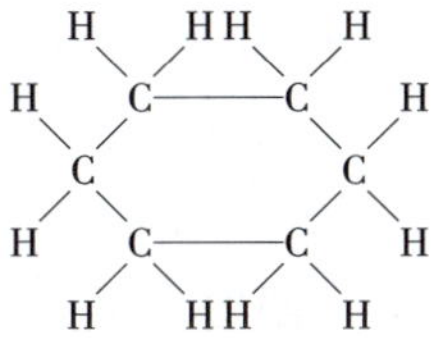	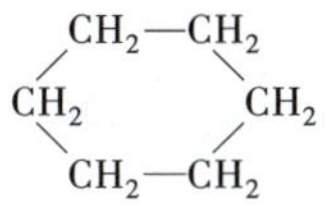	

二、 有机化合物的特性

有机化合物之所以有庞大的数目，与组成有机化合物的最基本原子——碳原子的特殊性密切相关。碳与碳之间、碳与其他元素之间形成的都是稳定的共价键。它们之间可以通过单键、双键和三键等方式连接，形成开链状、环状及交联状各类形状的有机化合物，这就造成有机化合物数目庞大。除了在数量上与无机化合物存在差距外，在性质上有机化合物与无机化合物也存在明显差异。

有机化合物的特点

1. 热稳定性差，容易燃烧

绝大多数有机化合物受热易分解，通常在200~300℃时逐渐分解。一般有机化合物都可以燃烧，且燃烧后多生成二氧化碳和水，如汽油、棉花、油脂、酒精等均属于易燃物。多数无机物耐高温、热稳定性好、不会燃烧。在实验室中可采用灼烧实验区分有机物和无机物。

2. 熔点和沸点低

有机化合物分子中的化学键一般是共价键，分子间受范德华力作用。而无机化合物一般是离子键，分子之间是静电引力。所以，常温下有机物通常以气体、液体或低熔点（大多数在400℃以下）固体的形式存在。一般来说，纯净的有机化合物都有一定的熔点和沸点。因此，测定熔点或沸点是鉴定有机化合物常用的方法之一。

3. 难溶于水

有机化合物大多难溶于水，而易溶于有机溶剂。化合物的溶解性通常服从“相似相溶”规律，即极性化合物易溶解于极性溶剂中。水是一种极性很强的化合物，有机化合物一般是弱极性或非极性化合物，对水的亲和力很小，因此大多数有机化合物难溶或不溶于水，而易溶于有机溶剂，这为提取有机化合物提供了条件。

化学中的生活哲理——相似者相溶 志同者道合

4. 反应慢且复杂，副产物多

多数有机化合物反应速度缓慢，有些反应往往需要几天甚至更长的时间才能完成。在有机反应中常常采取加热、加催化剂或搅拌等措施以提高反应速度。有机化学反应常伴有一些副反应，这使得反应后得到的产物常常是混合物。一般把在某一特定反应条件下主要进行的一个反应称为主反应，其他反应称副反应。选择最有利的反应条件以减少副反应来提高主要产品的产率也是有机化学家的一项重要任务。

三、 有机化合物的分类

有机化合物的分类

有机化合物数目庞大、结构复杂，为研究方便，人们将数日巨大的有机化合物分门别类，常用的分类方法是按碳架和官能团进行分类。

1. 按碳架分类

按碳架中碳键结合方式的不同，一般可将有机化合物分为三大类。

（1）开链化合物　开链化合物中碳原子间相互结合形成链状，碳链两端不相连，碳链可长可短，碳碳之间的键可以是单键或双键、三键。由于脂肪分子中碳原子有类似的结合方式，习惯上把开链化合物称为脂肪族化合物。例如：

$CH_3—CH_2—CH_3$
丙烷

$CH_3—CH_2—CH_2—OH$
丙醇

（2）碳环化合物　根据碳环的特点和性质又可分为脂环化合物和芳香族化合物。

①脂环化合物：这类化合物从结构上看，可以认为是由开链化合物闭环而成的，它们的性质与脂肪族化合物相似，故称脂环化合物。例如：

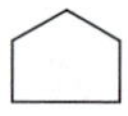
环戊烷

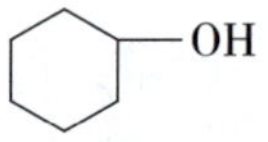

环己醇

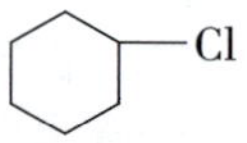

氯代环己烷

②芳香族化合物：这类化合物分子中含有苯环，有其特殊的物理和化学性质。例如：

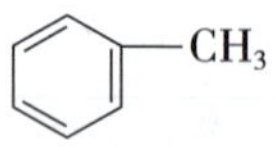

甲苯

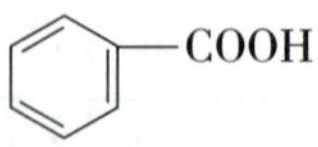

苯甲酸

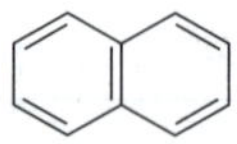
萘

（3）杂环化合物　在这类化合物中，成环原子除含碳原子外，还含有其他原子（主要是氧、硫、氮）彼此结合而成环状化合物，称为杂环化合物。

呋喃

噻吩

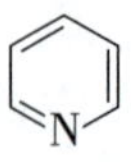

吡啶

2. 按官能团分类

官能团就是决定有机化合物化学性质的原子或原子团。这些原子团的存在往往决定了这类化合物的性质，同时也是有机化合物分子进行反应和发生转变的主要原因所在。官能团的种类很多，一些常见和较重要的官能团如表 7-2 所示。

表 7-2　　有机分子中常见的重要官能团

化合物类型	官能团的结构	官能团的名称	实　例	
烯烃	$-C=C-$	双键	$CH_2=CH_2$	乙烯
炔烃	$-C\equiv C-$	叁键	$H-C\equiv C-H$	乙炔
卤代烃	$-X$	卤素	CH_3CH_2Br	溴乙烷
醇和酚	$-OH$	羟基	CH_3-OH	甲醇
			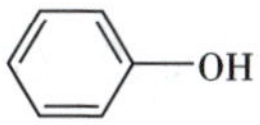	苯酚
醚	$C-O-C$	醚键	$CH_3CH_2-O-CH_2CH_3$	乙醚
醛和酮	$>C=O$	羰基	$CH_3-\overset{O}{\overset{\|}{C}}-H$	乙醛
			$CH_3-\overset{O}{\overset{\|}{C}}-CH_3$	丙酮
羧酸	$-\overset{O}{\overset{\|}{C}}-OH$	羧基	$CH_3-\overset{O}{\overset{\|}{C}}-OH$	乙酸
硝基化合物	$-NO_2$	硝基	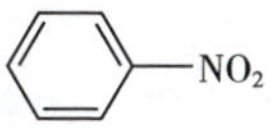	硝基苯
胺	$-NH_2$	氨基	$CH_3-CH_2-NH_2$	乙胺
腈	$-C\equiv N$	氰基	$CH_3C\equiv N$	乙腈
硫醇和硫酚	$-SH$	巯基	CH_3CH_2-SH	乙硫醇
			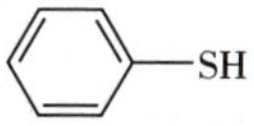	苯硫酚
磺酸	$-SO_3H$	磺酸基	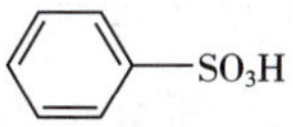	苯磺酸

化学中的哲学思维——主要矛盾和次要矛盾辩证关系原理

练一练
有机化合物基础知识

知识点二

烷烃

有机化合物中仅由碳和氢两种元素组成的一类化合物称为碳氢化合物，简称为烃。具有链状骨架的烃称为链烃，又常称为脂肪烃。烃分子中，四价的碳原子自身以单键结合，碳原子的其余价键都为氢原子所饱和的化合物称为饱和烃。开链的饱和烃称为烷烃，烷烃又称石蜡烃。

烃是最简单的有机化合物，可以看作是其他有机化合物的母体，其他有机化合物可以看作是烃的衍生物。所以有机化合物的讨论一般从烃类开始。

一、 烷烃的通式、同系物和同分异构现象

烷烃是开链的饱和烃，是一系列化合物。在这一系列化合物中，最简单的是甲烷，一个碳原子被四个氢原子所饱和，其次是乙烷、丙烷、丁烷……分子式分别为 CH_4，C_2H_6，C_3H_8，C_4H_{10}……

烷烃中碳原子和氢原子的数目存在一定关系，随着碳原子数的增加，氢原子数也相应有规律地增加，即每一个碳原子除上下各与一个氢原子相连外，同时在链的两端还各连一个氢原子。因此，若分子中碳原子数是 n，则氢原子数必为 $2n+2$，即烷烃通式为 C_nH_{2n+2}。

烷烃的通式和同分异构

具有同一个通式，组成上只相差一个 CH_2 或其整数倍的一系列化合物称为同系列。同系列中的各个化合物互为同系物，CH_2 称为同系差。同系物结构相似，具有相似的化学性质，物理性质随碳原子数的增加而有规律地变化。

在烷烃中甲烷、乙烷和丙烷只有一种构造式，如前所示。从丁烷开始构造式不止一种，如丁烷有两种：

正丁烷　　　　异丁烷

像丁烷这样具有相同分子式而结构不同的化合物称为同分异构体，这种现象称为同分异构现象。同分异构是有机化合物中普遍存在的现象，也是造成有机化合物数目庞大的原因之一。同分异构体中，由构造不同引起同分异构现象的化合物称为构造异构体。上述的正丁烷和异丁烷就属于构造异构体。随烷烃碳原子数的增加，构造异构体的数

目显著增多，如表 7-3 所示。

构造异构体的物理性质不同。一般来讲，直链烷烃的沸点要比带支链烷烃的构造异构体的沸点高。

表 7-3　　部分烷烃的名称和分子式及可能异构体数目

名称	碳原子数	可能异构体数目	名称	碳原子数	可能异构体数目
丙烷	3	1	壬烷	9	35
丁烷	4	2	癸烷	10	75
戊烷	5	3	十一烷	11	159
己烷	6	5	十五烷	15	4 347
庚烷	7	9	二十烷	20	366 319
辛烷	8	18	三十烷	30	4 111 646 763

二、 烷烃的命名

烷烃的命名是有机化合物命名的基础，烷烃常用的命名法有普通命名法和系统命名法。

烷烃的命名

1. 烷基

（1）碳、氢原子种类　在烷烃分子中，根据碳原子所连接碳原子数不同可以将烷烃中的碳分为四类。只与一个碳原子相连的碳原子称为伯碳原子，又称为一级碳原子（以 1°表示）；与两个碳原子相连的碳原子称为仲碳原子，又称为二级碳原子（以 2°表示）；与三个碳原子相连的碳原子称为叔碳原子，也称为三级碳原子（以 3°表示）；与四个碳原子相连的碳原子称为季碳原子，也称为四级碳原子（以 4°表示）。与伯（1°）、仲（2°）、叔（3°）碳原子相连的氢原子分别称为伯（1°）、仲（2°）、叔（3°）氢原子。如下式中：

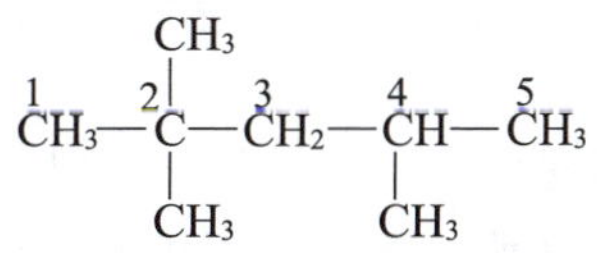

C_1 和 C_5 都是伯碳原子，C_3 是仲碳原子，C_4 是叔碳原子，C_2 是季碳原子。

（2）烷基　烷烃分子中去掉一个氢原子后剩下的基团称为烷基，其通式为 C_nH_{2n+1}。常用 R—表示。烷基的名称由相应的烷烃而来，表 7-4 是部分烷基的结构与名称。

表 7-4　　常见烷基结构与名称

结构	名称	结构	名称
CH_3—	甲基	$CH_3(CH_2)_2CH_2$—	丁基
CH_3CH_2—	乙基	$(CH_3)_2CHCH_2$—	异丁基
$CH_3CH_2CH_2$—	丙基	$CH_3CH_2(CH_3)CH$—	仲丁基
$(CH_3)_2CH$—	异丙基	$(CH_3)_3C$—	叔丁基

2. 普通命名法

普通命名法方便简单，对命名构造简单的烷烃常用此法。命名规则如下：

（1）直链烷烃　直链烷烃表示方法为：含碳原子数目为 $C_1\sim C_{10}$ 的用天干名称甲、乙、丙、丁、戊、己、庚、辛、壬、癸来表示；含十个以上碳原子时，用中文数字“十一、十二、……”再加“烷”字来表示。由于四个碳原子以上烷烃均有同分异构体，三个碳原子以上的直链烷烃在名字前面常冠以“正”字。例如：$CH_3CH_2CH_2CH_3$ 含四个碳原子称为正丁烷，含八个碳原子称为正辛烷，含十一个碳原子称为正十一烷。

（2）带支链烷烃　带支链烷烃，以“异”“新”表示。

①凡是在支链烷烃分子中碳链的一端含有两个甲基［$(CH_3)_2CH$-］的都称为异某烷。如：

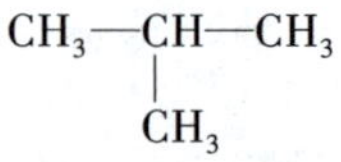
异丁烷

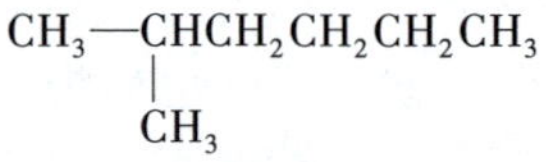
异庚烷

②凡是在链的一端连有含有三个甲基［$(CH_3)_3C$—］的都称为新某烷。如：

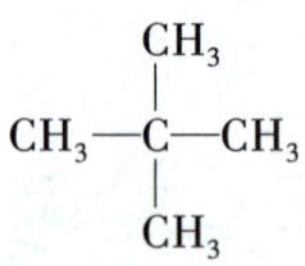
新戊烷

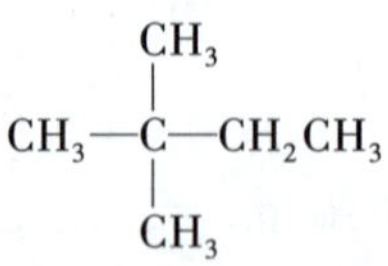
新己烷

普通命名法虽然方便简单，但只能用于构造简单的烷烃，结构复杂的烷烃必须使用系统命名法命名。

3. 系统命名法

系统命名法是采用国际通用的 IUPAC 命名原则，结合我国文字特点而制订的。根据系统命名法，直链烷烃的命名与普通命名法一样，仅不写“正”字，但对于支链烷烃则遵守下列基本原则。

（1）选主链　选择分子中最长的碳链作为母体，支链烷基看作是母体的取代基，若有两条或两条以上等长碳链时，应选择支链最多的一条为母体，根据母体所含碳原子数目称“某烷”。

（2）主链编号　用阿拉伯数字给主链编号。编号时，从离取代基最近的一端开始。如果两端与取代基等距离，应从靠近构造较简单的取代基的那端开始编号；如果两端与取代基等距离，且取代基构造相同，应遵循取代基位次之和最小原则。

（3）写出全称　先写出取代基的位次及名称，再写烷烃的名称。位次用阿拉伯数字表示，阿拉伯数字与汉字之间用短线“-”隔开。有多个取代基时，简单的在前，复杂的在后，相同的取代基合并写出，位次之间用逗号隔开，用汉字表示出相同取代基的个数。

例如：

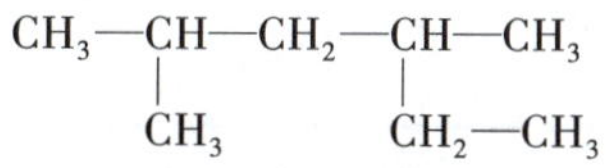

2,4-二甲基己烷

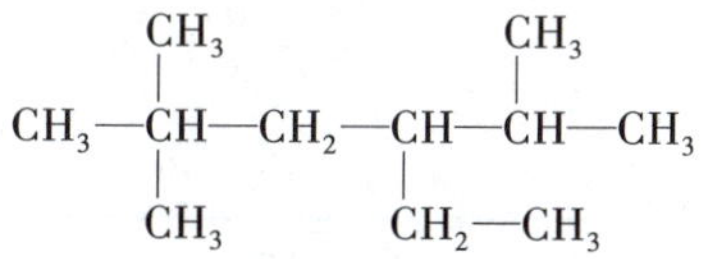

2,2,5-三甲基-4-乙基己烷

根据系统命名法能够从化合物的构造式准确地写出化合物的名称，从化合物的名称也能准确写出它的构造式，这就是系统命名法的准确性。

三、烷烃的性质

烷烃的性质

1. 烷烃的物理性质

有机化合物的物理性质通常包括化合物的状态、熔点、沸点、相对密度、折射率、溶解度等，如表 7-5 所示。

表 7-5　　烷烃的物理常数

名称	物态	熔点/℃	沸点/℃	相对密度（20℃）
甲烷	气体	-182	-162	0.424（-164℃）
乙烷		-172	-88.5	0.546（-100℃）
丙烷		-187	-42	0.582（-45℃）
丁烷		-138	0	0.579

续表

名称	物态	熔点/℃	沸点/℃	相对密度（20℃）
戊烷	液体	-130	36	0.626
己烷		-95	69	0.659
庚烷		-90.5	98	0.684
辛烷		-57	126	0.703
壬烷		-54	151	0.718
癸烷		-30	174	0.730
十一烷		-26	196	0.740
十二烷		-10	216	0.749
十三烷		-6	234	0.757
十四烷		5.5	252	0.764
十五烷		10	266	0.769
十六烷		18	280	0.775
十七烷	固体	22	292	0.777
十八烷		28	308	0.777
十九烷		32	320	0.786
二十烷		36	—	—

由表 7-4 可以看出，在室温和一个大气压下，C_1 ~ C_4是气体，C_5 ~ C_{16}是液体，C_{17}以上是固体。低沸点的烷烃为无色液体，有特殊气味；高沸点烷烃为黏稠状液体，无味。

烷烃几乎不溶于水，易溶于有机溶剂，如四氯化碳、乙醇、乙醚、氯仿等弱极性或非极性溶剂。直链烷烃的沸点、熔点都随相对分子质量的增加而升高。在同数碳原子的烷烃异构体中，直链烷烃比支链烷烃的沸点高，并且支链越多，沸点越低。

2. 烷烃的化学性质

烷烃是一系列饱和的碳氢化合物，烷烃中的共价键非常稳定不易断裂，因此，烷烃的化学性质非常稳定。在一般条件下，烷烃不与强氧化剂、强还原剂、强酸、强碱等起反应，因此，烷烃有时称为石蜡，反映出这类化合物的反应活性很低，故烷烃常用作惰性溶剂和润滑剂。但在适当的温度、压力和催化剂存在的条件下，烷烃可与一些试剂发生反应。

（1）氧化反应和燃烧　在常温常压下，烷烃与空气中的氧不反应。如果点火引发，则烷烃燃烧生成二氧化碳和水，是完全氧化反应，反应放出大量热，这是天然气、汽油和柴油燃烧的基本原理。烷烃最大的用途是作为燃料。低级烷烃与空气混合，达到爆炸极限时遇到火花会发生爆炸，这就是矿井发生爆炸的原因。

$$CH_4 + 2O_2 \xlongequal{} CO_2 + 2H_2O$$

（2）裂化反应　烷烃在没有空气存在下进行热分解反应的过程，称为裂化反应。裂化反应过程复杂，烷烃分子中所含的碳原子数越多，裂化产物也越复杂。反应条件不同产物亦不同，但不外是由分子中的C—H键和C—C键断裂所形成的混合物，既含有较低级的烷烃，又含有烯烃和氢气。例如：

$$CH_3CH_2CH_2CH_3 \xrightarrow{热裂} CH_2{=}CHCH_2CH_3 + CH_3CH{=}CHCH_3 + H_2$$
$$CH_3CH_2CH_2CH_3 \xrightarrow{热裂} CH_2{=}CHCH_3 + CH_4$$
$$CH_3CH_2CH_2CH_3 \xrightarrow{热裂} CH_2{=}CH_2 + CH_3CH_3$$

裂化反应在石油工业上很有意义，利用裂化反应可以提高汽油的产量和质量，经过裂化得到的汽油比原油直接蒸馏得到的汽油辛烷值高。还可以利用深度裂化反应获得低级烯烃等化工原料。

（3）卤代反应　烷烃分子中氢原子被其他原子或原子团取代的反应称为取代反应。若被卤原子取代则称为卤代反应。

烷烃与卤素在室温和黑暗中不起反应，但在强光照射下或250~400℃的温度下，可发生取代反应。反应活性的次序为$F_2>Cl_2>Br_2>I_2$。氟代反应非常剧烈且大量放热，不易控制，碘代反应则较难发生。因此，烷烃有实用价值的卤代反应是氯代和溴代反应。在漫射光、加热或某些催化剂存在下，氯、溴与烷烃反应较温和，其分子中的氢原子逐步被氯、溴所取代，生成多种取代产物。如甲烷的氯代反应：

$$CH_4 + Cl_2 \xrightarrow{漫射光} CH_3Cl + HCl$$
$$CH_3Cl + Cl_2 \xrightarrow{漫射光} CH_2Cl_2 + HCl$$
$$CH_2Cl_2 + Cl_2 \xrightarrow{漫射光} CHCl_3 + HCl$$
$$CHCl_3 + Cl_2 \xrightarrow{漫射光} CCl_4 + HCl$$

上述反应很难控制在某一步，甲烷中的氢原子逐步取代的结果是生成多种氯代甲烷的混合物，但通过控制反应条件如调整物料配比、反应时间等可以达到使其中某一种氯代烷成为主要产品的目的。

高级烷烃的卤代反应可以生成各种异构体，因而使反应变得复杂，这些异构体是由于烷烃上不同的氢原子被取代而生成的。

练一练
烷烃

知识点三

烯烃

分子中含有碳碳重键（碳碳双键或碳碳三键）的开链碳氢化合物，统称为不饱和脂肪烃，其中含有碳碳双键的不饱和烃称为烯烃。烯烃又可分为单烯烃、二烯烃和多烯烃。其中单烯烃由于比同数碳原子的开链烷烃少两个氢原子，因而通式为 C_nH_{2n}。

一、烯烃的同分异构

烯烃的同分异构

与烷烃相似，烯烃也有同分异构现象，包括碳架不同引起的异构、双键的位置不同引起的官能团位置异构以及由于双键两侧的基团在空间的位置不同引起的顺反异构。例如，由于烯烃的碳碳双键不能够自由旋转，双键两端碳原子所连接的四个原子又处在同一平面，因此，当双键的两个碳原子各连接不同的原子或基团时，就有可能产生不同的空间排列方式，产生两种不同的异构体，即顺反异构现象。

并不是所有的烯烃都有顺反异构现象。只要有一个碳原子所连接的两个取代基是相同的，就不会产生顺反异构现象。顺式和反式异构体是两种不同的物质，具有不同的沸点及其他物理性质，且两个异构体不能通过键的旋转而相互转化。

二、烯烃的命名

烯烃的命名

烯烃的同分异构现象比烷烃复杂，从丁烯开始，除了碳链异构外，碳碳双键位置的不同也可引起同分异构现象，如丁烯的三个同分异构体为：

$CH_2{=}CH{-}CH_2{-}CH_3$　　1-丁烯

$CH_3{-}CH{=}CH{-}CH_3$　　2-丁烯

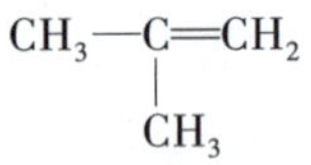

2-甲基丙烯（异丁烯）

烯烃的命名，可采用习惯命名法和系统命名法。

1. 不饱和烃基的命名

不饱和烃分子中一个氢原子被取代，剩下的烃基称为不饱和烃基，如烯烃分子中去掉一个氢原子就变成了烯烃基。在烯烃分子中若与双键碳原子相连的氢原子被取代，则剩余部分称为某烯基；若被取代氢原子未与双键碳原子相连，则剩余部分称为烯某基，例如：

$CH_3CH{=}CH{-}$　　丙烯基

$CH_2{=}CH{-}CH_2{-}$　　烯丙基

2. 习惯命名法

烯烃的习惯命名法也称为衍生命名法，一般只适用于结构比较简单的烯烃，其方法是以乙烯为母体，将其他烯烃看作是它的烷基衍生物进行命名。例如：

$CH_3CH{=}CH_2$　　$CH_3CH{=}CHCH_3$　　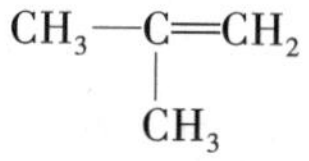

甲基乙烯　　对称二甲基乙烯　　不对称二甲基乙烯

3. 系统命名法

由于烯烃的异构现象比较复杂，因此对于复杂的烯烃，最好采用系统命名法来命名，其步骤与烷烃类似，规则如下：

（1）选主链　选择含有碳碳双键在内的最长碳链为主链，支链为取代基，根据主链碳原子数命名为“某烯”。

（2）主链碳原子编号　从主链靠近双键的一端开始，依次对主链上的碳原子进行编号，以确定取代基和双键的位置。双键的位置由最靠近端点碳的那个双键碳所得的编号来命名，编号放在烯烃名称的前面。双键位于1-位的烯烃称为端基烯烃，在不引起误会的情况下阿拉伯数字“1”常常省略。也就是在命名中如果未标出双键位置的数字，即是指双键的位置在第一个碳上。

（3）命名　无取代基的，直接将双键位置和母体名称列出，如：

$$CH_3CH{=}CHCH_2CH_3$$

2-戊烯

有取代基的，先将取代基按其位次、数目和名称排放在前，排列次序与烷烃的系统命名相同，后将双键位置和母体名称列出，如：

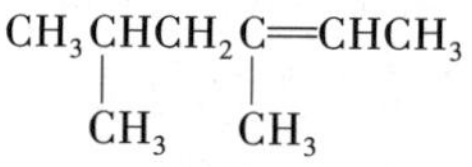

3,5-二甲基-2-己烯

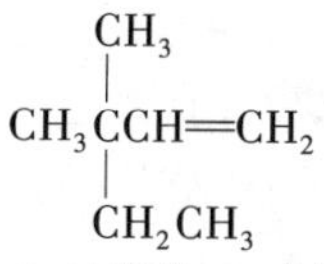

3,3-二甲基-1-戊烯

当分子中含有多个双键时，应选择含有最多双键的最长碳链作为母体，并分别标出各个双键的位次，以中文数字一、二、三、……表示双键的数目，称为几烯。

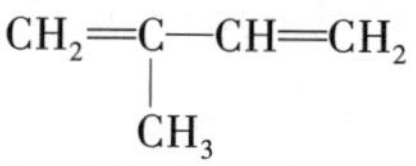

2-甲基-1,3-丁二烯

$$CH_2{=}CH{-}CH{=}CH{-}CH{=}CH_2$$

1,3,5-己三烯

4. 烯烃同分异构体的命名

顺反异构体中当双键碳上所连的相同基团或原子在双键同一侧的烯烃为顺式，在其名称之前加上一个“顺”字标记；否则为反式，用“反”字标记。例如：

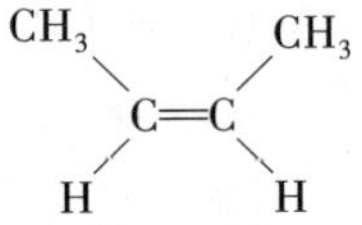
顺-2-丁烯

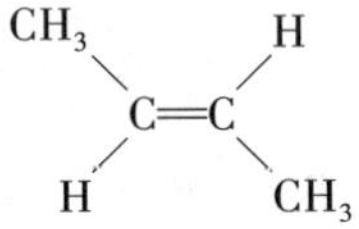
反-2-丁烯

对于 abC ═Cmn 烯烃可能的顺反异构体不能用“顺”“反”标记。顺反异构体的系统命名方法采用 Z/E 标记法，它适用于所有顺反异构。

Z/E 标记法是以比较各取代基团的先后次序来区别顺反异构体的不同构型的，如果两个碳原子上的各自所连的优先基团位于双键的同侧，称为 Z 型，处于异侧则称为 E 型。如可将上述顺-2-丁烯和反-2-丁烯命名为：

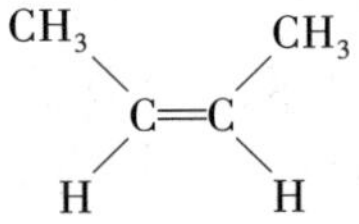
(Z)-2-丁烯

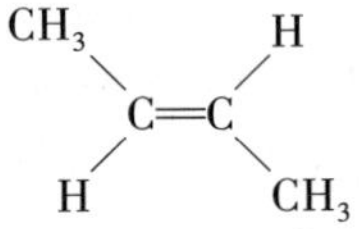
(E)-2-丁烯

再如：

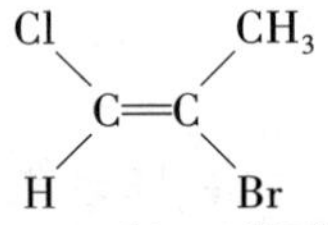
(E)-1-氯-2-溴丙烯

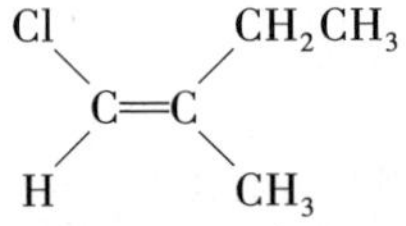
(Z)- 2-甲基-1-氯-1-丁烯

次序规则的内容如下：

（1）将双键碳原子所连接的原子或基团按其原子序数的大小排列，原子序数大的原子优先，同位素则是质量大的优先。常见原子的优先次序如下：

$$I > Br > Cl > S > P > F > O > N > C > T > D > H$$

（2）在取代基团中，如果与双键碳原子相连的两个基团中的第一个原子相同，则比较与之相连的第二个原子，并依次类推，直到有差别为止。例如，$—CH_3$ 和 $—CH_2CH_3$ 比较，第一个原子是碳，就应该再比较以后的原子。在 $—CH_3$ 中，和碳原子相连的三个原子为 H、H、H，而在 $—CH_2CH_3$ 中，与碳原子相连的原子分别是 H、H、C，所以 $—CH_2CH_3$ 的次序应在 $—CH_3$ 之前。由此我们可以得到一些常见烃基的排列顺序：

$$—C(CH_3)_3 > —CH(CH_3)_2 > —CH_2CH_3 > —CH_3$$

$$—CH_2Cl > —CH_2OH > —CH_2NH_2 > —C(CH_3)_3$$

（3）当含有双键或三键时，则当作两个或三个单键看待，再进行比较。

—CH ═CH_2相当于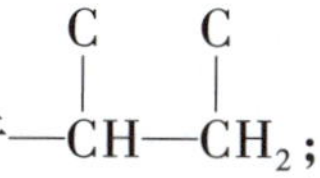；—C≡CH相当于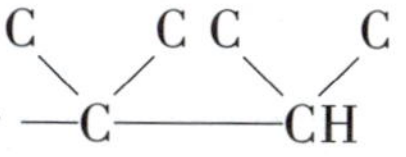

值得注意的是，在顺反命名和 Z/E 标记法中，顺和 Z、反和 E 并不是对应关系，二者没有内在联系，顺可以是 Z，也可以是 E，反之亦然。

三、 烯烃的性质

1. 烯烃的物理性质

烯烃的物理性质和烷烃相似。在常温常压下，含 2~4 个碳原子的烯烃为气体，含 5~18 个碳原子的烯烃为液体，含 19 个以上碳原子的为固体。相对密度比相应的烷烃大，但仍小于 1，无色，不溶于水，易溶于有机溶剂。沸点、熔点、相对密度均随相对分子质量的增大而增大。同碳数的正构烯烃的沸点比带支链的烯烃高。碳架相同的烯烃，双键由链的端部移向链的中间时，沸点、熔点都升高。烯烃的物理常数如表 7-6 所示。

烯烃的性质

表 7-6　　烯烃的物理常数

名称	熔点/℃	沸点/℃	相对密度（20℃）
乙烯	-169	-103	—
丙烯	-185	-47.7	0.5193
1-丁烯	-130	-6.4	0.5951
顺-2-丁烯	-139	3.5	0.6213
反-2-丁烯	-105	0.9	0.6042
1-戊烯	-166	30.1	0.6405
2-甲基-1-丁烯	-137	31.2	0.6504
3-甲基-1-丁烯	-168	20.1	0.6481
1-己烯	-139	63.5	0.6731

续表

名称	熔点/℃	沸点/℃	相对密度（20℃）
1-庚烯	-119	93.6	0.6970
1-辛烯	-104	122.5	0.7149
1-壬烯	-81	146	0.7300
1-癸烯	-66	171	0.7408

2. 烯烃的化学性质

碳碳双键是烯烃的官能团，大部分烯烃的化学反应都发生在双键上，且以双键加成反应为特征。此外，由于双键的吸电诱导效应，使α-碳原子（和双键碳直接相连的碳原子）上的氢原子容易被其他原子（基团）取代，而发生取代反应。

（1）双键的加成反应

①催化加氢反应：烯烃在镍、钯、铂等催化剂存在的条件下，和氢气发生加成反应，生成烷烃。

$$RCH=CHR' + H_2 \xrightarrow{Ni} RCH_2—CH_2R'$$

烯烃双键上的取代基越少，加氢反应的速率越快，因此，烯烃分子中的双键碳上有一个烷基比有多个烷基的容易加氢，支链多时不容易加氢。

②与卤素加成：烯烃容易与氯或溴发生加成反应。将烯烃通入溴的四氯化碳溶液中，室温条件下即可反应，可以使原来的红棕色溶液转变成无色溶液。该反应褪色现象明显，可利用此反应来验证分子中是否存在碳碳双键。

$$RCH=CHR' + Br_2 \xrightarrow{CCl_4} R—\underset{Br}{CH}—\underset{Br}{CH}—R'$$

不同卤素与烯烃的反应活性是不同的，活性顺序为：$F_2>Cl_2>Br_2>I_2$。碘一般不与烯烃发生反应。氟与烯烃的反应太剧烈，往往得到碳链断裂的产物，无实用意义。因此，一般加卤素指的是加氯和溴。

③与卤化氢加成：烯烃可以与卤化氢进行加成反应，生成卤代烷。其通式为：

$$CH_2=CH_2 + HX \longrightarrow CH_3CH_2X \quad (HX=HCl,\ HBr,\ HI)$$

当烯烃为不对称烯烃时，可以生成两种产物：

$$CH_3—CH═CH_2 + HX \longrightarrow \begin{cases} CH_3—\underset{\displaystyle X}{\underset{|}{C}H}—CH_3 & \text{2-卤代丙烷（主要产物）} \\ CH_3—CH_2—\underset{\displaystyle X}{\underset{|}{C}H_2} & \text{1-卤代丙烷（次要产物）} \end{cases}$$

在该反应中，存在这样一条规则，即氢原子总是加到含氢较多的双键碳原子上，而卤素原子加到含氢较少的双键碳原子上，这一规则称为马氏规则，由马尔科夫尼科夫在 1869 年提出。应用马氏规则可以预测不对称烯烃与不对称试剂加成时的主要产物。例如：

$$CH_3CH_2CH═CH_2 + HBr \xrightarrow{\text{醋酸}} CH_3CH_2\overset{\displaystyle Br}{\overset{|}{C}}HCH_3$$

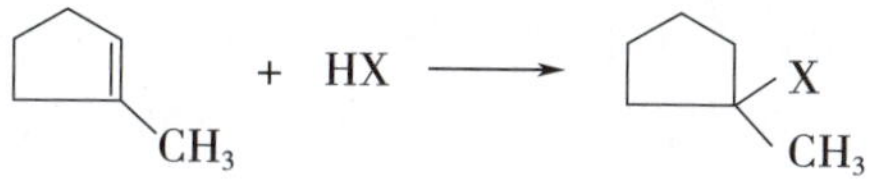

但在日光或过氧化物存在的条件下，烯烃也可以与 HBr 进行加成反应，但加成产物正好与马氏规则相反。

$$CH_3CH═CH_2 + HX \xrightarrow{\text{过氧化物}} CH_3CH_2CH_2Br$$

这种由于过氧化物的存在而引起烯烃加成取向的改变，称为过氧化物效应。但是过氧化物的存在，对于不对称烯烃与 HCl 和 HI 的加成反应方式没有影响。

④与 H_2SO_4 加成：烯烃可以与浓硫酸进行加成反应，生成烷基硫酸氢酯：

$$CH_3—CH═CH_2 + HOSO_3H \longrightarrow CH_3\underset{\displaystyle OSO_3H}{\underset{|}{C}}HCH_3$$

该反应遵循马氏规则，烷基硫酸氢酯可溶于浓硫酸，在水中加热可水解得到醇。工业上可利用此方法制备醇，也可利用该方法去除有机物中的烯烃。

⑤与水加成：在酸存在的条件下，烯烃可以与水加成生成醇，是工业中制备醇的方法之一。该反应也遵循马氏规则。

$$CH_3—CH═CH_2 + H_2O \longrightarrow CH_3\underset{\displaystyle OH}{\underset{|}{C}}HCH_3$$

⑥与 HOX 的加成：烯烃和卤素（溴或氯）在水溶液中也可以发生

加成反应，生成卤代醇，并遵循马氏规则。例如：

$$CH_3—CH═CH_2 + HOCl \longrightarrow CH_3\underset{\displaystyle OH}{\underset{|}{C}}HCH_2Cl$$

（2）氧化反应

①催化氧化：在催化剂的作用下，烯烃可以与空气或者氧气进行氧化反应，并且随着反应物和反应条件的不同，可以得到不同的反应产物。例如，以乙烯为原料、银为催化剂，可以用于制备环氧乙烷。

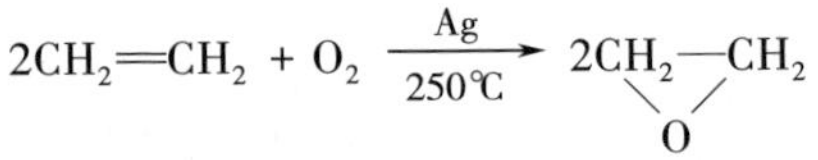

②高锰酸钾氧化：在不同的酸碱条件下，高锰酸钾与烯烃的反应会得到不同的产物。在中性或碱性条件下，用适量的稀冷高锰酸钾氧化，可以得到邻二醇，紫红色的高锰酸钾溶液变成无色，同时会产生二氧化锰褐色沉淀：

$$R—CH═CH—R + KMnO_4 \xrightarrow[NaOH,\ H_2O]{冷、稀} R—\underset{\displaystyle OH}{\underset{|}{CH}}—\underset{\displaystyle OH}{\underset{|}{CH}}—R' + MnO_2\downarrow$$

用酸性高锰酸钾进行氧化，会使烯烃的双键断裂，生成相应的羧酸、酮或 CO_2，自身被还原成二价锰离子，紫色消失，可用来检验烯烃。

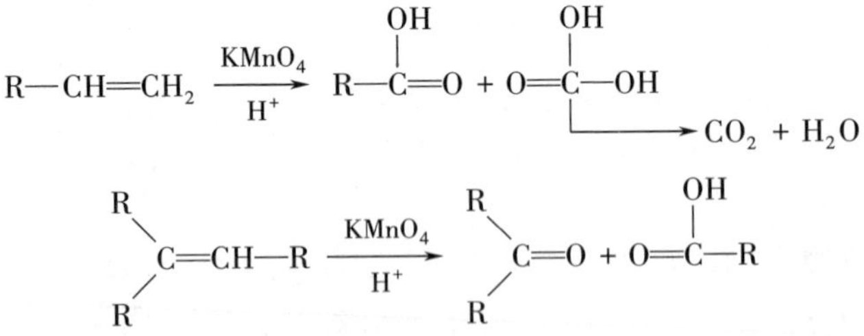

因烯烃结构不同，所得产物也不同，根据生成物的结构可以推断烯烃的结构。

（3）α-H 的反应　α-碳原子上的氢原子称 α-H。受官能团的影响，α-H 有较强的活性，在一定条件下可以被取代。烯烃与卤素在室温下可发生双键的亲电加成反应，但在高温（500～600 ℃）时，则主要发生 α-H 原子被卤原子取代的反应。例如，丙烯与氯气在约 500℃ 主要发生取代反应，生成 3-氯-1-丙烯。

$$CH_3CH{=}CH_2 + Cl_2 \xrightarrow{500℃} ClCH_2CH{=}CH_2 + HCl$$

这是工业上生产 3-氯-1-丙烯的方法，主要用于制备甘油、环氧氯丙烷和环氧树脂等。

（4）聚合反应　由小分子化合物相互作用生成高分子化合物的反应称为聚合反应，得到的产物称高聚物，参加反应的小分子化合物称单体。烯烃在催化剂的作用下，双键会断开而相互结合在一起，发生聚合反应生成高聚物。如乙烯经过聚合反应，生成聚乙烯。

$$nCH_2{=}CH_2 \xrightarrow{TiCl_4\text{-}Al(C_2H_5)_3} {+}CH_2{-}CH_2{+}_n$$

练一练
烯烃

知识点四

炔烃

炔烃是含碳碳三键的一类脂肪烃，属于不饱和烃，其官能团为碳碳三键（$C{\equiv}C$）。开链单炔烃的分子通式为 C_nH_{2n-2}，简单的炔烃化合物有乙炔（C_2H_2）、丙炔（C_3H_4）等。

一、炔烃的同分异构和命名

1. 炔烃的同分异构

乙炔和丙炔没有同分异构体。炔烃的同分异构现象与烯烃的同分异构现象相似，也有碳架异构和官能团异构，也就是由碳链不同和三键位置不同所引起的。由于炔烃是直线分子，三键的碳原子上不能连有支链，所以炔烃没有顺反异构体，这就比相同碳原子的烯烃异构体数要少。例如戊烯有 5 个构造异构体，而戊炔只有 3 个构造异构体。如：

炔烃的同分异构和命名

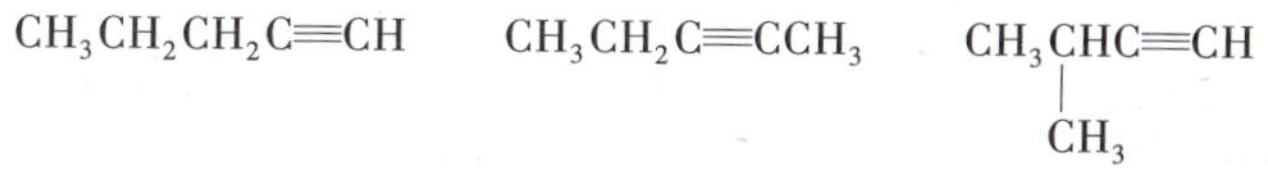

1-戊炔　　2-戊炔　　3-甲基-1-丁炔

2. 炔烃的命名

炔烃的系统命名与烯烃类似，即选择含有三键的最长碳链为主链，按主链碳原子数命名为某炔；编号由距三键最近的一端开始；将代表三键位置的阿拉伯数字写在“炔”字之前；侧链基团作为主链上的取代基来命名。如：

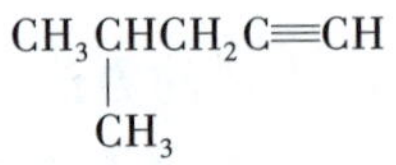

4-甲基-1-戊炔

对于分子中同时含有双键和三键的烃，则把“炔”字放在后，“烯”字放在前，称为某烯炔。选择的最长碳链必须包括尽可能多的双键和三键，主链编号时要使双键和三键的位次编号之和最小。例如：

$$CH_3{-}CH{=}CH{-}C{\equiv}CH$$

3-戊烯-1-炔

但如果从主链两端编号时，双键和三键恰好处于相同的位次，则从靠近双键一端编号，如：

$$CH_2{=}CH{-}CH_2{-}C{\equiv}CH$$

1-戊烯-4-炔

二、 炔烃的性质

1. 炔烃的物理性质

炔烃的性质

炔烃的物理性质和烷烃、烯烃基本相似。低级的炔烃在常温常压下是气体，但沸点比相同碳原子数的烯烃略高些。随着碳原子数的增多，它们的沸点也升高。三键位于碳链末端的炔烃（又称末端炔烃）和三键位于碳链中间的异构体相比较，前者具有更低的沸点。炔烃的物理常数如表 7-7 所示。

表 7-7　　炔烃的物理常数

名称	熔点/℃	沸点/℃	相对密度（20℃）
乙炔	-80.8（压力下）	-84.0（升华）	0.6181（-32℃）
丙炔	-101.5	-23.2	0.7062（-50℃）
1-丁炔	-125.7	8.1	0.6784（0℃）
2-丁炔	-32.3	27.0	0.6910
1-戊炔	-90.0	40.2	0.6901
2-戊炔	-101.0	56.1	0.7107
3-甲基-1-丁炔	-89.7	29.3	0.666

续表

名称	熔点/℃	沸点/℃	相对密度（20℃）
1-己炔	-132.0	71.3	0.7155
1-庚炔	-81.0	99.7	0.7328
1-辛炔	-79.3	125.2	0.747
1-壬炔	-50.0	150.8	0.760
1-癸炔	-36.0	174.0	0.765

2. 炔烃的化学性质

炔烃的化学性质主要表现在官能团——碳碳三键的反应上，与烯烃相似，能够发生加成、氧化、聚合等反应。但三键毕竟不同于双键，所以炔烃又表现出自己独特的性质，尤其是三键碳上氢原子的活泼性。炔烃的主要化学反应如下：

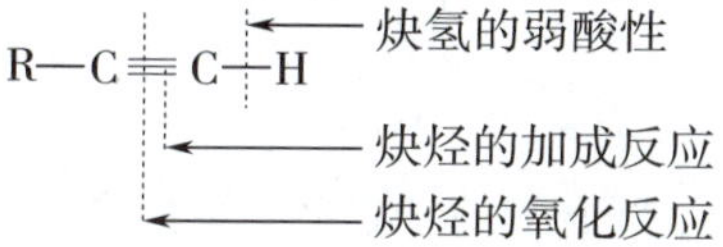

（1）三键碳上氢原子的活泼性　炔烃分子中，和三键碳原子直接相连的氢原子的性质比较活泼，容易被某些金属原子取代，生成金属炔化物（简称炔化物）。例如，将乙炔通过加热熔融的金属钠时，就可以得到乙炔钠和乙炔二钠。

$$HC \equiv CH \xrightarrow{+Na} HC \equiv CNa \xrightarrow{+Na} NaC \equiv CNa$$

乙炔的一烷基取代物和氨基钠作用时，它的三键碳上的氢原子也可以被钠原子取代：

$$RC \equiv CH + NaNH_2 \xrightarrow{液氨} RC \equiv CNa + NH_3$$

炔化钠和伯卤代烷作用就得到了碳链增长的炔烃，这个反应称为炔化物的烷基化反应。例如：

$$RC \equiv CNa + R'X \xrightarrow{液氨} RC \equiv CR' + NaX$$

因此炔化物是个有用的有机合成中间体。

炔化物在鉴别乙炔和末端炔烃中是很重要的。具有活泼氢原子的炔烃容易和硝酸银的氨溶液或氯化亚铜的氨溶液发生作用，迅速生成炔化银的白色沉淀或炔化亚铜的红棕色沉淀。

$$HC\equiv CH + 2[Ag(NH_3)_2]NO_3 \longrightarrow \underset{\text{乙炔银}}{AgC\equiv CAg}\downarrow + 2NH_4NO_3 + 2NH_3$$

$$HC\equiv CH + 2[Cu(NH_3)_2]Cl \longrightarrow \underset{\text{乙炔亚铜}}{CuC\equiv CCu}\downarrow + 2NH_4Cl + 2NH_3$$

$$RC\equiv CH \xrightarrow{[Ag(NH_3)_2]NO_3} \underset{\text{炔化银}}{RC\equiv CAg}\downarrow$$

$$RC\equiv CH \xrightarrow{[Cu(NH_3)_2]Cl} \underset{\text{炔化亚铜}}{RC\equiv CCu}\downarrow$$

金属炔化物在润湿状态还比较稳定，但在干燥状态下受热或撞击时，易发生爆炸。为了避免发生意外爆炸，实验室中不再利用的重金属炔化物，应立即加酸予以处理。

$$AgC\equiv CAg + 2HNO_3 \longrightarrow HC\equiv CH + 2AgNO_3$$

（2）加成反应

①催化加氢：炔烃催化加氢与烯烃相似，首先生成烯烃，进而生成烷烃。当使用一般的氢化催化剂，例如铂、钯、镍等，在氢气过量的情况下，反应往往不容易停止在烯烃阶段。

$$RC\equiv CH + 2H_2 \xrightarrow{\text{Pt或Pd或Ni}} RCH_2CH_3$$

如果只希望得到烯烃，就应该使用活性较低的催化剂。常用的是林德拉（Lindlar）催化剂，这是一种将金属钯沉淀于碳酸钙上，然后用醋酸铅处理而得到的加氢催化剂。铅盐可以降低钯催化剂的活性，使生成的烯烃不再加氢，而对炔烃的加氢仍然有效，因此加氢反应可停留在烯烃阶段。

$$CH_3C\equiv CCH_3 + H_2 \xrightarrow{\text{林德拉试剂}} CH_3CH=CHCH_3$$

在催化加氢时，炔烃比烯烃更容易加成。若在同一分子中同时含有三键和双键时，首先在三键上氢化。

②与卤素加成：卤素中氟与炔烃的加成反应活性太高，反应难以控制。氯和溴容易与炔烃发生加成反应，首先生成一分子加成产物，但一般可继续加成，生成两分子加成产物。例如：

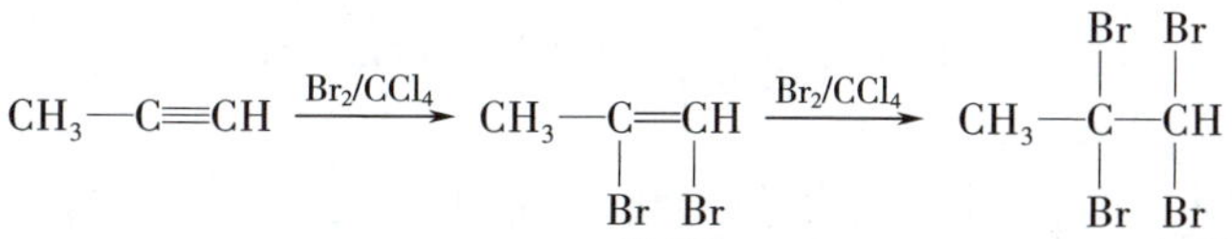

1,2-二溴丙烯　　1,1,2,2-四溴丙烷

与烯烃一样，炔烃与红棕色的溴溶液反应生成无色的溴代烃，所以此反应可用于炔烃的鉴别。

③与卤化氢加成：炔烃可以与卤化氢发生加成反应，控制反应条件可以使反应停留在一分子加成阶段。炔烃与卤化氢的加成比烯烃困难，一般要有催化剂存在。如：

$$HC\equiv CH \xrightarrow[HgCl_2]{HCl} H_2C=CHCl \xrightarrow[HgCl_2]{HCl} H_3C-CHCl_2$$

不对称炔烃与卤化氢加成时，同样遵循马氏规则。例如：

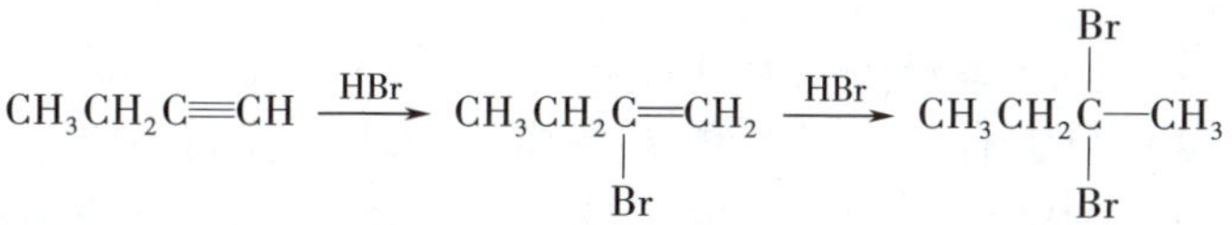

④与水加成：炔烃很难与水发生加成反应。但在强酸及汞盐的催化下，炔烃与水加成，首先生成烯醇，但由于烯醇不稳定，随即进行分子内重排形成醛或酮。

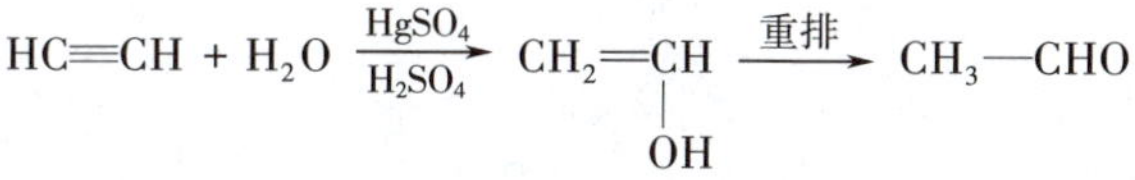

不对称炔烃与水的加成也同样遵循马氏规则。如：

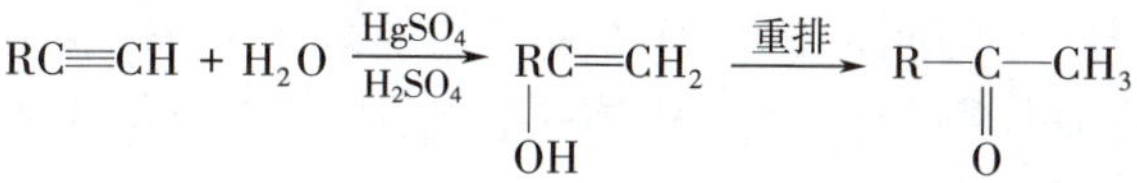

⑤与氢氰酸加成：乙炔可与 HCN 发生加成反应生成丙烯腈。

$$HC\equiv CH + HCN \xrightarrow{CuCl_2} H_2C=CH-CN$$

丙烯腈是工业上合成腈纶和丁腈橡胶的重要单体。

（3）氧化反应　炔烃与高锰酸钾氧化产物比烯烃简单，三键断裂，氧化产物为对应的羧酸或二氧化碳。

练一练
炔烃

$$RC\equiv CH \xrightarrow[H_2O]{KMnO_4} RCOOH+CO_2+H_2O$$

反应时，高锰酸钾的紫色消失，同时生成褐色的二氧化锰沉淀，可以用来检验炔烃。

知识点五

芳香烃

芳香烃简称芳烃，是指一类具有特定的环状结构和特定化学性质的有机化合物。芳烃是芳香族化合物的母体。大多数芳香烃含有苯的六碳环结构，少数虽然不含苯环，但都含有结构、性质与苯环相似的芳环。

根据苯环的数目和连接方式的不同，芳烃可分为三类：①单环芳香烃，也就是只含有一个苯环的芳香烃，如苯及其同系物；②稠环芳香烃，也就是两个或两个以上的苯环分别共用两个相邻的碳原子而成的芳烃，如萘、蒽；③多环芳香烃，也就是两个或两个以上的苯环没有共用碳原子的芳烃，如联苯、三苯甲烷。

苯

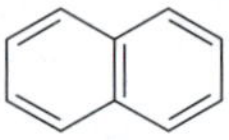
萘

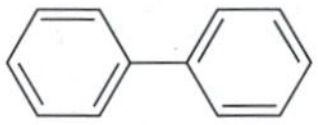
联苯

一、 单环芳烃的同分异构和命名

苯是最简单的单环芳烃，苯分子中的一个或几个氢原子被烃基取代以后，就得到苯的同系物。单环芳烃的通式为 C_nH_{2n-6}。

苯的一元取代物的同分异构体是由取代基的异构引起的。命名苯的一元取代物时，以苯为母体，烷基为取代基。如：

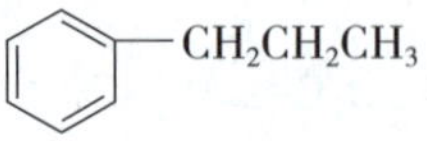

正丙苯

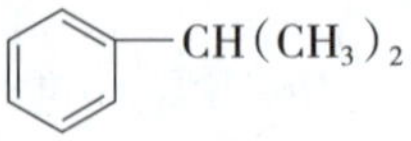

异丙苯

单环芳烃的命名

苯的二元取代物，因取代基在环上的相对位置不同，有三种异构体，即邻位、间位和对位三种相对位置。命名时，在名称前加邻、间、

对或 *o*-、*m*-、*p*-等表示它们的相对位置。如：

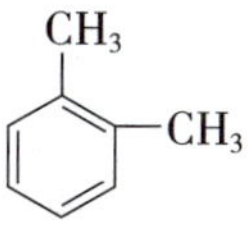

邻二甲苯（*o*-二甲苯）
1,2-二甲基苯

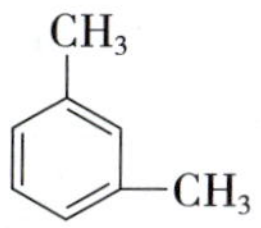

间二甲苯（*m*-二甲苯）
1,3-二甲基苯

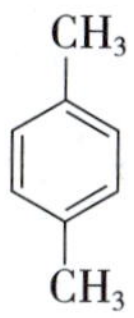

对二甲苯（*p*-二甲苯）
1,4-二甲基苯

连有三个相同取代基的苯的三元取代物，命名时也常用连、偏、均等字头表示。例如：

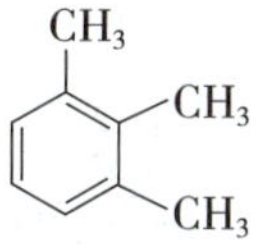

连三甲苯
1,2,3-三甲基苯

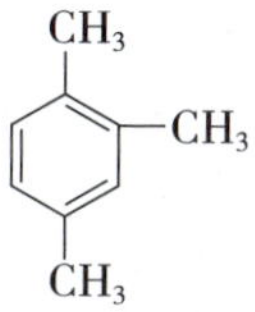

偏三甲苯
1,2,4-三甲基苯

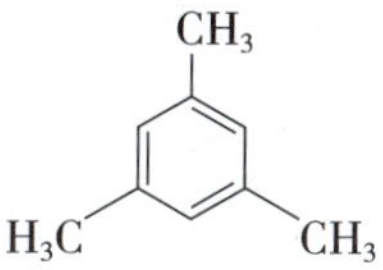

均三甲苯
1,3,5-三甲基苯

对于结构复杂或支链上有官能团的化合物，也可以把支链作为母体，把苯环作为取代基来命名。如：

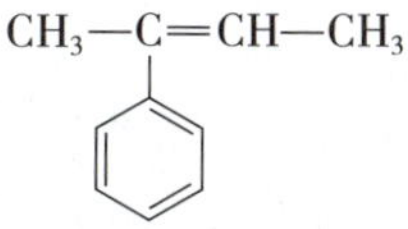

2-苯基-2-丁烯

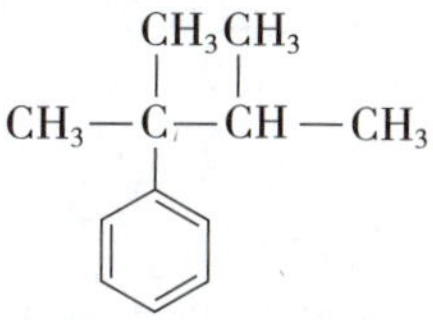

2,3-二甲基-2-苯基丁烷

芳烃的苯环上去掉一个氢原子所剩下的基团称为芳基，可以用 Ar—表示。最常见和最简单的芳基 C_6H_5—称苯基，常用 Ph—表示。甲苯的甲基上去掉一个氢原子，该基团称为苯甲基 C_6H_5—CH_2—，又称苄基。

二、 单环芳烃的化学性质

苯及苯的同系物从碳氢比例看似乎具有高度的不饱和性，但是它们却有特殊的稳定性。这类化合物比较容易进行取代反应，不易加成和氧化反应，苯环的这种特殊性质称为芳香性，是芳香族化合物的共性。尽管它们相当稳定，但在一定条件下也会发生化学反应。

单环芳烃的化学性质

1. 取代反应

苯及其同系物的特征反应就是取代反应，重要的取代反应有卤代反应、硝化反应、磺化反应、烷基化反应、酰基化反应。

（1）卤代反应　在铁粉或卤化铁等催化剂作用下加热，苯环上的氢原子被卤原子所取代的反应，称为卤代反应。在卤代反应中，卤素的活性顺序是 $F_2>Cl_2>Br_2>I_2$，由于直接氟代十分猛烈，难以控制，碘代又难以进行，因此卤代反应一般指氯代和溴代。

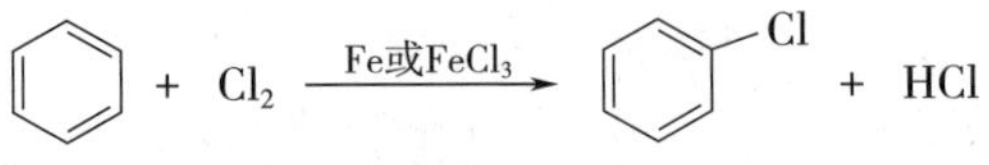

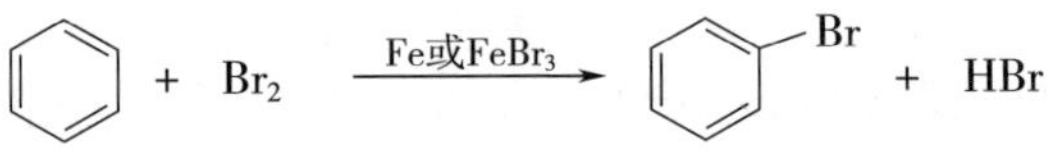

烷基苯如甲苯，在催化剂作用下比苯更容易发生卤代反应，主要生成邻、对位卤代甲苯。例如：

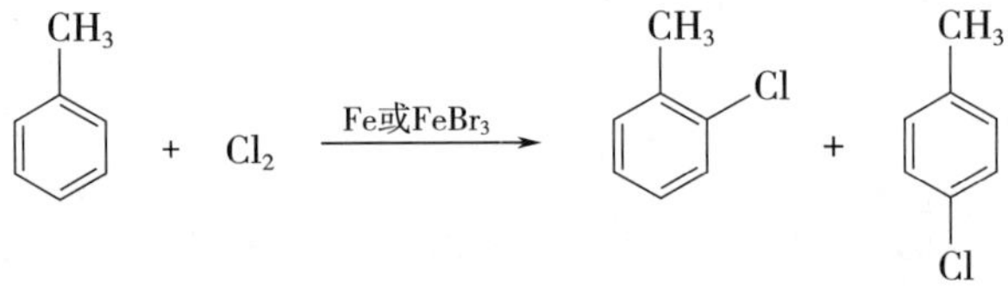

（2）硝化反应　苯与浓硝酸和浓硫酸的混合物作用，苯环上的氢原子被硝基取代，生成硝基苯的反应，称为硝化反应。通常使用浓 HNO_3 与浓 H_2SO_4 的混合物（或称混酸）作硝化剂。

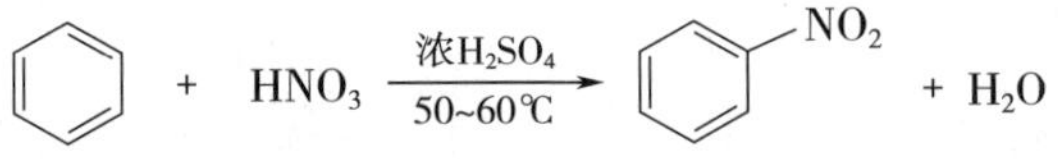

硝基苯是淡黄色、油状、密度大于水的液体，有苦杏仁味。

硝基苯不容易继续硝化。要在更高温度下或用发烟硫酸和发烟硝酸的混合物作硝化试剂才能引入第二个硝基，且主要生成间二硝基苯。

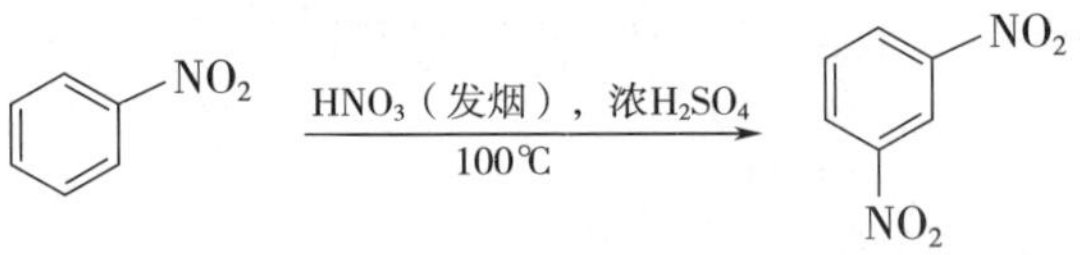

烷基苯的硝化比苯易于进行，如甲苯低于 50℃ 就可以进行硝化，主要生成邻硝基甲苯和对硝基甲苯。

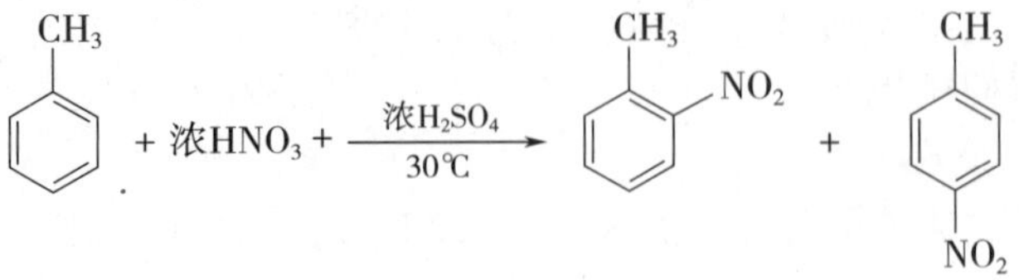

邻硝基甲苯是具有苦杏仁味的黄色油状液体，对硝基甲苯是浅黄色晶体。它们都是剧毒物质，能通过人的呼吸系统及皮肤引起中毒。邻硝基甲苯和对硝基甲苯都是重要的有机合成原料，主要用作油漆、染料、医药和农药的中间体。

（3）磺化反应　芳烃分子中，芳环上的氢原子被磺酸基（$—SO_3H$）取代生成苯磺酸的反应称为磺化反应。常用的磺化剂有发烟硫酸、浓硫酸等。例如：

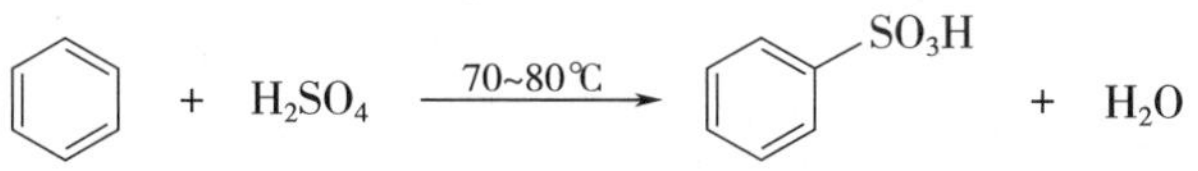

苯磺酸为无色晶体，具有强酸性，能溶于水。化合物中导入磺酸基可增加水溶性。

烷基苯的磺化反应比苯容易进行，主要生成邻位和对位产物。一般来说，提高温度比较有利于对位产物的生成。例如：

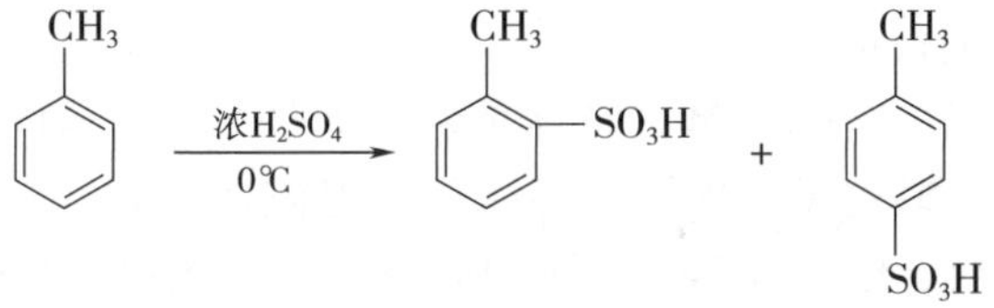

苯的磺化反应是一个可逆反应，将磺化产物与稀硫酸共热或在磺化产物中通入水蒸气时，磺酸基被水解掉，称为去磺基反应。

由于磺酸基容易除去，所以可利用磺酸基暂时占据苯环上的某些位置，使这个位置不再被其他基团取代，或利用磺酸基的存在，影响其水溶性等，待其他反应完毕后，再经水解将磺酸基脱去。该性质被广泛用于有机合成及有机化合物的分离和提纯。

（4）烷基化和酰基化反应　在无水三氯化铝等催化剂的作用下，苯环上的氢原子被烷基或酰基取代的反应，分别称为烷基化反应和酰基化反应，统称为傅-克（Friedel-Crafts）反应。

①烷基化反应：像氯乙烷和乙烯这样能将烷基引入芳环上的试剂称为烷基化试剂。

在烷基化反应时，如所用卤烷含有三个或多个碳原子时，烷基往往发生重排，例如正氯丙烷和苯反应，主要生成物是异丙苯。

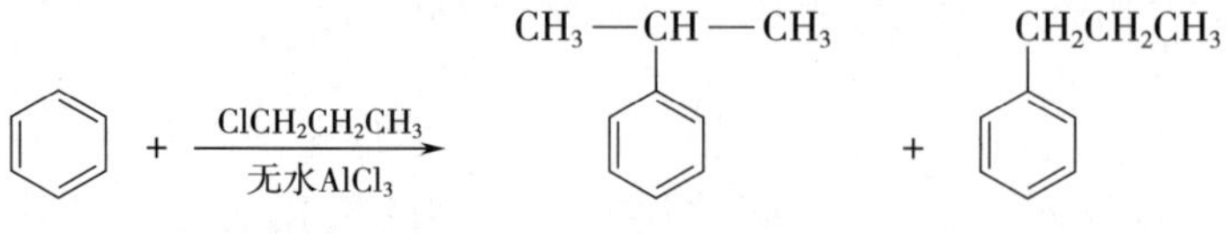

异丙苯 70%　　正丙苯 30%

②酰基化反应：经酰基化反应后，芳烃上的氢原子被酰基取代，生成芳香酮。

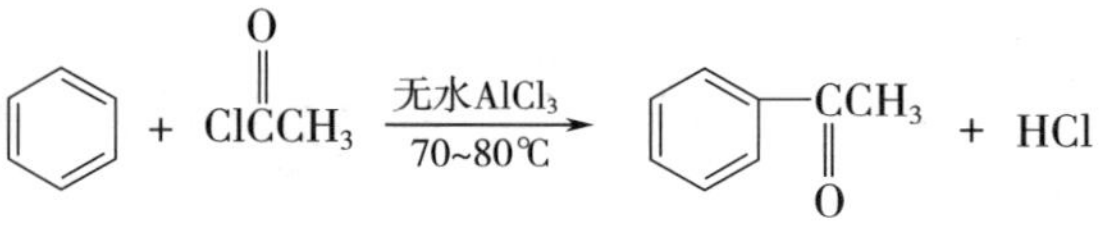

苯乙酮

注意：当苯环上连有硝基、磺酸基、酰基和氰基等强吸电子基时，一般不发生烷基化和酰基化反应。

2. 侧链上的反应

（1）氧化反应　苯环具有特殊的稳定性，一般的氧化剂如高锰酸钾、重铬酸钾、硝酸等不能使苯环氧化，但侧链含有 α-H 的烷基苯容易被这些氧化剂氧化，且不论侧链的长短，最后都得到苯甲酸。如：

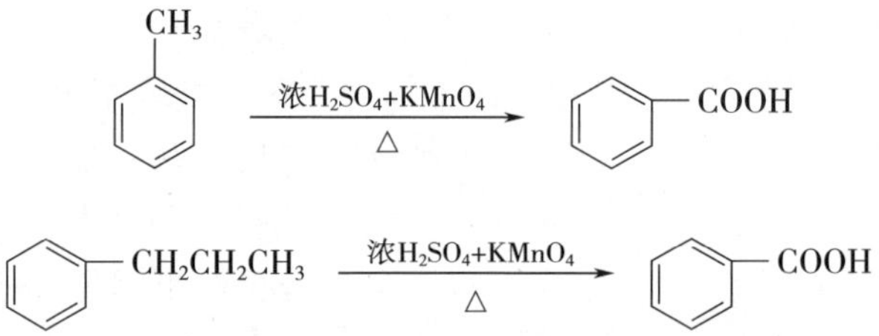

（2）卤代反应　苯环侧链上连有 α-H 时，在光照下与卤素发生反应，α-H 原子被卤素取代。如甲苯的一氯代的反应：

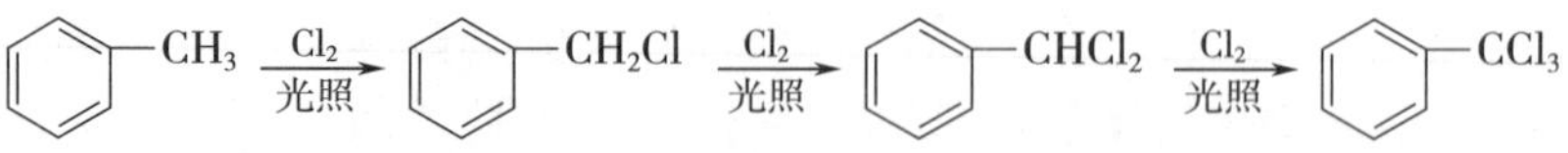

控制氯气的用量可以使反应停留在生成苄氯的阶段。

3. 加成反应

苯环具有特殊的稳定性，难以发生加成反应。但在特殊的条件（如光照、高温、高压、催化剂等）下，加成反应还是可以进行的。如：

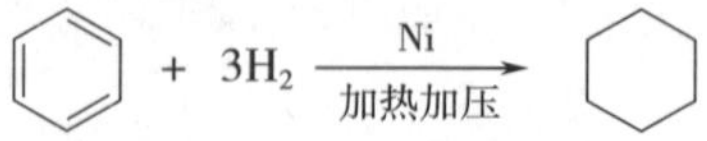

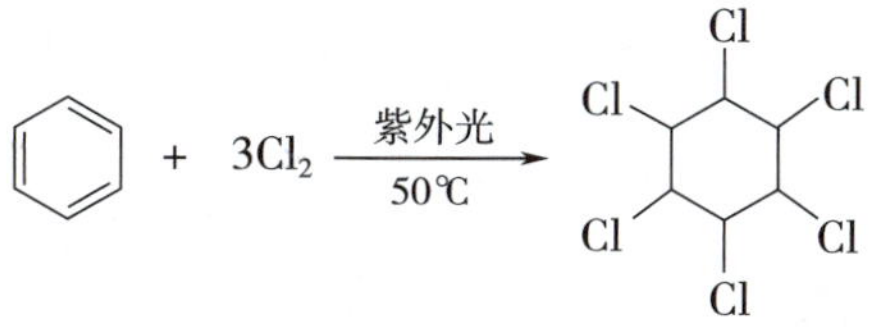

1,2,3,4,5,6-六氯环己烷或六氯环己烷，分子式为 $C_6H_6Cl_6$，故称六六六。它具有相当高的稳定性，是 20 世纪 70 年代以前应用最广泛的一种杀虫剂，但因毒性大，残存期长，现已经被禁用，我国是从 1983 年开始禁用的。

三、 苯环上取代反应的定位规律及应用

1. 一元取代苯的定位规律

当苯环上已有一个取代基，如再引入第二个取代基时，第二个取代基进入的位置，主要由苯环上原有取代基的性质所决定。因此把芳环上原有的取代基称为定位基。定位基有两个作用：一是影响取代反应进行的难易，二是决定新基团进入苯环的位置。定位基的这两个作用称为定位效应。常见的取代基按其定位效应分为两类。

苯环上取代反应的定位规律及应用

（1）邻对位定位基　邻对位定位基又称第一类定位基，这类定位基连接在苯环上时，能使新导入基团主要进入它的邻位和对位。邻对位定位基的结构特点是负离子或与苯环直接相连的原子是饱和的（苯基除外）。除少数基团（如苯基、卤素、氯甲基）外，一般都能使苯环活化，取代反应比苯容易进行。

常见邻对位定位基主要有：—O^-、—NR_2、—NHR、—NH_2、—OH、—OR、—NHCOR、—OCOR、—R、—C_6H_5、—X 等。一般来说，排在前面的邻对位定位基对苯环的活化程度较大，定位能力较强；排在后面的邻对位定位基对苯环的活化程度较小，定位能力较弱。

（2）间位定位基　间位定位基又称第二类定位基，它们使第二个取代基主要进入它的间位，并能使苯环钝化，取代反应比苯难进行。间位定位基的结构特点是正离子或与苯环直接相连的原子是不饱和的。

常见间位定位基主要有：—N^+R_3、—NO_2、—CX_3、—CN、—SO_3H、—CHO、—COR、—COOH、—COOR、—$CONH_2$ 等。一般来说，排在前面的间位定位基对苯环的钝化程度较大，定位能力较强；排在后面的间位定位基对苯环的钝化程度较小，定位能力较弱。

2. 二元取代苯的定位规律

苯环上已有两个取代基时，第三个取代基进入苯环的位置是由苯环上原有的两个定位基的性质共同决定。通常有下列几种情况。

（1）两个定位基的定位效应一致　若两个取代基的定位效应一致时，则新基团进入两个定位基共同指向的位置。例如：

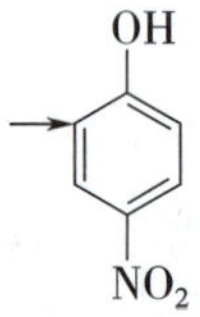

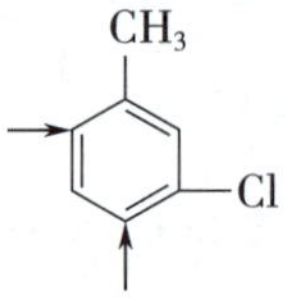

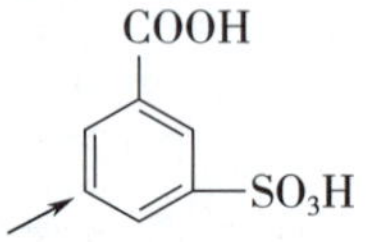

（2）两个定位基的定位效应不一致　若两个取代基的定位效应不一致时，则可分为两种情况。

①两个定位基属于同一类，但定位效应矛盾时，一般第三个取代基进入苯环的位置由定位效应强的（排在前面的）定位基决定。例如：

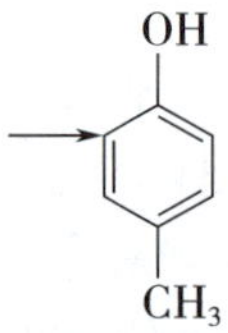

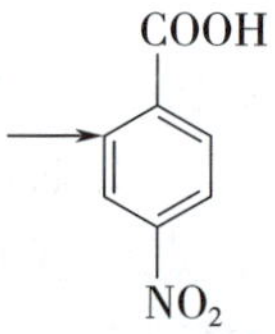

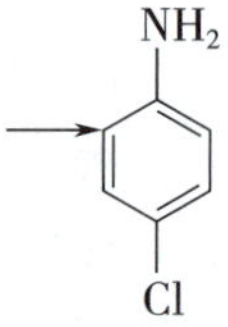

②两个定位基不是同一类，定位效应发生矛盾时，一般第三个取代基进入苯环的位置由邻对位定位基决定。例如：

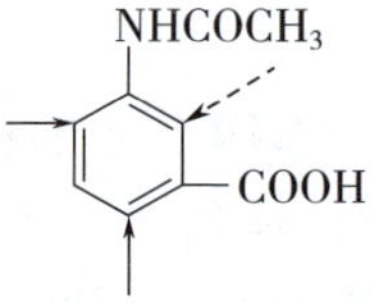

练一练
芳香烃

3. 定位规律的应用

单环芳烃的取代反应定位规律，不仅可以解释一些实验事实，更重要的是应用定位规律来指导多取代苯的合成，包括预测反应主要产物和正确选择合成路线。

知识点六

卤代烃

卤代烃可以看作是烃类分子中一个或多个氢原子被卤素原子（X = Cl、Br、I、F）取代后所生成的化合物。其中，卤原子就是卤代烃的官能团。因此，卤代烃是烃的卤素衍生物。

卤代烃在生活和生产上应用广泛，如二氯甲烷、三氯甲烷、四氯化碳是常用的有机溶剂，三氯乙烯是良好的干洗剂。许多卤代烃是合成农药、麻醉剂、防腐剂等的重要中间体和原料。

一、 卤代烃的分类和命名

1. 卤代烃的分类

根据分子中烃基的不同，卤代烃可分为脂肪族卤代烃、脂环族卤代烃和卤代芳烃；根据分子中是否含有不饱和键，可分为饱和卤代烃和不饱和卤代烃；根据和卤原子直接相连的碳原子（即 α-碳原子）类型的不同，又可分为伯（一级，1°）卤代烃、仲（二级，2°）卤代烃和叔（三级，3°）卤代烃；根据分子中所含卤原子的数目的不同，分为一卤代烃和多卤代烃；根据分子中卤素原子的不同，分为氟代烃、氯代烃、溴代烃和碘代烃。

卤代烃的分类和命名

2. 卤代烃的命名

卤代烃的命名方法主要有普通命名法和系统命名法，一些卤代烃还有俗名。一般来说，对于结构简单的卤代烃多采用普通命名法，结构比较复杂的卤代烃多采用系统命名法。

（1）普通命名法　命名时，根据和卤原子相连的烃基的名称来命名，在烃基的名称后加上卤素的名称，称为“某基卤”或“卤（代）某烃”。例如：

CH_3Cl

甲基氯（氯甲烷）

$CH_2{=}CH{-}Cl$

乙烯基氯（氯乙烯）

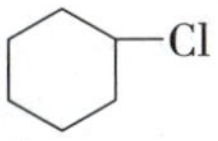

环己基氯（氯代环己烷）

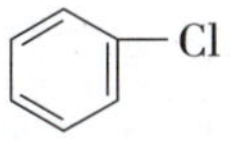

苯基氯（氯苯）

（2）系统命名法　结构复杂的卤代烃要用系统命名法，命名原则与烃类相似。

①脂肪族卤代烃的命名：以烃为母体，卤原子作为取代基来命名，命名原则与脂肪烃相同。

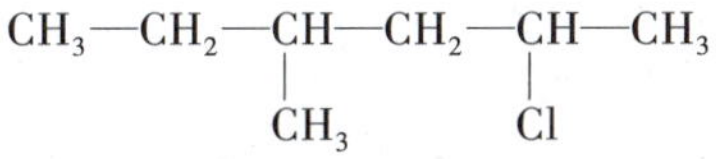

4-甲基-2-氯己烷

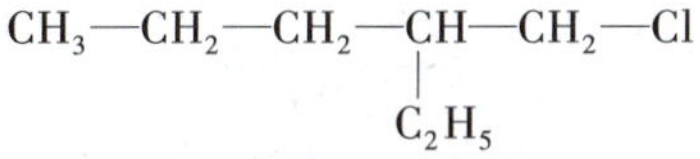

3-氯甲基己烷

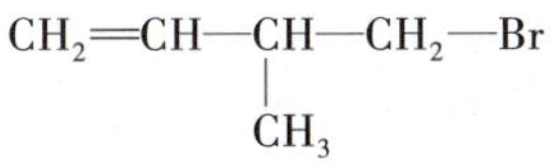

3-甲基-4-溴-1-丁烯

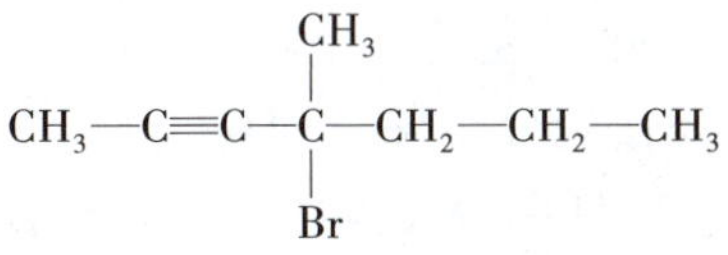

4-甲基-4-溴-2-庚炔

②卤代芳烃的命名：卤原子直接连接在芳环上时，以芳烃为母体，卤原子作为取代基来命名。

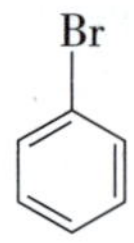

溴苯

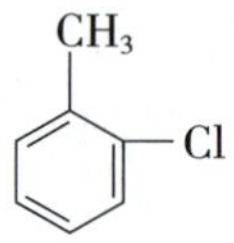

2-氯甲苯（邻氯甲苯）

卤原子连接在芳烃侧链上时，常以脂肪烃为母体，将芳环和卤原子作为取代基来命名。

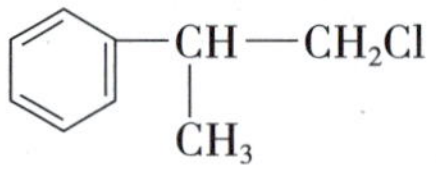

2-苯基-1-氯丙烷

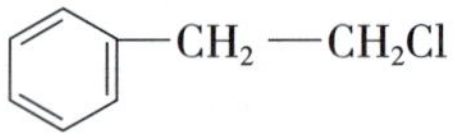

1-苯基-2-氯乙烷

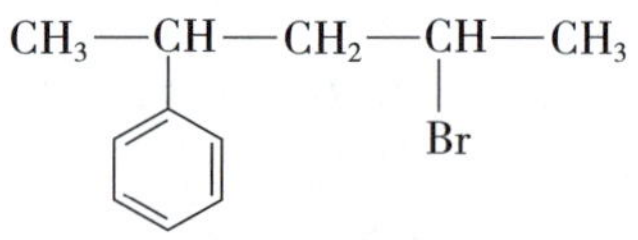

2-苯基-4-溴戊烷

二、 卤代烃的性质

1. 物理性质

卤代烃的性质

在常温下，只有少数低级卤代烃是气体，如一氯甲烷、一氯乙烷、一溴甲烷等，其他常见的卤代烃大多是液体或固体。

卤原子相同的卤代烷，其沸点随着碳原子数的增加而升高。烃基相同而卤素原子不同的卤代烃中，碘代烃的沸点最高，溴代烃、氯代烃依次降低。在卤代烷异构体中，直链卤代烃的沸点高于含相同碳原子数的支链卤代烃，即支链越多，沸点越低。此外，氯代烷、溴代烷、碘代烷与相对分子质量相近的烷烃的沸点相近。

卤代烃都不溶于水，但是，它们彼此可以相互混溶，也可溶于醇、醚等大多数有机溶剂中。有些卤代烃本身就是有机溶剂，如氯仿、四氯化碳等。多氯代烷和多氯代烯可用作干洗剂。

一氟代烷和一氯代烷相对密度小于1，比水轻，其余卤代烷相对密度都大于1。在卤代烷的同系列中，相对密度随着碳原子数的增加反而降低，这是卤素在分子中所占比例逐渐减小的缘故。

2. 化学性质

卤代烷分子中，卤原子是它的官能团，其电负性比碳原子大，使得C—X键有较大极性，容易断裂而发生各种化学反应。同时，受卤原子的影响，β-氢原子比较活泼，在一定条件下也会发生一些反应。因此，卤代烷的化学反应主要发生在官能团卤原子和β-氢原子上。

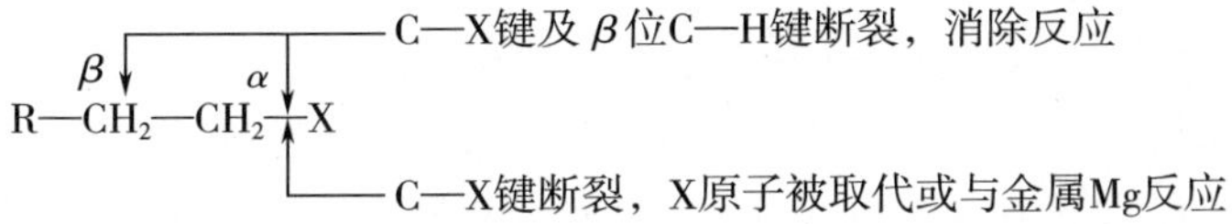

（1）取代反应　在一定条件下（常为碱性条件），卤代烷分子中的卤原子可以被其他原子或原子团（如：—OH、—OR、—CN、—NH_2、—ONO_2等）取代，生成烃的其他衍生物。

①水解反应：卤代烷不溶或微溶于水，水解很慢。但如果将卤代烷与强碱的水溶液（如氢氧化钠、氢氧化钾）共热，则卤原子被羟基（—OH）取代而生成醇。例如：

$$CH_3CH_2CH_2CH_2—Br+NaOH \xrightarrow[\triangle]{H_2O} CH_3CH_2CH_2CH_2—OH + NaBr$$

②醇解反应：卤代烷与醇钠在相应的醇中反应，卤原子被烷氧基（—OR）取代而生成醚，此反应称为醇解反应，也称为威廉姆森（Wiliamson）合成法。例如：

$$CH_3CH_2CH_2CH_2—Br +CH_3CH_2ONa \xrightarrow[\triangle]{CH_3CH_2OH} CH_3CH_2CH_2CH_2OCH_2CH_3+ NaBr$$

这是制备醚的一种常用方法。反应中通常采用伯卤代烷，因为仲卤代烷的产率较低，而叔卤代烷则发生消除反应得到烯烃。

③氰解反应：卤代烷与氰化钠（或氰化钾）在醇溶液中反应，卤原子被氰基（—CN）取代而生成腈。例如：

$$CH_3CH_2CH_2CH_2—Br + NaCN \xrightarrow[\triangle]{H_2O—C_2H_5OH} \underset{\text{正戊腈}}{CH_3CH_2CH_2CH_2—CN} + NaBr$$

反应的特点是产物比原料增加一个碳原子，故在有机合成中常用作增长碳链。因腈可以进一步水解生成酸，此反应也是用来制备酸的一个重要方法，但因氰化钠（钾）有剧毒，应用受到很大限制。

④氨解反应：卤代烷与过量的氨反应，卤原子被氨基（—NH_2）取代而生成胺，此反应称为氨解。如：

$$CH_3CH_2CH_2CH_2—Br + 2NH_3 \longrightarrow \underset{\text{正丁胺}}{CH_3CH_2CH_2CH_2NH_2} + NH_4Br$$

反应中通常也是采用伯卤代烷，工业上常用此反应来制备伯胺。

⑤与硝酸银-乙醇溶液反应：卤代烷与硝酸银的乙醇溶液作用，生成硝酸酯和卤化银沉淀。

$$R—X + AgONO_2 \xrightarrow{乙醇} R—ONO_2 + AgX\downarrow$$

不同结构的卤代烷与硝酸银醇溶液作用，显示出不同的活泼性。烃基相同时，活性次序为：RI>RBr>RCl；卤原子相同时，活性次序为：叔卤代烷>仲卤代烷>伯卤代烷。一般，叔卤代烷与硝酸银的乙醇溶液作用，立即反应生成卤化银沉淀，反应最快；仲卤代烷反应片刻后出现沉淀；伯卤代烷需加热才能使反应进行，反应最慢。该反应常应用于定性分析，鉴别不同类型的卤代烷。

（2）消除反应　卤代烷与氢氧化钾或氢氧化钠的醇溶液共热，卤素与β-碳上的氢原子脱去一分子卤化氢而生成烯烃。这种从分子中脱去简单分子（如水、卤化氢、氨），生成不饱和烃的反应称为消除反应。

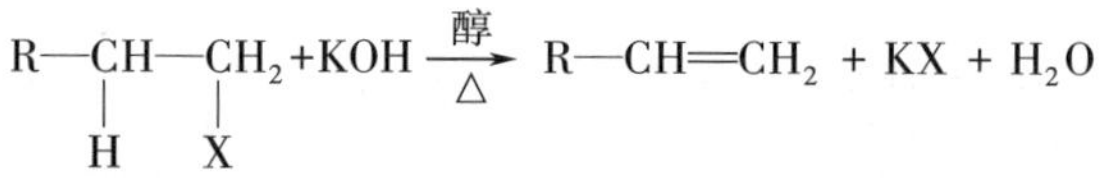

卤代烃发生消除反应时，消除的是β-碳原子的氢，因此又称为β-消除。例如：

$$CH_3CH_2CH_2Br + KOH \xrightarrow[\triangle]{醇} CH_3CH{=}CH_2 + KBr + H_2O$$

仲卤代烷和叔卤代烷在消除卤化氢时，因含有不同的β-H 原子，可生成两种不同的产物。例如：

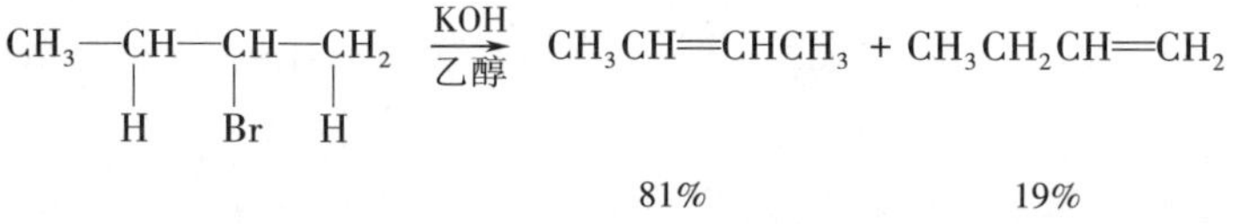

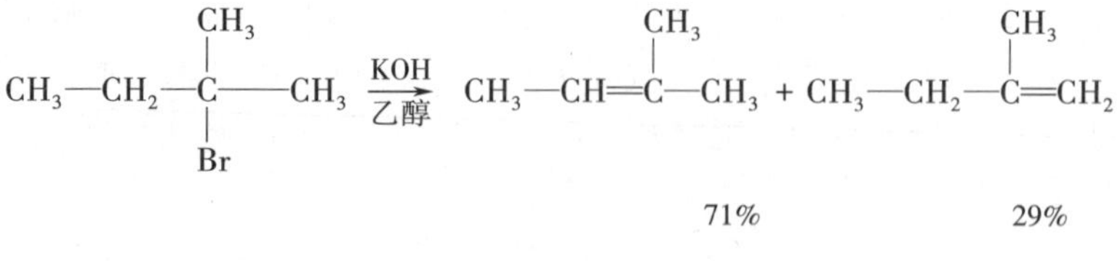

实验证明：卤代烷发生消除反应时，主要消除含氢较少的β-碳原子上的氢，同时生成产物主要是双键碳原子上连有较多烃基的烯烃，这个规则称为查依采夫（Saytzeff）规则。

消除反应的难易与卤代烃的结构有关，各级卤代烃发生消除反应的活性顺序为：叔卤代烷>仲卤代烷>伯卤代烷。

卤代烷的水解和消除反应都是在碱性条件下进行的，实验证明，强极性溶剂有利于取代反应，弱极性溶剂有利于消除反应，所以卤代烷在碱性水溶液中主要发生水解反应，在碱性醇溶液中主要发生消除反应。

（3）与金属镁反应——格氏试剂的生成　在绝对乙醚（又称无水乙醚或干醚，指无水、无醇的乙醚）中，卤代烷与金属镁作用，生成烷基卤化镁，又称格林尼亚（Grignard）试剂，简称格氏试剂，一般用 RMgX 表示。

$$R{-}X + Mg \xrightarrow{\text{干醚}} RMgX$$

制备格氏试剂时，烃基相同的各种卤代烷的反应活性次序为：RI>RBr>RCl。由于碘代烷昂贵，氯代烷的反应速度慢，因此实验室中常使用溴代烷制备格氏试剂。

格氏试剂能与水、醇、酸、氨等含活泼氢的化合物作用，生成相应的烷烃。

$$RMgX \xrightarrow{HOH} RH + Mg(OH)X$$
$$RMgX \xrightarrow{HOR} RH + Mg(OR)X$$
$$RMgX \xrightarrow{HNH_2} RH + Mg(NH_2)X$$
$$RMgX \xrightarrow{HX} RH + MgX_2$$

因此，制备格氏试剂时，不能与空气（含有水汽）、水等接触，制备时需在隔绝空气条件下使用无水无醇的乙醚作溶剂。

三、 卤代烯烃与卤代芳烃

烯烃分子中的氢原子被卤原子取代后生成的产物称为卤代烯烃；芳烃分子中的氢原子被卤原子取代后生成的产物称为卤代芳烃。

1. 卤代烯烃与卤代芳烃的分类

根据卤原子和双键（或芳环）的相对位置，可把卤代烯烃和卤代芳烃分为三类。

（1）乙烯（苯基）型卤代烃　卤原子与双键或芳环上的碳原子直接相连的，称为乙烯基型或苯基型卤代烃。例如：

$CH_2{=}CHCl$　氯乙烯

$CH_3CH{=}CH{-}Cl$　丙烯基氯

$CH_3CH{=}C(Br)CH_3$　2-溴-2-丁烯

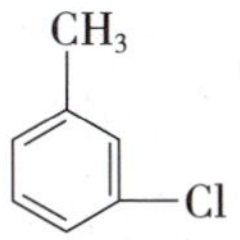
3-氯甲苯

（2）烯丙基（苄基）型卤代烃　卤原子与双键或芳环相隔一个饱和碳原子的，称为烯丙基型或苄基型卤代烃。例如：

$CH_2=CH-CH_2Cl$

3-氯丙烯（烯丙基氯）

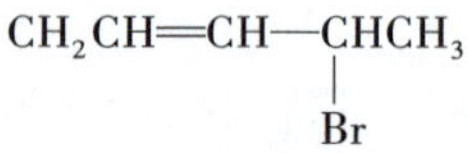

4-溴-2-戊烯

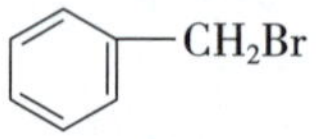

苄基溴

（3）孤立型卤代烃　卤原子与双键（或芳环）上的碳相隔两个或两个以上饱和碳原子的，称为孤立型卤代烯烃。例如：

$CH_2=CH-CH_2CH_2Cl$

4-氯-1-丁烯

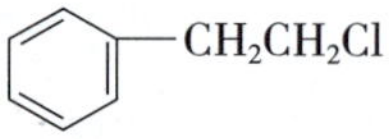

β-氯乙苯（苯乙基氯）

2. 卤代烯烃和卤代芳烃的卤原子活泼性

不同类型的卤代烯烃和卤代芳烃，由于卤原子和双键（或芳环）的相对位置不同，卤原子的反应活性差别很大。其中，烯丙基型和苄基型卤代烃最活泼，在室温下，与硝酸银的醇溶液作用时，能迅速生成卤化银沉淀；孤立型卤代烃与仲卤代烷、伯卤代烷反应活性相似，在室温下一般不与硝酸银的醇溶液作用，但加热后可生成卤化银沉淀；而乙烯基型和苯基型卤代烃最不活泼，与硝酸银的醇溶液作用时，即使加热也不能生成卤化银沉淀。可以利用这个性质来鉴别三种类型的卤代烃，即这三类卤代烃对硝酸银的反应活性次序为：

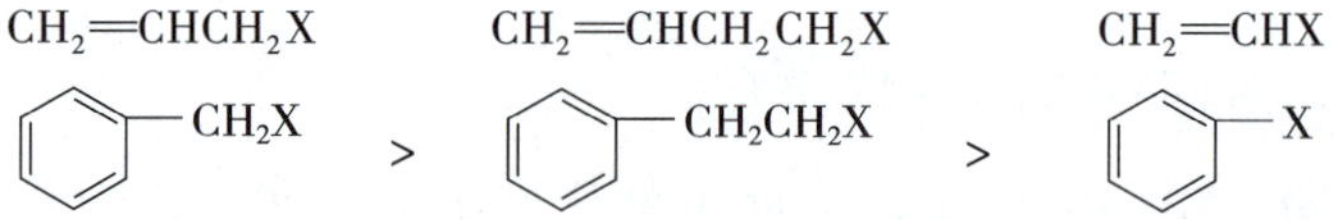

烯丙基型和苄基型　>　孤立型　>　乙烯基型和苯基型

练一练
卤代烃

知识点七

醇和酚

一、醇

醇可看作烃分子中氢原子（芳香烃必须是侧链上的氢原子）被羟基（—OH）取代的衍生物。其中，羟基（—OH）是醇的官能团，醇分子中的羟基也称醇羟基。因此，醇是烃的羟基衍生物，是烃的含氧衍生物。最简单的醇是甲醇。

化学中的哲学思维——矛盾的普遍性和特殊性关系原理

（一）醇的分类和命名

1. 醇的分类

根据与羟基相连的烃基结构的不同，可分为脂肪醇、脂环醇和芳香醇。如：

$CH_3—OH$　　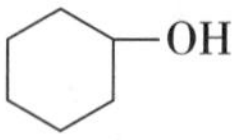　　

甲醇　　环己醇　　苯甲醇（苄醇）

醇和酚的命名

脂肪醇中，根据烃基中是否含有不饱和键，可分为饱和脂肪醇和不饱和脂肪醇。如：

$CH_3—CH_2—CH(OH)—CH_3$　　$CH_2{=}CH—CH(OH)—CH_3$

2-丁醇（异丁醇）　　3-丁烯-2-醇

一元醇中，根据与羟基直接相连的碳原子的类型不同，可分为伯醇、仲醇和叔醇。如：

$CH_3—CH_2—CH_2—CH_2—OH$　　$CH_3—CH_2—CH(OH)—CH_3$　　$CH_3—C(CH_3)(OH)—CH_3$

1-丁醇（伯醇）　　2-丁醇（仲醇）　　2-甲基-2-丙醇（叔醇）

根据分子中羟基的个数，可分为一元醇、二元醇和多元醇。如：

$CH_3CH_2—OH$　　$CH_2(OH)—CH_2(OH)$　　$CH_2(OH)—CH(OH)—CH_2(OH)$

乙醇　　乙二醇（甘醇）　　丙三醇（甘油）

2. 醇的命名

醇的命名方法主要有普通命名法和系统命名法，对于一些常见的醇还有俗名。一般来说，对于结构简单的一元醇多采用普通命名法，结构比较复杂的醇多采用系统命名法。

（1）俗名

CH_3OH　　C_2H_5OH　　$CH_2(OH)—CH_2(OH)$　　$CH_2(OH)—CH(OH)—CH_2(OH)$

木精（甲醇）　　酒精（乙醇）　　甘醇（乙二醇）　　甘油（丙三醇）

（2）普通命名法　命名时，根据和羟基相连的烃基名称来命名，在“醇”字前面加上烃基的名称，命名为“某醇”。

CH_3OH　　$CH_3CH_2—OH$　　$CH_3—CH_2—CH_2—OH$

甲醇　　乙醇　　正丙醇

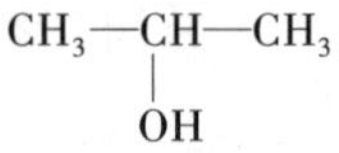

异丙醇

（3）系统命名法　命名时，根据醇的结构不同，其命名原则稍有差异。

①饱和脂肪醇的命名。其步骤及命名原则为：

a. 选择主链：选择含有羟基的最长碳链作为主链，其余同烷烃；

b. 主链编号：使羟基位次最小，其余同烷烃；

c. 命名：取代基位次-取代基的名称-羟基位次-某醇。

例如：

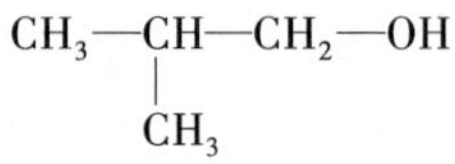

2-甲基-1-丙醇

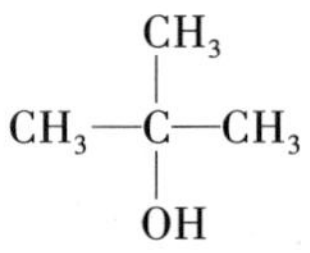

2-甲基-2-丙醇

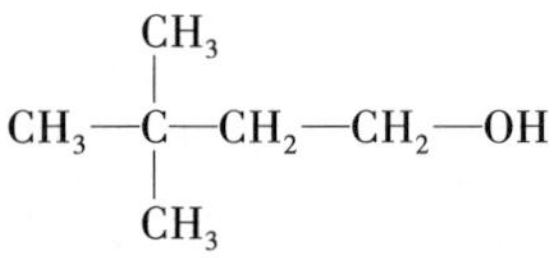

3,3-二甲基-1-丁醇

②不饱和脂肪醇的命名。命名步骤及原则为：

a. 选择主链：选择同时含有羟基和不饱和键在内的最长碳链作为主链，根据主链上碳原子的数目称为“某烯醇”或“某炔醇”，把支链看作取代基；

b. 主链编号：从距羟基最近的一端将主链进行编号；

c. 命名：取代基位次-取代基的名称-不饱和键的位次-某烯(炔)-羟基位次-醇。

例如：

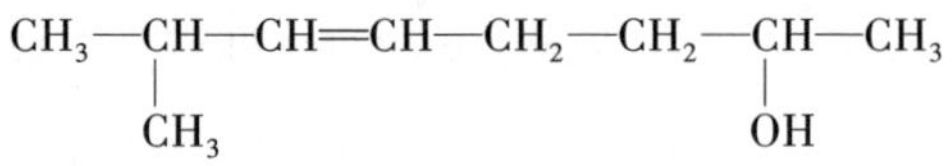

7-甲基-5-辛烯-2-醇

③脂环醇和芳香醇的命名。脂环醇命名时将与羟基直接相连的环上碳原子作为第 1 位。芳香醇命名时将芳香环作为取代基。例如：

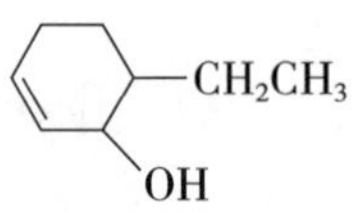

6-乙基-2-环己烯-1-醇

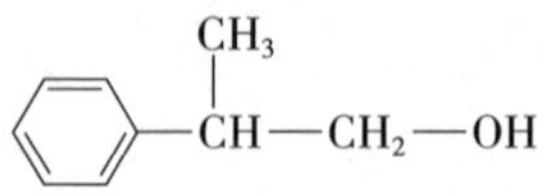

2-苯基-1-丙醇

（二）醇的性质

1. 醇的物理性质

直链饱和一元醇中，含有 4 个碳原子以下（$C_1 \sim C_4$）的是低级一元醇，是无色透明有酒精气味的液体，比水轻；含 5～11 个碳原子（$C_5 \sim C_{11}$）的醇是具有令人不愉快气味的油状液体，含 12 个碳原子以上的高级一元醇是无色无味的蜡状固体。二元醇和多元醇都具有甜味，故乙二醇有时称为甘醇。

醇的性质

醇的沸点比含同数碳原子的烷烃、卤代烷高，这是因为醇分子中含有极性较大的羟基，和水分子相似，醇分子之间有氢键缔合现象存在，氢键的存在使分子间作用力增大，醇的沸点升高。羟基越多，能形成的氢键越多，沸点也越高。

不仅醇分子间可通过氢键缔合，而且醇分子与水分子之间也可形成氢键，从而使含有三个以下碳原子的一元低级醇可以和水混溶。自丁醇开始，随着组成醇的烃基的增大，羟基在分子中所占的比例减小，形成氢键的能力减弱，醇在水中的溶解度减小。高级醇甚至不溶于水，而能溶于有机溶剂。

2. 醇的化学性质

醇的化学性质，主要由其官能团羟基（—OH）决定，同时由于受到羟基的影响，与羟基邻近的碳原子上的氢原子（α-H）也具有一定的活性。因此，醇发生化学反应时，反应的主要部位是：C—O 键、O—H 键和 α-H。醇的结构不同、反应条件不同，发生化学反应的部位不同。

$$R—\overset{\alpha}{C}H_2—O—H$$

（1）与活泼金属反应　醇中羟基上的氢较活泼，能被活泼金属所取代生成醇金属和氢气。但由于醇的酸性很弱，只能与钠、钾、镁、铝等活泼金属反应。

$$2ROH + Na \longrightarrow 2RONa + H_2\uparrow$$

醇与活泼金属的反应比水与活泼金属的反应要温和得多，这说明醇的酸性比水弱，所以当醇钠遇到水时会立即水解再生成醇和氢氧化钠。

不同类型的醇与钠反应生成醇金属的速度不同，醇的反应活性为：伯醇>仲醇>叔醇。

（2）与氢卤酸反应　醇可以与氢卤酸反应，生成卤代烃和水，这是制备卤代烃的一种重要方法。

$$ROH + HX \longrightarrow RX + H_2O$$

此反应的反应速率与氢卤酸的类型和醇的结构有关，醇与氢卤酸反应时氢卤酸（HX）的活性顺序为：HI > HBr > HCl。例如：

伯醇与氢碘酸（47%）一起加热就可生成碘代烃。

$$RCH_2OH + HI \longrightarrow RCH_2I + H_2O$$

伯醇与氢溴酸（48%）作用必须在 H_2SO_4存在下加热才能生成溴代烃。

$$RCH_2OH + HBr \xrightarrow[\triangle]{H_2SO_4} RCH_2Br + H_2O$$

伯醇与浓盐酸作用必须有无水氯化锌存在并加热才能生成氯代烃。

$$RCH_2OH + HCl \xrightarrow[\triangle]{ZnCl_2} RCH_2Cl + H_2O$$

醇与氢卤酸反应时醇的活性顺序为：叔醇>仲醇>伯醇>甲醇。利用醇和浓盐酸反应的快慢，可以区别伯、仲、叔醇，所用试剂为浓盐酸和无水氯化锌所配成的溶液，称为卢卡斯（Lucas）试剂。即在室温下，将卢卡斯试剂分别与伯、仲、叔醇作用，叔醇与卢卡斯试剂反应，一起振荡后很快会生成氯代烃而出现混浊；仲醇与卢卡斯试剂反应较慢，需静置一段时间后才生成氯代烃而出现混浊；而伯醇与卢卡斯试剂在室温下不发生反应，只有加热才会发生反应。卢卡斯试剂适用于六个碳原子以下的醇，因为大于六个碳原子的醇难溶或不溶于卢卡斯试剂。例如：

$$(CH_3)_3COH + HCl \xrightarrow[20℃,\ 1min]{ZnCl_2} (CH_3)_3C{-}Cl + H_2O$$

$$CH_3CH_2\underset{\displaystyle OH}{\underset{|}{C}}HCH_3 + HCl \xrightarrow[20℃,\ 10min]{ZnCl_2} CH_3CH_2\underset{\displaystyle Cl}{\underset{|}{C}}HCH_3 + H_2O$$

$$CH_3CH_2CH_2CH_2OH + HCl \xrightarrow[\triangle]{ZnCl_2} CH_3CH_2CH_2CH_2Cl + H_2O$$

（3）脱水反应　醇在浓强酸（硫酸、磷酸等）或脱水剂的作用下，受热可以发生脱水反应。较高温度下，主要发生分子内脱水，生成烯烃；在较低温度下，主要发生分子间脱水，生成醚。例如：

$$CH_3CH_2OH \xrightarrow[170℃]{浓\ H_2SO_4} CH_2{=}CH_2 + H_2O$$

$$CH_3CH_2OH + HOCH_2CH_3 \xrightarrow[140℃]{浓 H_2SO_4} CH_3CH_2OCH_2CH_3 + H_2O$$

脱水的方式不仅与反应条件有关，还与醇的结构有关，只有伯醇能与浓硫酸共热成醚，仲醇易发生分子内脱水，叔醇只能分子内脱水。仲醇、叔醇发生分子内脱水时符合查依采夫规则。如：

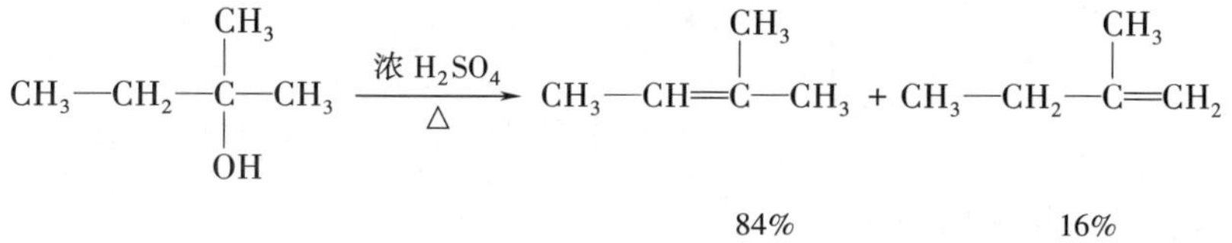

（4）酯化反应　醇可以与硫酸、硝酸和乙酸等反应生成酯，这种醇和酸脱水生成酯的反应称为酯化反应。

醇与硫酸、硝酸、磷酸等无机含氧酸作用，生成无机酸酯。例如，丙三醇（甘油）和 HNO_3作用生成三硝酸甘油酯，俗称硝化甘油。

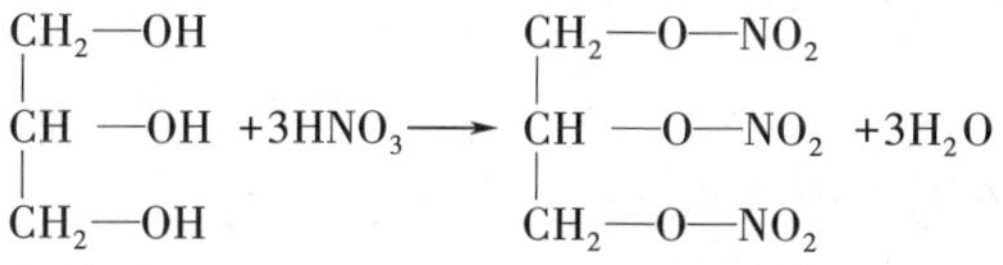

三硝酸甘油酯

硝化甘油能用于血管舒张，治疗心绞痛和胆绞痛。硝酸酯有一个特性，即受热会发生爆炸，因此硝化甘油也是一种爆炸能力极强的炸药。

醇与有机酸作用生成有机酸酯（羧酸酯），酯化反应是可逆的。例如，乙醇和乙酸发生反应生成乙酸乙酯。

化学家的故事
——诺贝尔

$$C_2H_5OH + CH_3COOH \overset{H^+}{\rightleftharpoons} CH_3COOC_2H_5 + H_2O$$

（5）氧化和脱氢反应

①氧化反应：由于受羟基的影响，醇分子中 α-氢原子比较活泼，容易被氧化剂氧化。常用的氧化剂有 $KMnO_4$、$K_2Cr_2O_7$、浓 HNO_3 等。伯醇先被氧化成醛，醛很容易进一步氧化成羧酸；仲醇氧化的产物是酮；叔醇因为与羟基相连的叔碳原子上没有氢，所以不容易氧化。

$$RCH_2OH \xrightarrow[H_2SO_4]{K_2Cr_2O_7} \xrightarrow{[O]} RCOOH$$

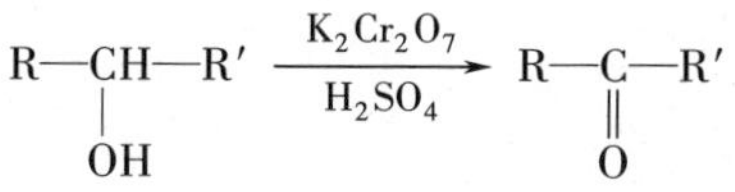

②催化脱氢：伯、仲醇的蒸气在高温下通过活性铜或银等催化剂时可发生脱氢反应，分别生成醛或酮。

$$RCH_2OH \xrightleftharpoons[\text{约 }300℃]{Cu} RCHO + H_2$$

$$\underset{\displaystyle \begin{array}{l}|\\ OH\end{array}}{RCHR'} \xrightleftharpoons[\text{约 }300℃]{Cu} R—\underset{\displaystyle \begin{array}{c}\|\\ O\end{array}}{C}—R' + H_2$$

低级醇催化脱氢已用于工业生产，叔醇分子中没有 α-氢原子，因此不能进行脱氢反应。

二、 酚

酚是指羟基直接与苯环相连的化合物，其中羟基（—OH）是酚的官能团，酚分子中的羟基也称酚羟基。最简单的酚是苯酚。

（一）酚的分类和命名

根据分子中羟基的个数，可分为一元酚、二元酚和多元酚；根据酚分子中芳环不同，可分为苯酚、萘酚、蒽酚等。

酚的命名，一般是在“酚”字前加上芳环的名称作为母体，再加上其他取代基的名称和位次。若苯环上有比—OH 优先的基团，则—OH作为取代基。如：

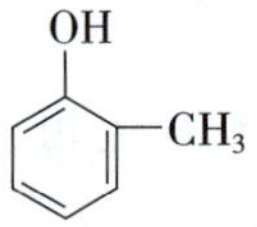

2-甲基苯酚（邻甲苯酚）

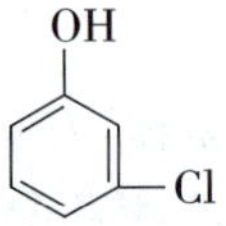

3-氯苯酚（间氯苯酚）

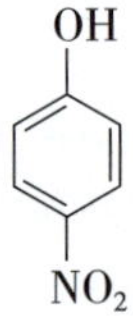

4-硝基苯酚（对硝基苯酚）

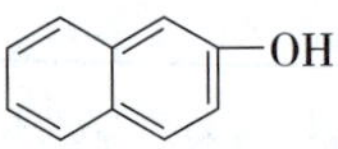

2-萘酚（β-萘酚）

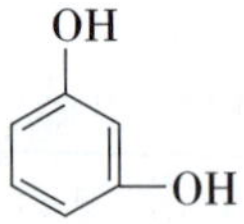

1,3-苯二酚（间苯二酚）

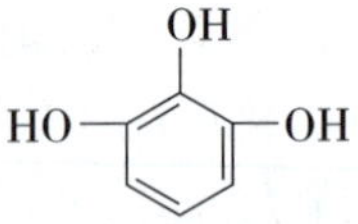

1,2,3-苯三酚（连苯三酚）

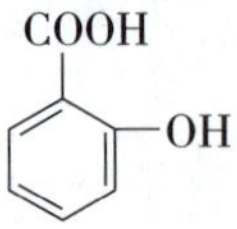

2-羟基苯甲酸（邻羟基苯甲酸）

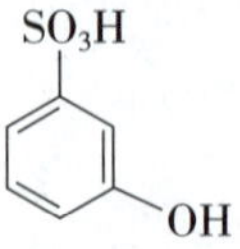

3-羟基苯磺酸（间羟基苯磺酸）

（二）酚的性质

1. 酚的物理性质

常温下，只有少数烷基酚为液体，其他酚都是固体。与醇相似，酚分子间也能形成氢键，能与水分子形成氢键而缔合，所以酚沸点都很高，在水中有一定的溶解度，微溶于水。纯的酚是无色的，由于在空气中易氧化，往往带有红色至褐色。酚常有特殊气味，毒性很大，杀菌和防腐作用是酚类化合物的重要特性之一，消毒用的“来苏水”即甲酚（甲基苯酚各异构物的混合物）与肥皂溶液的混合液。

酚的性质

2. 酚的化学性质

酚与醇的结构中都含有羟基，酚羟基的性质在某些方面与醇羟基相似，但由于酚羟基与苯环直接相连，受苯环的影响，在性质上与醇羟基又有一定的差别。另外，苯环受到羟基的影响，使其邻、对位活泼，比相应的芳烃更容易发生取代反应。

（1）弱酸性　酚呈弱酸性，大多数酚的 $pK_a^{\ominus} \approx 10$，酚的酸性要比醇强（醇的 $pK_a^{\ominus} \approx 18$）。例如，苯酚可与氢氧化钠溶液反应，生成苯酚钠而溶于水。

化学中的生活哲理——你的队友决定你的格局

但苯酚的酸性比碳酸（$pK_a^{\ominus} = 6.38$）弱，因此苯酚不能溶于 $NaHCO_3$ 溶液中。相反，若是在苯酚钠的水溶液中通入 CO_2，可以使苯酚游离出来。

取代酚的酸性强弱与芳环的取代基种类、数目、位置有关。当芳环上连有硝基等吸电子基团时，酚的酸性增强；反之，当芳环上连有烷基等供电子基团时，酚的酸性减弱。例如：

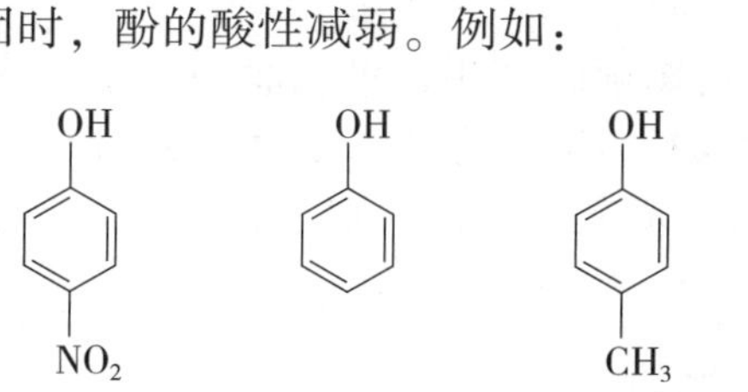

$K_a^{\ominus}=7\times10^{-9}$　　$K_a^{\ominus}=1\times10^{-10}$　　$K_a^{\ominus}=6.7\times10^{-11}$

（2）显色反应　大多数的酚能与三氯化铁的水溶液发生显色反应，不同结构的酚显示不同颜色，常用于酚的鉴别。例如，苯酚与 $FeCl_3$ 反应，可生成紫色的配离子，根据此颜色可用来鉴别苯酚的存在。

注：具有烯醇式结构的脂肪醇（R—CH ═CH—OH），羟基与双键碳直接相连，也有此显色反应。

（3）芳环的取代反应　酚羟基（—OH）是一个定位能力较强的邻对位定位基，因此酚的苯环较苯更易发生取代。

①卤代：苯酚与溴水在常温下可迅速反应，生成2，4，6-三溴苯酚白色沉淀。

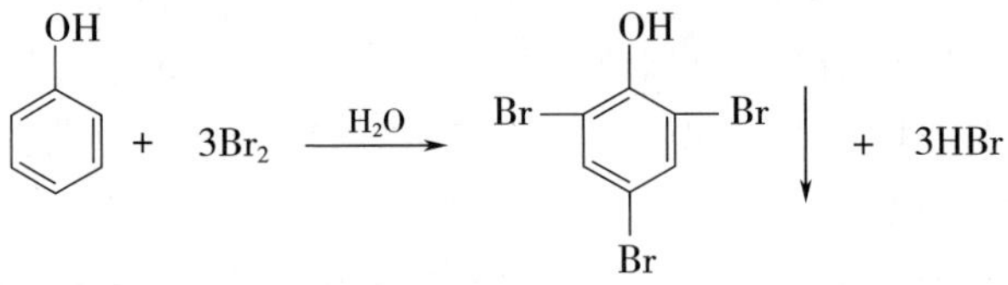

此反应非常灵敏，微量的苯酚溶液也能与溴水生成沉淀，而且反应定量完成，因而此反应常用于苯酚的鉴别和定量测定。

如需制备一溴代苯酚，则反应要在 CS_2、CCl_4 等非极性溶剂中低温下进行。

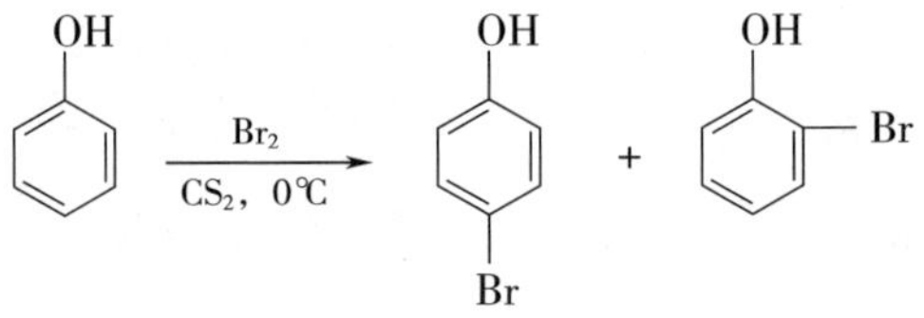

67%　　　　33%

②硝化：室温下，苯酚与稀硝酸作用，可生成邻硝基苯酚和对硝基苯酚的混合物。此反应比苯硝化反应容易进行。

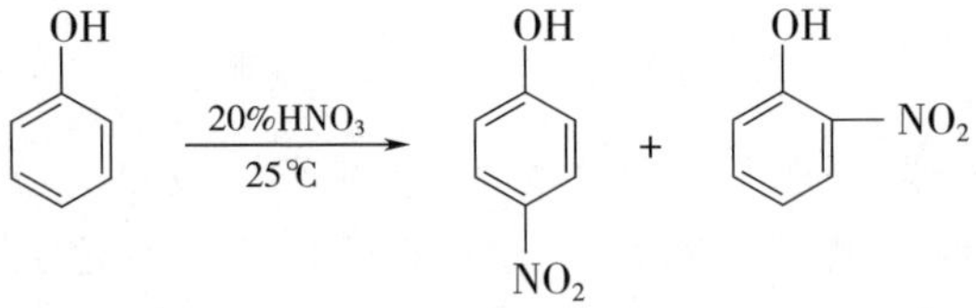

③磺化：苯酚与浓硫酸作用，可生成邻羟基苯磺酸和对羟基苯磺酸的混合物。如果反应在常温下进行，生成的邻位和对位产物几乎等量；若反应在高温下进行，则以对位产物为主。

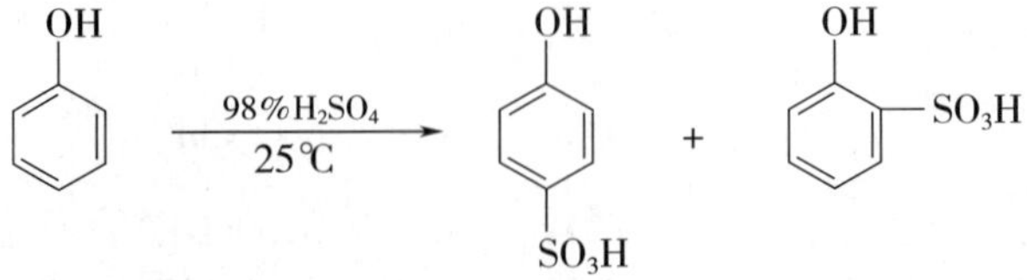

49%　　　　51%

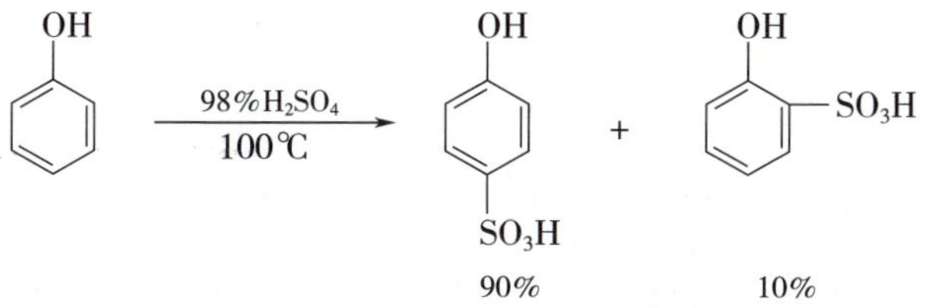

（4）氧化反应　酚很容易被氧化，空气中的氧就能将酚氧化成粉红色、红色，甚至暗红色。不同结构的酚，采用不同的氧化剂可以得到不同的氧化产物。例如，苯酚采用 CrO_3+ CH_3COOH 氧化，可生成黄色的对苯醌。

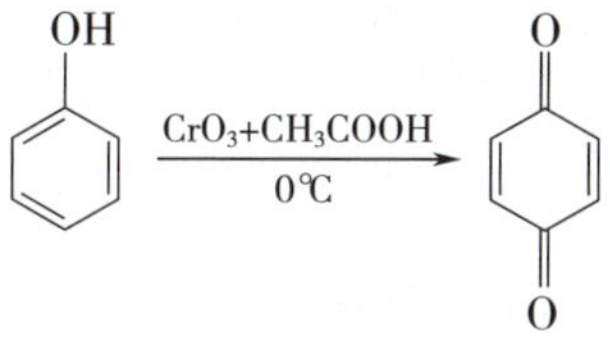

练一练
醇和酚

知识点八

醛和酮

醛和酮分子结构中都含有羰基（$-\overset{\underset{\|}{O}}{C}-$），分子中含有羰基的有机化合物统称为羰基化合物，羰基是羰基化合物的官能团。羰基碳原子上至少连有一个氢原子的羰基化合物称为醛，醛基（—CHO）是醛的官能团；羰基碳原子两侧同时连有两个烃基的羰基化合物称为酮，酮基（—COR）是酮的官能团。最简单的醛是甲醛，最简单的酮是丙酮。

一、 醛、 酮的分类和命名

1. 分类

根据羰基所连的烃基不同，醛、酮可分为脂肪醛或酮、脂环醛或酮和芳香醛或酮。例如：

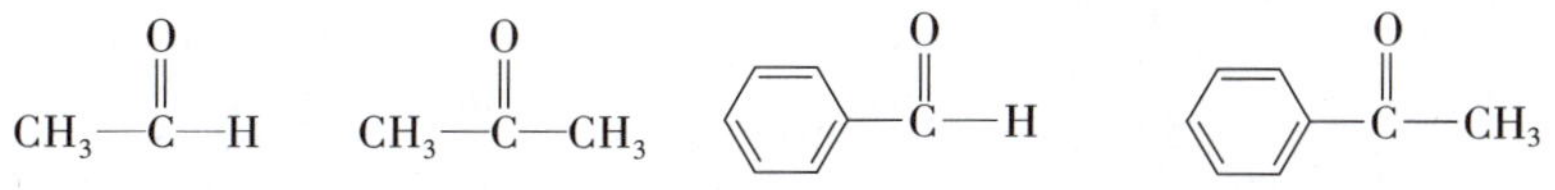

乙醛　　丙酮　　苯甲醛　　苯乙酮

醛、酮的分类和命名

根据烃基是否含有不饱和键，醛、酮可分为饱和醛或酮、不饱和醛或酮。例如：

$$\underset{\text{3-戊烯醛}}{CH_3CH{=}CHCH_2CHO} \qquad \underset{\text{4-己烯-3-酮}}{CH_3CH{=}CH\overset{\overset{O}{\|}}{C}CH_2CH_3}$$

根据分子中含有羰基的数目，醛、酮可分为一元醛或酮、二元醛或酮、多元醛或酮。例如：

$$\underset{\text{甲醛}}{HCHO} \qquad \underset{\text{丁二醛}}{OHCCH_2CH_2CHO} \qquad \underset{\text{2,4-戊二酮}}{CH_3-\overset{\overset{O}{\|}}{C}-CH_2-\overset{\overset{O}{\|}}{C}-CH_3}$$

对酮来说，根据与羰基碳原子两侧相连的烃基结构是否相同，可分为单酮、混酮。例如，丙酮是单酮，而苯乙酮是混酮。

2. 命名

醛和酮的命名方法主要有普通命名法和系统命名法，有些醛、酮还有俗名。

（1）俗名　由相应的酸的名称来的。

$$\underset{\text{蚁醛（甲醛）}}{HCHO} \qquad \underset{\text{月桂醛}}{CH_3(CH_2)_{10}CHO} \qquad \underset{\text{巴豆醛}}{CH_3CH{=}CHCHO} \qquad \underset{\text{肉桂醛}}{C_6H_5CH{=}CHCHO}$$

（2）普通命名法　对于结构简单的醛，其普通命名法与醇相似，只需将名称中的“醇”字改为“醛”字即可。例如：

$$\underset{\text{甲醛}}{HCHO} \qquad \underset{\text{正戊醛}}{CH_3CH_2CH_2CH_2CHO} \qquad \underset{\text{异戊醛}}{CH_3\underset{\underset{CH_3}{|}}{C}HCH_2CHO}$$

酮的普通命名法是把所连的两个烃基的名称后面加上“酮”字，通常是简单在前，复杂在后。但烃基的“基”字常省略。对于单酮，两个烃基合为一起称为“二某酮”。例如：

$$\underset{\text{甲丙酮}}{CH_3CH_2CH_2\underset{\underset{O}{\|}}{C}CH_3} \qquad \underset{\text{甲异丙酮}}{CH_3\overset{\overset{CH_3}{|}}{C}H\underset{\underset{O}{\|}}{C}CH_3}$$

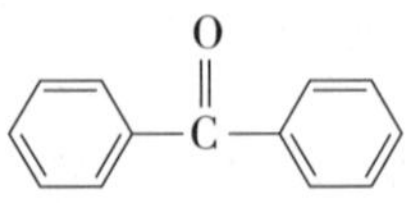
二苯酮

（3）系统命名法　对于一些结构比较复杂的醛、酮，可采用系统命名法进行命名。

①一元饱和脂肪醛、酮的命名

命名步骤及原则为：

a. 选择主链：选择连有羰基碳原子在内的最长碳链作为主链，根据主链上的碳原子数以及官能团是醛基还是酮基称为某醛或某酮，作为母体名称，把支链看作取代基；

b. 主链编号：从距羰基最近的一端将主链进行编号；

c. 命名：按“取代基的位次–取代基的名称–官能团的位次–母体名称”写出名称。对于醛来说，醛基总是在碳链一端，所以不需要标注其位次，而酮基需要注明位次（只有少数例外）。例如：

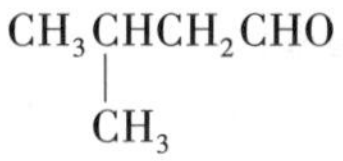

3–甲基丁醛（β–甲基丁醛）

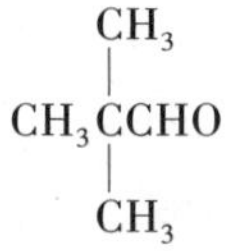

2,2–二甲基丙醛

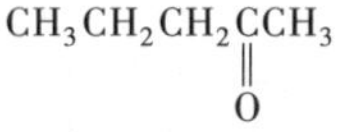

2–戊酮

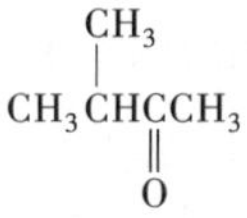

3–甲基–2–丁酮（α–甲基丁酮）

另外，主链碳原子的编号可用希腊字母表示。与官能团羰基直接相连的碳原子为 α–碳原子，其余依次为 β、γ、δ……碳原子，取代基位次可用希腊字母表示。酮分子中有两个 α–碳原子，可分别用 α、α' 表示，其余依次用 β、β' 等表示。

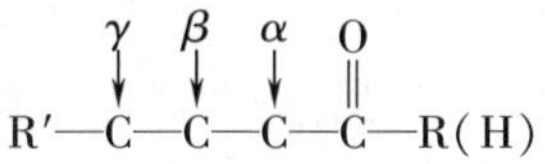

例如，3–甲基丁醛，也称为 β–甲基丁醛；3–甲基–2–丁酮，也称为 α–甲基丁酮。

②不饱和醛、酮的命名

a. 选择主链：选择同时含有羰基和不饱和键在内的最长碳链作为主链，根据主链上碳原子的数目称为某烯（或炔）醛或酮，把支链看作取代基；

b. 主链编号：距羰基最近的一端将主链进行编号；

c. 标注位次：用阿拉伯数字 1、2、3、4 等标注取代基、不饱和键和羰基的位次；

d. 写出全称：按“取代基的位次–取代基的名称–不饱和键的位次–某烯（或炔）–羰基的位次–醛或酮”写出名称。例如：

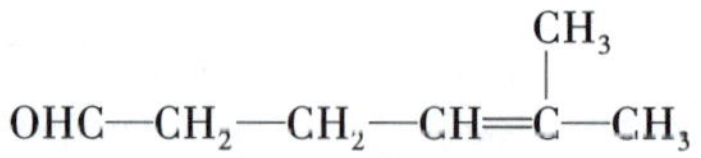

5-甲基-4-己烯醛

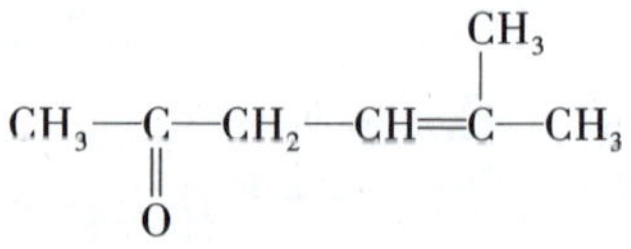

5-甲基-4-己烯-2-酮

③芳香醛、酮的命名：以上面命名原则为基础，命名时，把芳环作为取代基。例如：

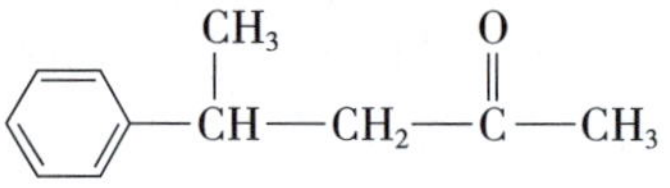

4-苯基-2-戊酮

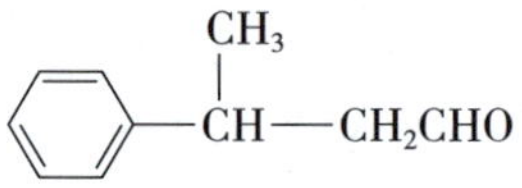

3-苯基丁醛（β-苯基丁醛）

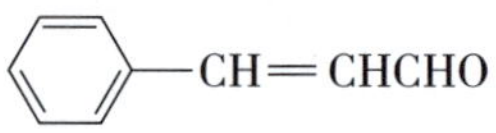

β-苯基丙烯醛（肉桂醛）

④多元醛、酮的命名：将所有的羰基都选到主链里，编号时，使多个羰基的位次之和最小。例如：

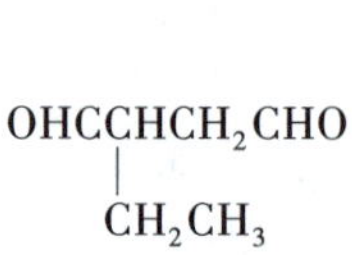

2-乙基丁二醛

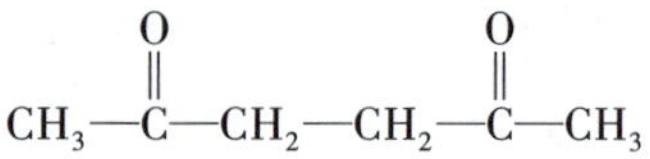

2,5-己二酮

醛、酮也存在同分异构现象，主要有碳链异构、官能团羰基的位置异构以及官能团类别异构（碳原子相同的醛和酮互为同分异构体）。

二、醛、酮的性质

1. 醛、酮的物理性质

醛、酮的性质

在常温下，只有甲醛是气体，C_{12}以下的各种醛、酮都是液体，高级醛、酮为固体。低级醛具有强烈的刺激气味，低级酮有特殊气味，而某些中、高级醛酮有花果香味。例如，肉桂醛具有肉桂香。因此，醛、酮常用于香料工业。

羰基是极性基团，故醛、酮分子间的引力大，因此与相对分子质量相近的烷烃和醚相比，醛、酮的沸点较高。但由于醛、酮本身分子间不能形成氢键，因而沸点低于相对分子质量相近的醇。

醛、酮本身分子间虽不能形成氢键，但羰基氧原子却能和水分子形成氢键，所以相对分子质量低的醛、酮能溶于水，如乙醛和丙酮能与水混溶。醛、酮在水中的溶解度随着碳原子数的增加而降低，乃至不溶。醛和酮易溶于乙醇、乙醚等有机溶剂，丙酮本身就是常用的优良溶剂。

2. 醛、酮的化学性质

醛、酮的化学性质主要表现在羰基及受羰基影响较大的 α-碳原子上。

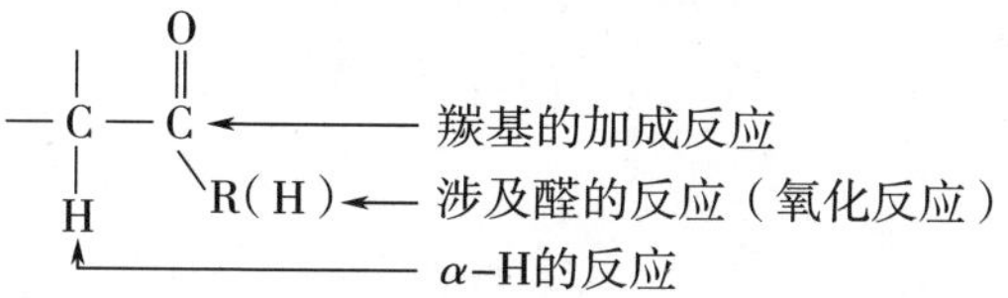

醛、酮的化学性质有许多相似之处。但由于酮中的羰基与两个烃基相连，而醛中的羰基与一个烃基及一个氢原子相连，这种结构上的差异，使它们的化学性质也有一定的差异。总的来说，醛比酮活泼，有些醛能进行的反应，酮却不能进行，现分别讨论如下。

（1）羰基的加成反应

①与氢氰酸反应：所有的醛、大多数甲基酮（$CH_3—\overset{O}{\overset{\|}{C}}—R$）和8个碳原子以下的脂环酮都可以与氢氰酸发生加成反应，生成α-羟基腈（氰醇）。反应通式：

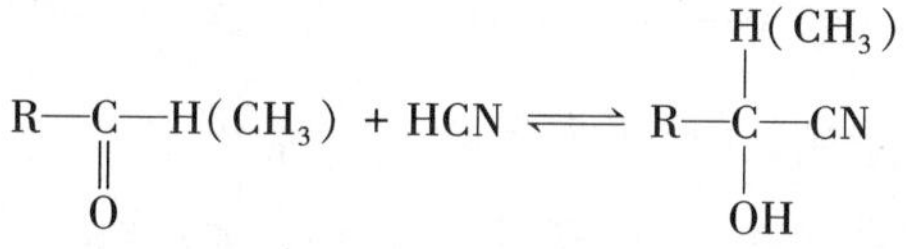

反应生成的α-羟基腈比原料醛或酮增加了一个碳原子，因此，醛、酮与氢氰酸的加成是使碳链增长一个碳原子的方法之一。许多羟基腈是有机合成的重要中间体，例如有机玻璃的单体α-甲基丙烯酸甲酯，就是以2-甲基-2-羟基丙腈作为中间体的。

②与饱和亚硫酸氢钠反应：醛、大多数甲基酮和8个碳原子以下的脂环酮都可以与饱和亚硫酸氢钠溶液发生加成反应，生成α-羟基磺酸钠。

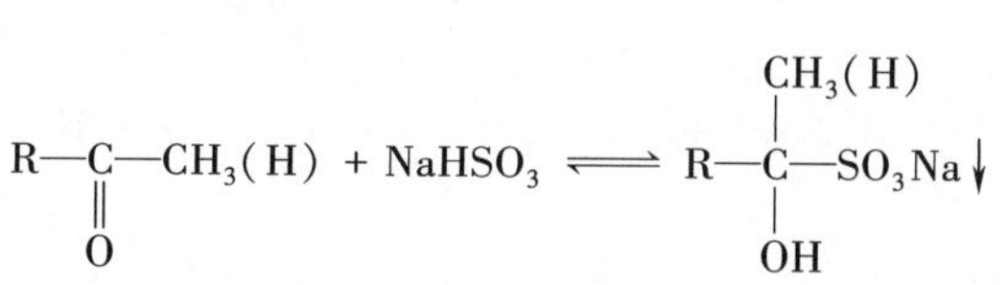

反应生成的α-羟基磺酸钠不溶于饱和的亚硫酸氢钠溶液，容易析出结晶而分离出来。α-羟基磺酸钠与酸或碱共热，又可得原来的醛、酮，故此反应可用以分离或提纯醛和甲基酮。例如：

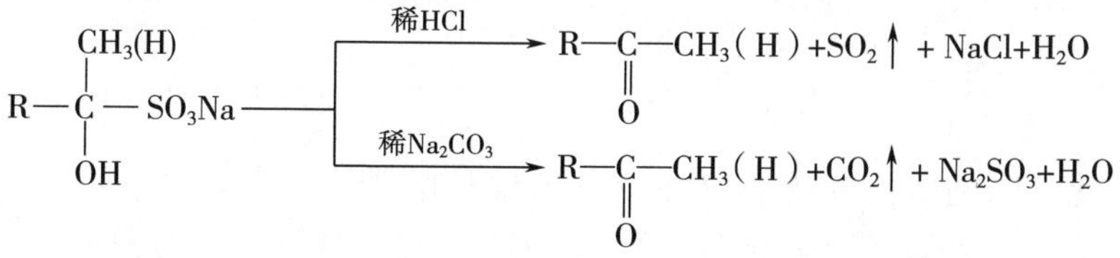

③与醇反应：在干燥氯化氢存在下，醛可以与一分子醇发生加成反应，生成半缩醛。半缩醛羟基很活泼，可继续与另一分子醇脱去一分子水，得到稳定的缩醛。

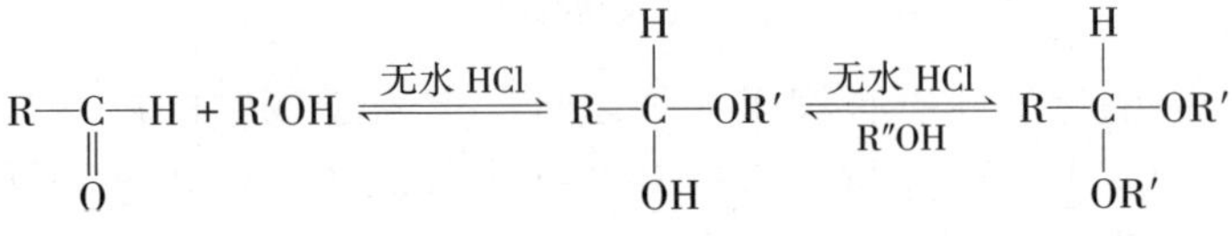

缩醛对氧化剂是稳定的，但在稀酸中易水解为原来的醛和醇。利用这一性质，在有机合成中，常用生成缩醛的方法来保护较活泼的醛基，待反应完毕后，再用稀酸水解生成原来的醛基。缩酮的形成较为困难。

④与格氏试剂反应：醛、酮与格氏试剂发生加成反应，所得产物不必分离，经水解，可以得到不同种类的醇。

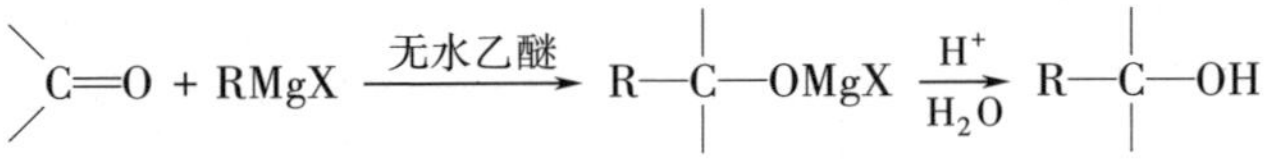

此反应是制备醇的一个重要方法，经常用于合成结构较复杂的醇。

格氏试剂与甲醛反应，经水解后，可得到碳原子数比原料格氏试剂多一个碳的伯醇。例如：

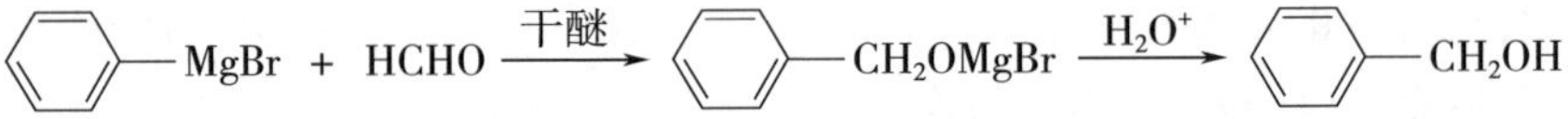

苯甲醇（90%）

格氏试剂与其他醛反应，经水解后，可得到仲醇。例如：

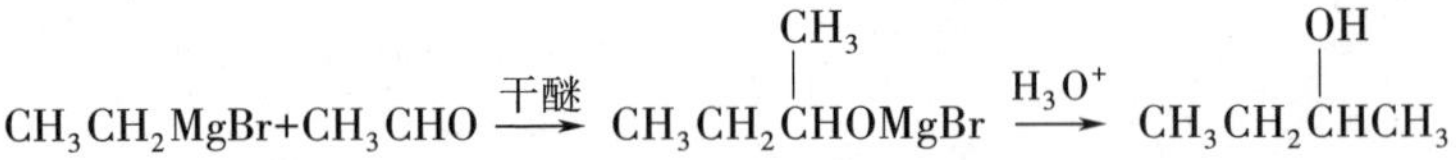

2-丁醇（80%）

格氏试剂与酮反应，经水解后，可得到叔醇。例如：

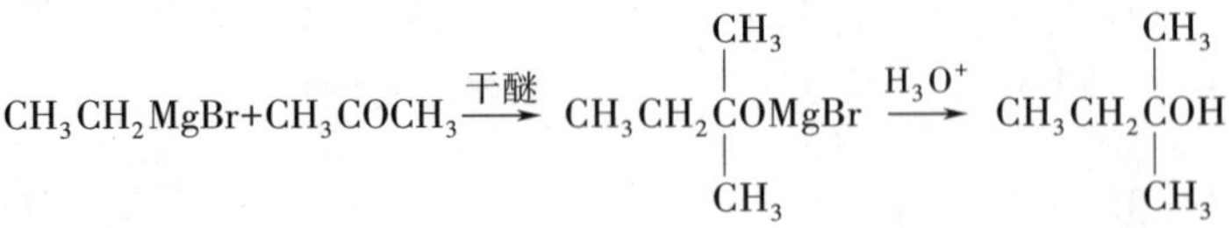

2-甲基-2-丁醇

此反应是增长碳链的方法，具体增长的碳原子数随格氏试剂中烃基的碳原子数的变化而定。只要选择适当的原料，除甲醇外，几乎其他醇都可以通过格氏试剂来合成。

⑤与氨的衍生物反应：氨的衍生物是指氨分子中的氢原子被其他基团取代后的产物，可用通式 NH_2—A 表示（A 代表化合物中除氨基—NH_2以外的基团）。醛、酮与氨的衍生物，如羟胺、肼、苯肼、2,4-二硝基苯肼等发生加成反应，加成产物会继续发生分子内脱水，生成含有碳氮双键（C═N）的化合物。

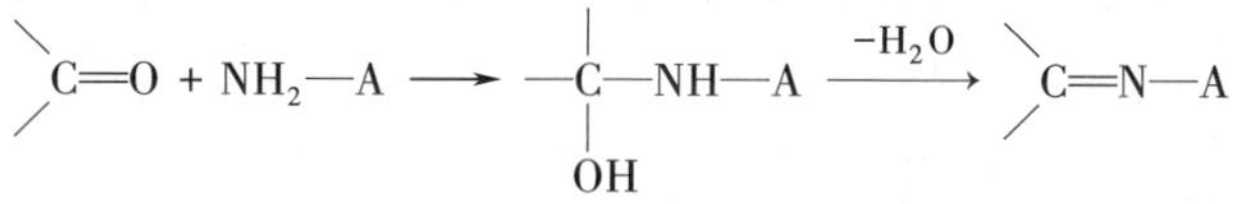

醛、酮与不同的氨的衍生物反应，生成的产物也不相同。醛、酮与羟胺反应的产物称为肟；与肼反应的产物称为腙；与苯肼、2,4-二硝基苯肼反应的产物称为苯腙。例如：

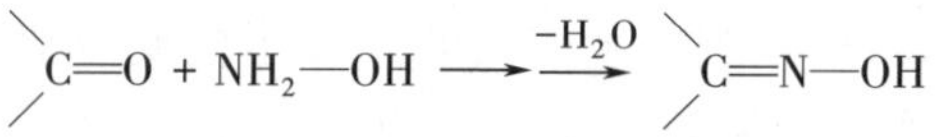

羟胺　　肟

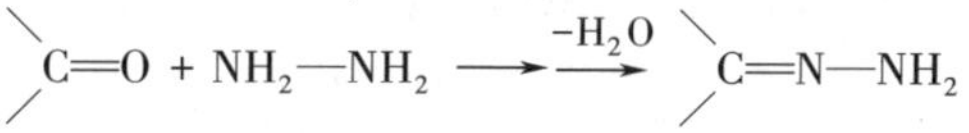

肼　　腙

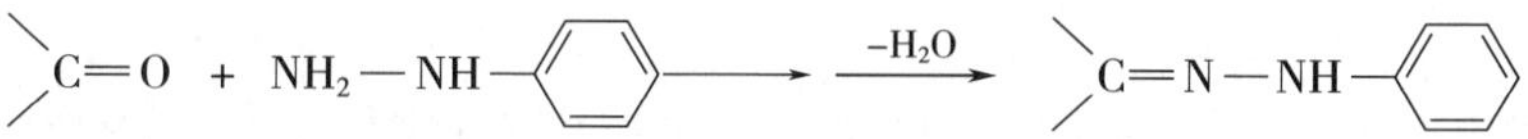

苯肼　　苯腙

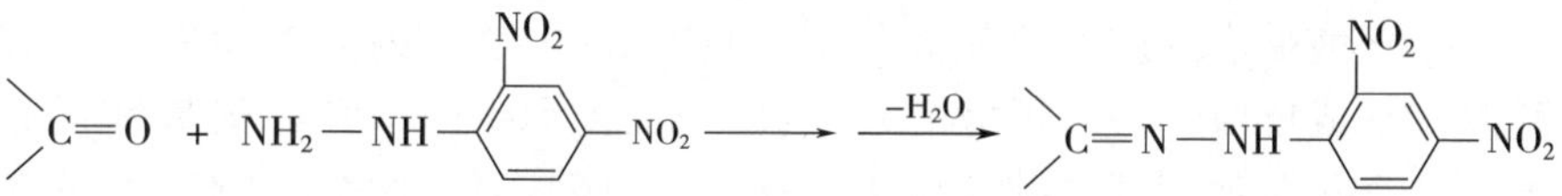

2,4-二硝基苯肼　　2,4-二硝基苯腙

上述反应生成的肟、苯腙等多数是固体，因此可通过醛、酮与氨的衍生物反应来鉴别醛和酮。羟胺、肼、苯肼、2,4-二硝基苯肼等可用于检查羰基的存在，又称为羰基试剂。尤其是2,4-二硝基苯肼，其与醛、酮反应可立即生成2,4-二硝基苯腙黄色沉淀，便于观察，是羰基化合物最常用的鉴定试剂。

上述反应产物在稀酸存在下加热水解，能得到原来的醛、酮，故又可用来分离和提纯醛、酮。

（2）α-氢原子的反应

醛、酮分子中与羰基直接相连的碳原子称为α-碳原子，α-碳原子上的氢原子称为α-氢原子。α-氢原子由于受羰基的影响，化学性质比

化学家的故事
——黄鸣龙

较活泼，会发生一系列反应。

①卤代反应：在酸、碱的催化作用下，醛、酮的 α-H 可以被卤素取代生成 α-卤代醛、酮。

酸催化时，反应控制在一元卤代产物阶段。碱催化时，卤代反应很快，含有 α-甲基的醛酮，3 个 α-H 都可逐步被卤素取代，取代后的产物在碱性条件下生成三卤甲烷（卤仿）和羧酸盐。碱催化时，反应常用的试剂为卤素的碱溶液（$NaOH + X_2$）或次卤酸钠（NaXO）。

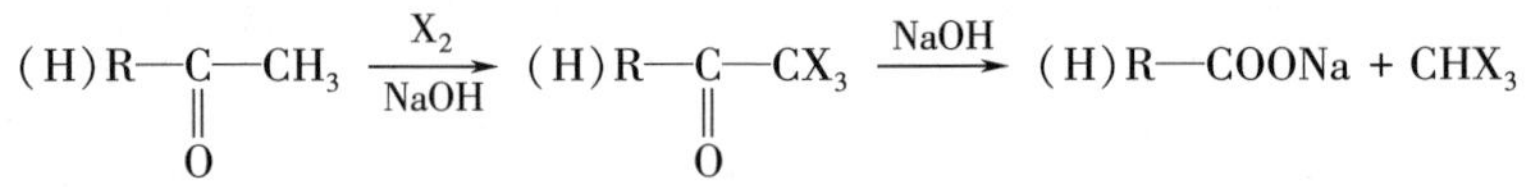

由于有卤仿生成，这个反应也称为卤仿反应。若 X_2 是 Cl_2，则得到 $CHCl_3$（氯仿）液体；若 X_2 是 Br_2，则得到 $CHBr_3$（溴仿）液体；若 X_2 是 I_2，则得到 CHI_3（碘仿）黄色固体。

含有 α-甲基的醛、酮发生卤代时，如用次碘酸钠（$NaOH + I_2$）作试剂，产物为碘仿，称为碘仿反应。由于碘仿是黄色结晶，易于观察，因此常用此反应鉴别具有 α-甲基结构的醛酮，如乙醛、甲基酮的存在。

次卤酸钠是氧化剂，能将具有 $CH_3—\underset{}{\overset{OH}{\overset{|}{C}}}H—R(H)$ 结构的醇氧化成乙醛或甲基酮，因此碘仿反应也可以用来鉴别具有 $CH_3—\overset{OH}{\overset{|}{C}}H—R(H)$ 结构的醇。

②羟醛缩合反应：稀碱催化下，具有 α-氢原子的醛能和另一分子醛发生加成反应。一分子醛的 α-氢原子加到另一分子醛的羰基氧原子上，其余部分加到羰基碳原子上，生成 β-羟基醛，这个反应称为羟醛缩合反应。例如，乙醛在室温或低于室温时，用 10% NaOH 溶液处理，生成 3-羟基丁醛。

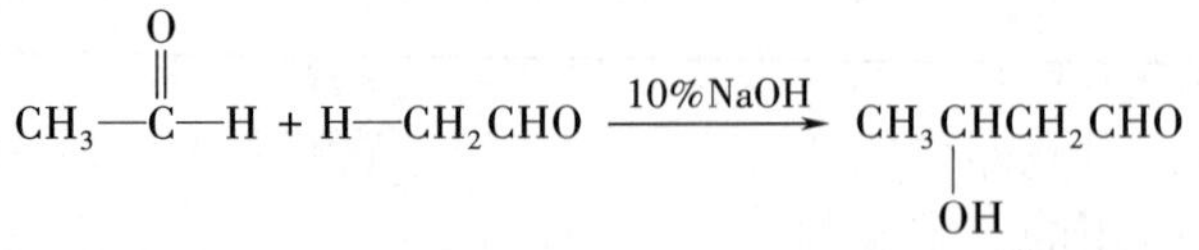

生成的羟基醛在加热条件下易失水生成 α,β-不饱和醛，在很多情况下甚至得不到羟基醛，直接生成不饱和醛。例如：

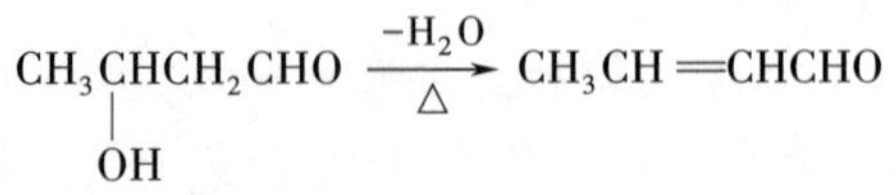

羟醛缩合反应也是增长碳链的方法之一。

（3）氧化反应　醛的羰基碳原子上连有一个氢原子，非常容易被氧化，弱的氧化剂即可使其氧化，生成碳原子数相同的羧酸。酮一般较难发生氧化，只有遇到强氧化剂如高锰酸钾等才能氧化生成复杂的氧化产物。因此可以选择合适的氧化剂，利用氧化法来区别醛、酮。常用来区别醛、酮的弱氧化剂有托伦（Tollens）试剂和斐林（Fehling）试剂。

①托伦试剂氧化：托伦试剂是硝酸银的氨溶液，其中含有银氨配离子。托伦试剂属于弱氧化剂，它能将醛氧化生成羧酸，自身则被还原为金属银。如果反应容器事先处理洁净，生成的金属银将附着在容器内壁上，形成光亮的银镜，因此这个反应又称为银镜反应。反应通式：

$$RCHO + 2\,[Ag(NH_3)_2]^+ + 2OH^- \longrightarrow 2Ag\downarrow + RCOONH_4 + NH_3 + H_2O$$

脂肪醛和芳香醛都能与托伦试剂作用，而酮不能被托伦试剂氧化，故利用托伦试剂可把醛和酮鉴别开来。

实际应用中，常利用葡萄糖（多羟基醛）进行银镜反应，在玻璃制品上镀银，如制作热水瓶胆等。

②斐林试剂氧化：斐林试剂是由硫酸铜溶液和酒石酸钾钠的碱溶液混合得到的混合液。其中，酒石酸钾钠的作用是和 Cu^{2+} 形成配离子，从而避免生成 $Cu(OH)_2$ 沉淀。斐林试剂也是一种弱氧化剂，它能将脂肪醛氧化生成羧酸，Cu^{2+} 则还原为砖红色的氧化亚铜 Cu_2O 沉淀。

$$RCHO + 2Cu^{2+} + OH^- + H_2O \longrightarrow Cu_2O\downarrow + RCOO^- + 4H^+$$

所有脂肪醛都可以被斐林试剂氧化为羧酸，而芳香醛和所有的酮都不与斐林试剂反应。因此，用斐林试剂可区别脂肪醛和芳香醛，也可区别脂肪醛和酮。

注：托伦试剂和斐林试剂是弱氧化剂，对分子中的碳碳三键和碳碳双键不起作用，是良好的选择性氧化剂。

（4）还原反应　在一定反应条件下，醛、酮的羰基可发生加氢反应，分别将醛、酮还原为伯醇和仲醇。烯烃的双键加氢可以在低压和室温下进行，而醛、酮的羰基需在加压、加热、金属催化条件下才能进行，常用的催化剂有 Ni、Pt、Pd 等。

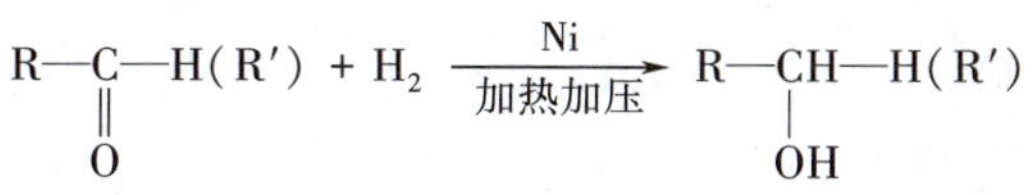

例如：

催化加氢的方法选择性不高，如果醛、酮分子中含有碳碳双键或三键、硝基、氰基等基团时，这些不饱和基团也能被还原。

$$CH_3CH{=}CHCH_2CHO+2H_2 \xrightarrow[\text{加热加压}]{Ni} CH_3CH_2CH_2CH_2CH_2OH$$

练一练
醛和酮

如果只还原羰基而保留不饱和键，则需使用选择性较高的还原剂，如硼氢化钠（$NaBH_4$）、氢化铝锂（$LiAlH_4$）、异丙醇铝等。

知识点九

羧酸

烃基或氢原子与羧基（—COOH）相连的化合物称为羧酸。从结构上，羧酸（甲酸 HCOOH 除外）可看作烃分子中氢原子被羧基取代的生成物。其中，羧基（—COOH）是羧酸的官能团。羧酸广泛存在于自然界中。例如，花果中含有低级有机酸，如水果中柠檬酸、苹果酸，动、植物油中含有高级脂肪酸酯等。

一、 羧酸的分类和命名

羧酸的分类
和命名

1. 羧酸的分类

在羧酸分子中，根据与羧基相连的烃基种类不同，羧酸可分为脂肪羧酸、脂环羧酸和芳香羧酸；根据烃基的饱和性，羧酸可分为饱和羧酸和不饱和羧酸；根据分子中羧基的数目，羧酸可分为一元羧酸、二元羧酸和多元羧酸。

2. 羧酸的命名

羧酸的命名方法主要是系统命名法，许多羧酸还有俗名。

（1）俗名法　往往由来源得名。例如，甲酸最初是由蚂蚁蒸馏得到的，称为蚁酸；乙酸最初是由食用的醋中得到，称为醋酸；还有草酸、琥珀酸、苹果酸、柠檬酸。

HCOOH	CH_3COOH	HOOC—COOH
蚁酸（甲酸）	醋酸（乙酸）	草酸（乙二酸）

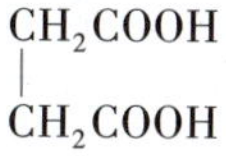

琥珀酸（丁二酸）

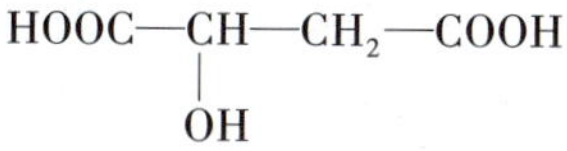

苹果酸

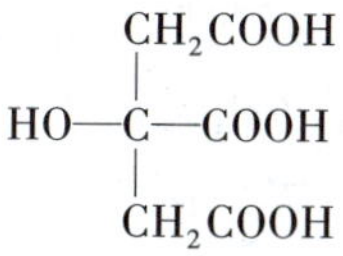

柠檬酸

（2）系统命名法

①一元饱和脂肪酸的命名：选择含有羧基的最长碳链为主链，从羧基一端开始给主链碳原子编号，取代基的位次可用阿拉伯数字标出，也可以从与羧基相邻的碳原子开始用希腊字母 α、β、γ 来表示，将取代基的位次、数目、名称写在母体羧酸名称之前。例如：

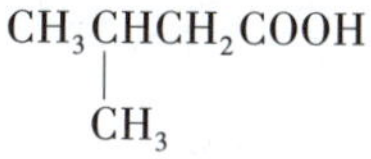

3-甲基丁酸
（β-甲基丁酸）

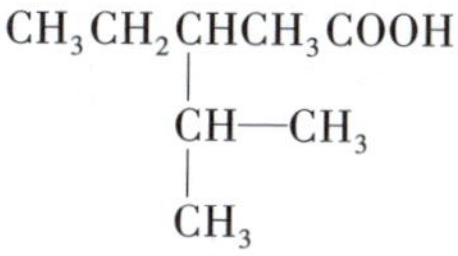

4-甲基-3-乙基戊酸
（γ-甲基-β-乙基戊酸）

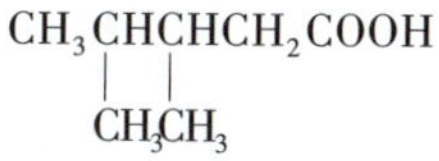

3,4-二甲基戊酸
（β,γ-二甲基戊酸）

②一元不饱和脂肪酸的命名：不饱和脂肪酸命名时，选择含有羧基和不饱和键的最长碳链为主链。例如：

$CH_2=CH—COOH$

丙烯酸（α-丙烯酸）

$CH_3—CH=CH—COOH$

2-丁烯酸（α-丁烯酸）

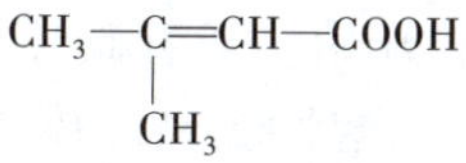

3-甲基-2-丁烯酸
（β-甲基-α-丁烯酸）

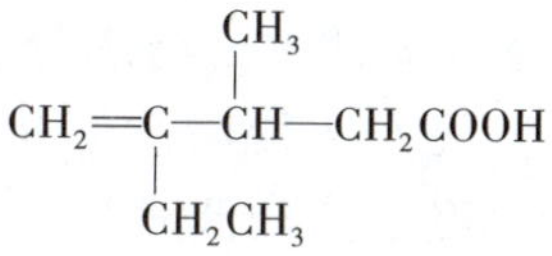

3-甲基-4-乙基-4-戊烯酸

③芳香羧酸的命名：芳香酸一般以苯甲酸为母体，结构复杂的芳香酸则把苯环作为取代基来命名。例如：

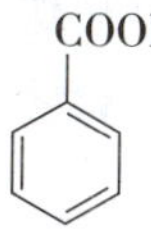

苯甲酸（安息香酸）

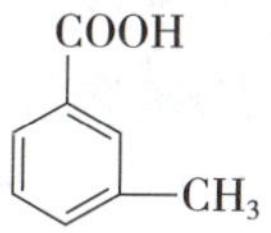

间甲基苯甲酸

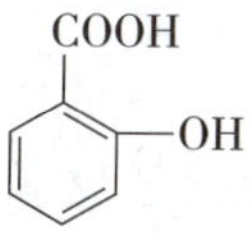

邻羟基苯甲酸

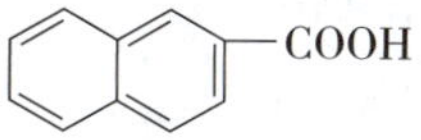

β-萘甲酸

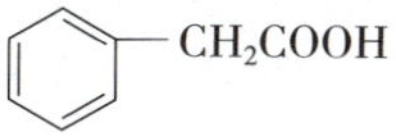

苯乙酸

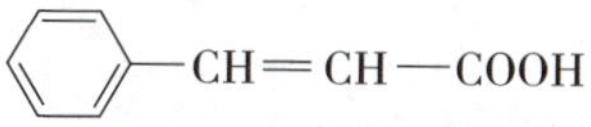

3-苯基-2-丙烯酸（β-苯丙烯酸）

④二元羧酸的命名：选择含有两个羧基碳原子在内的最长碳链为主链，根据主链碳原子的个数称为“某二酸”；芳香族二元羧酸须注明两个羧基的位置。例如：

$$HOOC-\underset{\underset{CH_3}{|}}{CH}-CH_2-COOH \qquad HOOC(CH_2)_4COOH$$

2-甲基丁二酸　　　　己二酸

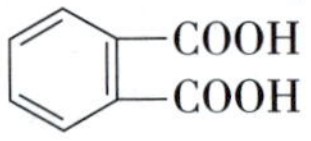

邻苯二甲酸（1,2-苯二甲酸）

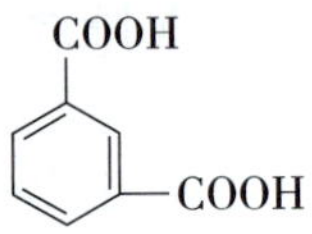

间苯二甲酸（1,3-苯二甲酸）

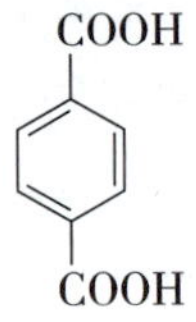

对苯二甲酸（1,4-苯二甲酸）

二、 羧酸的性质

1. 羧酸的物理性质

羧酸的性质

直链饱和脂肪酸中，含 3 个碳原子以下的羧酸为具有刺激性气味的液体；含 4~9 个碳原子的羧酸为有腐败臭味的油状液体；含 10 个碳原子以上的羧酸为蜡状固体。二元羧酸和芳香羧酸常温下都是晶状固体。

饱和一元脂肪羧酸的沸点随相对分子质量的增大而升高，而且沸点要比相对分子质量相近的醇高。这是由于羧酸分子间能形成两个氢键，而且羧酸分子间的氢键比醇分子中的氢键更稳定。

羧基是个亲水基团，可与水分子形成氢键，因此脂肪族低级一元羧酸（$C_1 \sim C_4$）可与水混溶。但从戊酸开始，随着碳原子数的增加，羧酸在水中溶解度迅速降低。芳香酸的水溶性极微。羧酸一般都能溶于乙醇、乙醚、氯仿等有机溶剂。

2. 羧酸的化学性质

羧酸的官能团是羧基，羧酸的化学反应主要发生在羧基上。而羧基是由羟基和羰基组成，因此羧酸在不同程度上反映了羟基和羰基的性质。但羧酸的羰基与羟基形成一个整体后，由于两者相互作用，使羧酸分子具有特有的性质，并不是羰基和羟基性质的简单加合。羧酸分子中易发生化学反应的主要部位如下：

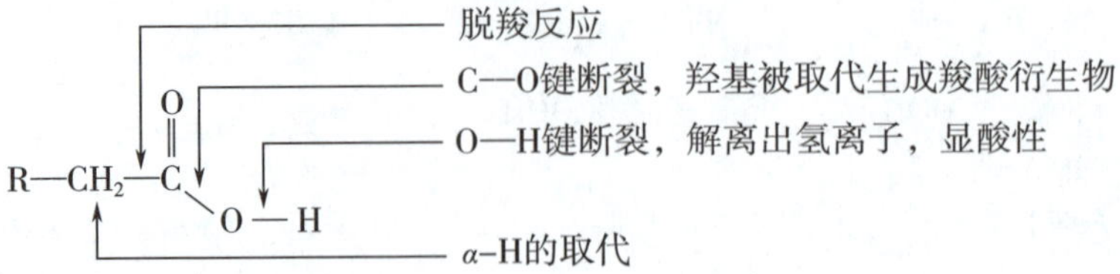

（1）酸性　羧酸在水溶液中可解离出氢离子，因此羧酸有明显的酸性。羧酸在水溶液中存在着如下平衡：

$$RCOOH \rightleftharpoons RCOO^- + H^+$$

一般羧酸的 $pK_a^{\ominus}$ 在 3.5~5，属于弱酸。羧酸的酸性比强无机酸弱，但比碳酸（$pK_a^{\ominus}$ = 6.37）酸性强。因此，羧酸既可以与氢氧化钠反应，也可以与碳酸氢钠反应放出 CO_2气体。这一性质常用于羧酸与酚、醇的鉴别分离。

羧酸的酸性强弱，受分子中和羧基相连的烃基的结构影响很大。各种羧酸的酸性强弱规律如下：

①饱和一元羧酸中，当羧基连有吸电子基团（如—X、—CN、—NO_2等）时，酸性增强。而且取代基的电负性越大，取代数目越多，离羧基越近，其酸性越强；

②饱和一元羧酸中，当羧基连有供电子基团（如烷基）时，酸性减弱。例如：

	HCOOH	CH_3COOH	CH_3CH_2COOH
$pK_a^{\ominus}$	3.77	4.76	4.88

③芳环上的取代基对芳香酸的酸性也有影响。吸电子基团使酸性增强，供电子基团使酸性减弱。例如：

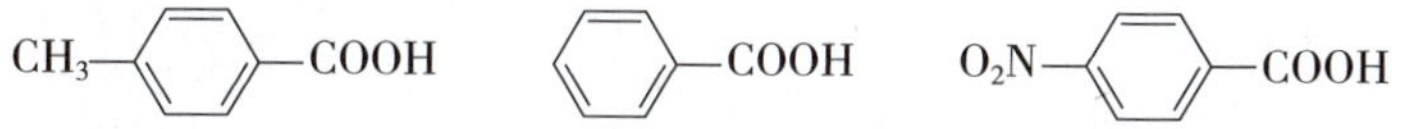

$pK_a^{\ominus}$　4.38　4.17　3.43

（2）羧酸衍生物的生成　羧酸分子中的 C—O 键是极性键，在一定条件下，羧酸中的羟基可被卤素（Cl、Br、I）、酰氧基（RCOO—）、烷氧基（RO—）、氨基（—NH_2）取代，分别生成酰卤、酸酐、酯和酰胺。

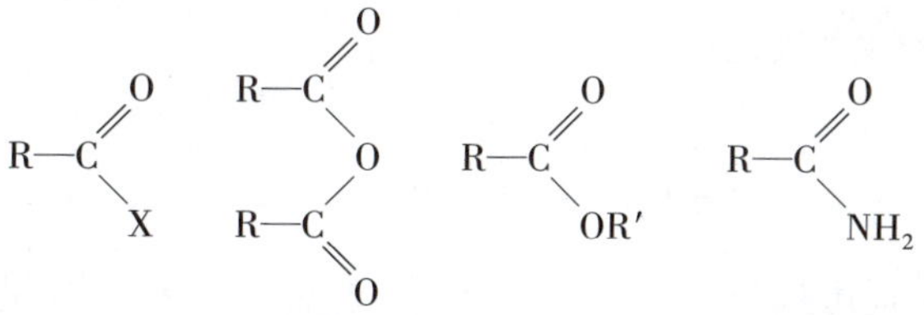

酰卤　酸酐　酯　酰胺

上述羧酸分子中的羟基被其他原子或原子团取代后生成的化合物，称作羧酸衍生物。

①酰卤的生成：酰卤是一种重要的有机试剂，最常见的是酰氯。羧酸与三氯化磷（PCl_3）、五氯化磷（PCl_5）、二氯亚砜（$SOCl_2$）等作

用时，分子中的羟基被氯原子取代，生成酰氯。

$$3RCOOH + PCl_3 \longrightarrow 3RCOCl + H_3PO_3$$

$$RCOOH + PCl_5 \longrightarrow RCOCl + POCl_3 + HCl$$

$$RCOOH + SOCl_2 \longrightarrow RCOCl + SO_2 + HCl$$

三种方法中，二氯亚砜是较好的试剂，因为反应生成的二氧化硫、氯化氢都是气体，容易与酰氯分离，故实用性较强，是一种合成酰氯的好方法。

②酸酐的生成：羧酸在脱水剂（如五氧化二磷、乙酸酐等）作用下加热，两分子羧酸会脱除一分子水，生成酸酐。

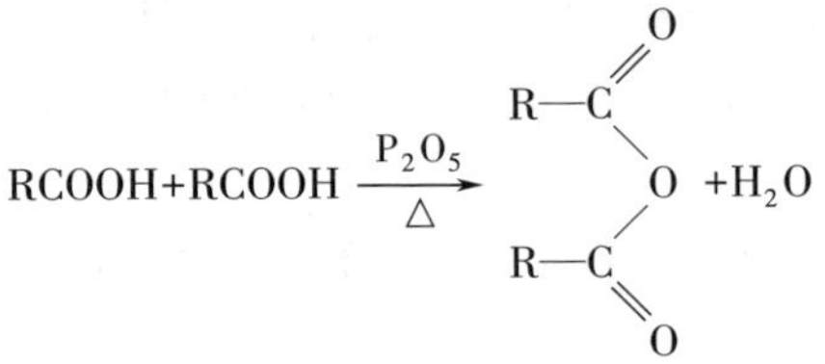

例如，两分子丙酸在脱水剂（P_2O_5）作用下加热可以生成丙酸酐。

$$2CH_3CH_2COOH \xrightarrow[\triangle]{P_2O_5} (CH_3CH_2CO)_2O + H_2O$$

两个羧基相隔 2~3 个碳原子的二元酸，不需要任何脱水剂，加热就能脱水生成五元或六元环酐。例如：邻苯二甲酸加热可以脱水生成邻苯二甲酸酐。

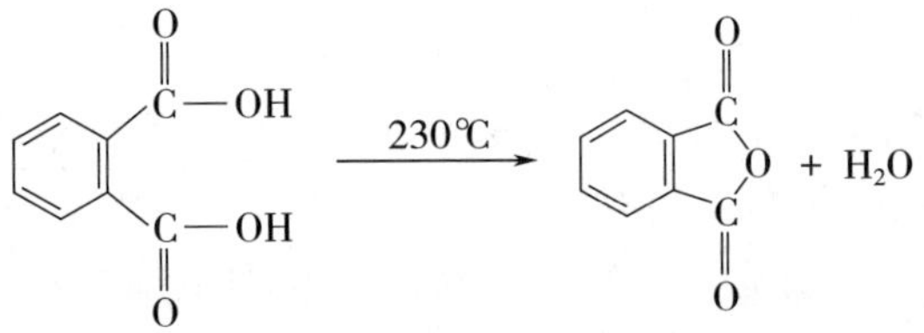

③酯的生成：在强酸（如浓硫酸）的催化下，羧酸可与醇反应生成酯。此反应称为酯化反应。

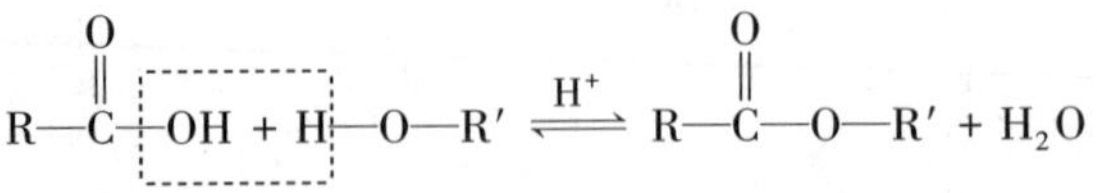

酯化反应是可逆反应，要提高酯的产率，一种方法是增加反应物的用量，通常使用过量的醇；另一种方法是从反应体系中蒸出沸点较低的生成物，以使平衡向右移动。

④酰胺的生成：羧酸与氨或胺反应，先生成铵盐，铵盐受热脱水后形成酰胺。例如：丙酸与氨反应，先生成丙酸铵，受热后脱去一分子水可生成丙酰胺。

$$CH_3CH_2COOH + NH_3 \longrightarrow CH_3CH_2COONH_4 \xrightarrow[\triangle]{-H_2O} CH_3CH_2CONH_2$$

（3）还原反应　一般条件下羧酸不容易被还原，只有在强还原剂（如 $LiAlH_4$、$NaBH_4$）的作用下，羧基可以被还原成羟基，实验室中可用此法制备伯醇。例如：

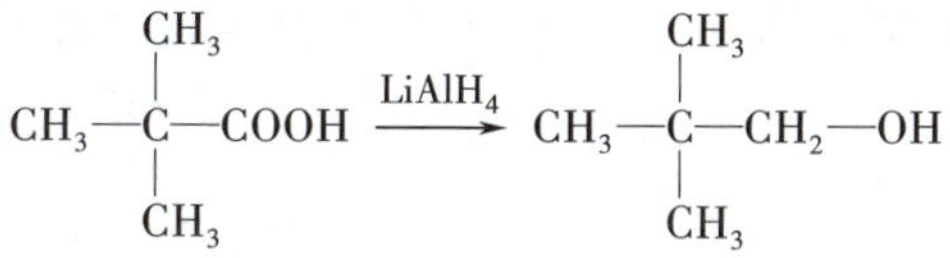

化学中的哲学思维——联系的普遍性原理

（4）α-H 的卤代反应　和醛酮相似，羧酸分子中的 α-氢原子因受羧基的影响，具有一定的活泼性，在一定条件下可被氯或溴取代生成卤代酸。但是羧基的致活作用比羰基弱，因此要在红磷、碘或硫等催化剂作用下才能发生卤代反应。

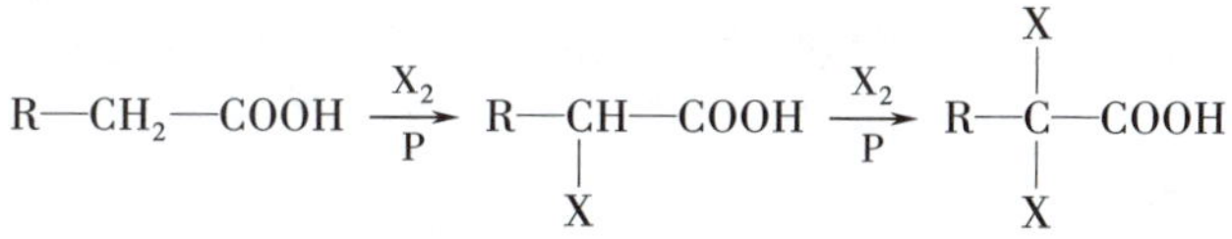

（X＝Cl、Br）

例如：

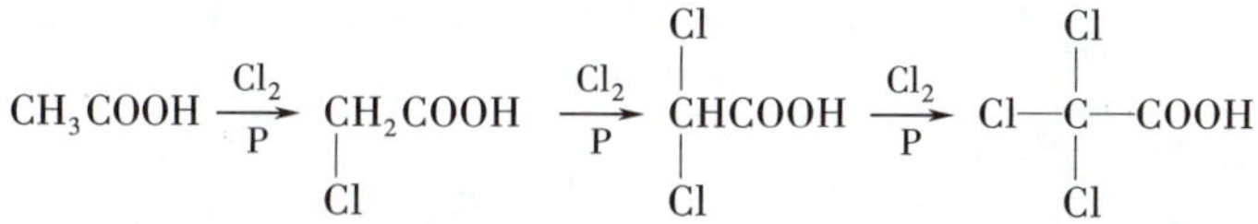

练一练
羧酸

若控制好反应条件，可使反应停留在一元取代阶段，得到较高产量的一氯乙酸。

工作任务

任务一　碘的萃取

任务要求

1. 能熟练进行分液漏斗的检漏、放气、分液等操作。
2. 会正确使用分液漏斗，能用有机溶剂萃取碘水中的碘。

碘的萃取

3. 树立安全意识和环保意识。

4. 激发学习热情和为中华民族伟大复兴而奋斗的理想信念。

任务描述

碘在不同溶剂中溶解度不同，特别是在有机和无机溶剂中溶解度不同，根据这个性质利用CCl_4将碘水中的碘萃取出来。

任务实施

一、仪器试剂准备

3D仿真
分液漏斗

1. 仪器

分液漏斗、量筒、烧杯、铁架台（带铁圈）。

2. 试剂

碘的饱和水溶液、四氯化碳（CCl_4）。

二、操作步骤

序号	步骤	操作方法	操作提示
1	准备	选择较萃取剂和被萃取溶液总体积大一倍以上的分液漏斗	每次使用萃取溶剂的体积一般是被萃取液体的1/5~1/3，两者的总体积不应超过分液漏斗总体积的2/3
2	检漏	关闭分液漏斗的活塞，打开上口的玻璃塞，往分液漏斗中注入适量水，盖紧上口玻璃塞。把分液漏斗垂直放置，观察活塞周围是否漏水。再用右手压住分液漏斗上口玻璃塞部分，左手握住活塞部分，把分液漏斗倒转，观察上口玻璃塞是否漏水，用左手转动活塞，看是否灵活	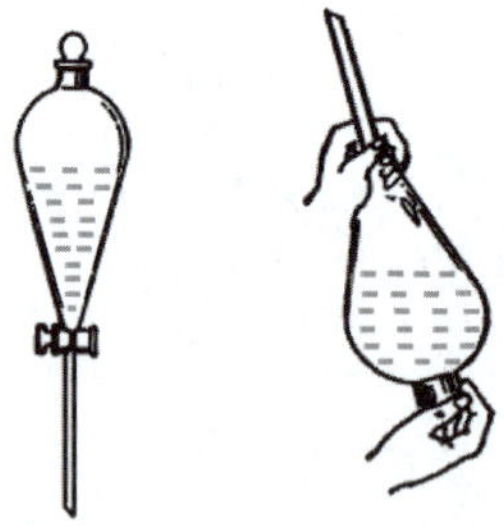
3	装液	用量筒量取10mL碘的饱和水溶液，倒入分液漏斗，然后再注入4mL四氯化碳（CCl_4），盖好玻璃塞	CCl_4蒸气对人体有伤害，使用时注意安全
4	振荡	把分液漏斗倾斜，使漏斗的上口略朝下，右手捏住漏斗上口颈部，并用食指根部压紧盖子，以免盖子松开，左手握住活塞，握持活塞的方式既要能防止振荡时活塞转动或脱落，又要便于灵活地旋开活塞。振荡后，令漏斗仍保持倾斜状态，旋开活塞，放出蒸气或产生的气体，使内外压力平衡	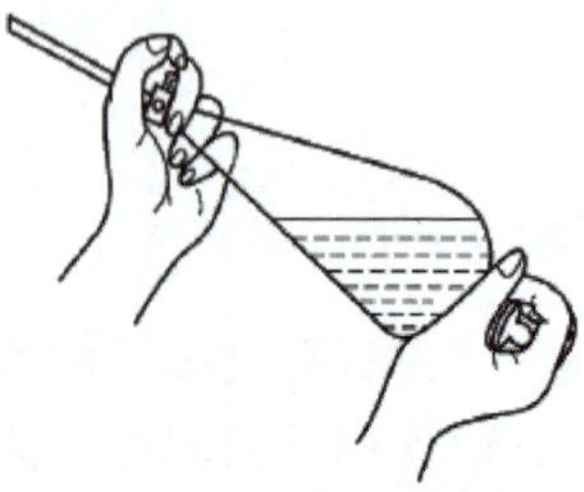

续表

序号	步骤	操作方法	操作提示
5	静置分层	振荡数次以后，将分液漏斗放在铁环上，静置，使乳浊液分层。在一般情况下，长时间静置分液漏斗，可达到使乳浊液分层的目的	有时有机溶剂和某些物质的溶液一起振荡，会形成较稳定的乳浊液，在这种情况下，应该避免急剧的振荡。如果已形成乳浊液，且一时又不易分层，则可加入食盐等电解质，使溶液饱和，以降低乳浊液的稳定性，轻轻地旋转漏斗，也可使其加速分层
6	分液	将分液漏斗颈上的玻璃塞打开（或使塞上的凹槽对准漏斗上的小孔），再将分液漏斗下面的活塞拧开，使下层液体慢慢沿烧杯壁流下。待下层液体全部流尽时，迅速关闭活塞。分液漏斗内上层液体由分液漏斗上口倒出	分液时，下层液体从漏斗下端放出，上层液体要从漏斗口倾出
7	回收	将四氯化碳溶液倒入指定的容器中，清洗仪器	在萃取或洗涤时，上、下两层液体都应该保留到实验完毕时。否则，如果中间的操作发生错误，便无法补救和检查

三、实验记录

溶液	萃取剂	分层	萃取前		萃取后	
			溶剂	颜色	溶剂	颜色
碘水 10mL	四氯化碳 4mL	上层				
		下层				

四、考核标准

考核项目	考核内容	分值	得分
萃取	检查玻璃塞、活塞是否配套	10	
	将分液漏斗洗涤干净、干燥	10	
	分液漏斗放置于铁圈	5	
	被萃取液及萃取液的加入，总体积未超过漏斗容积的 2/3	5	

续表

考核项目	考核内容	分值	得分
萃取	萃取剂使用正确	5	
	振荡混合操作正确	10	
	振荡过程中排气	10	
	放液时打开上口玻璃塞	5	
	上层液体从上口倒出	5	
	“少量多次”萃取	5	
数据记录及处理	记录实验现象及时、真实、整洁	5	
	实验现象记录准确	5	
职业素质	穿实验服、文明操作、无仪器损坏	5	
	严谨认真、不断探索	5	
	注重安全、环保、节约	5	
	实验结束物品归位，台面整洁	5	

任务二　乙醇的蒸馏

任务要求

1. 能进行简单的蒸馏操作。
2. 能正确装配和拆卸蒸馏装置。
3. 培养质疑、求证、求实、创新的科学态度。
4. 培养绿色、循环、低碳发展理念。

任务描述

乙醇俗称酒精，沸点为78.3℃，能按任意比例与水混合。利用乙醇与水可形成恒沸物的性质收集77~79℃的馏分，得到较高纯度的乙醇溶液。

任务实施

乙醇的蒸馏

一、仪器试剂准备

1. 仪器

圆底烧瓶、温度计套管、蒸馏头、温度计、直形冷凝管、尾接管、锥形瓶、水浴锅、铁架台、量筒。

2. 试剂

75%乙醇、沸石。

二、操作步骤

序号	步骤	操作方法	操作提示
1	装置安装	依次安装好蒸馏装置，调整温度计高度，使水银球上缘与蒸馏头支管的下缘在同一水平线上。整个装置要求无论从正面或侧面观察，各仪器的轴线都要处在同一平面内。除接液管与接收瓶连接处不用塞子外，整个装置各部分都应装配紧密，防止漏气。通入冷凝水，下端进水，上端出水	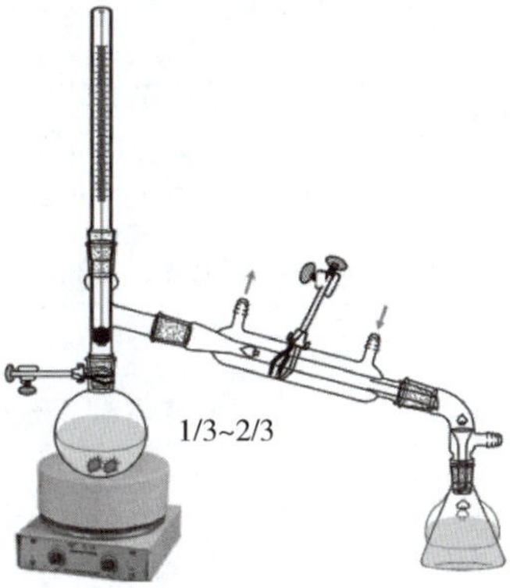
2	加料	将待蒸乙醇 80mL 小心倒入烧瓶中，不要使液体从支管流出。加入几粒沸石，装好温度计套管，注意温度计的位置	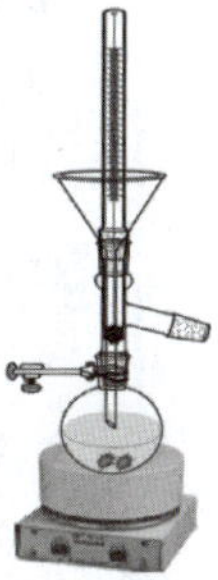
3	加热	开始火焰可以稍大，观察烧瓶中现象，蒸气上升到温度计水银球部时，温度计读数迅速上升，此时应适当调小火焰，使温度计读数下降，待水银球上液滴与蒸气达到平衡时控制火焰大小，使馏出的液滴速度为每秒 1～2 滴，当温度计读数达 77℃时，换已干燥的锥形瓶，收集 77～79℃的馏出液，维持加热速度，当温度计读数高于 79℃时，停止加热。将收集馏分集中于回收瓶中，混合均匀	（1）冷凝水的流速以能保持蒸气充分冷凝为宜。通常只需保持缓缓的水流即可。 （2）在所需馏分蒸出后，温度计读数会突然下降。此时应停止蒸馏。即使杂质很少，也不要蒸干，以免烧瓶破裂及发生其他意外事故
4	拆卸装置	蒸馏完毕，先移去热源，待体系稍冷后关闭冷凝水，然后自后向前拆卸装置	拆卸顺序与安装顺序恰好相反

三、实验记录

温度/℃	<77	77~79	>79
馏出液体积/mL			

四、考核标准

考核项目	考核内容	分值	得分
安装蒸馏装置	安装顺序正确	5	
	全套仪器装置的轴线都在同一平面	10	
加料	将长颈漏斗插入侧口之下	5	
	液体体积未超过烧瓶容积的 2/3	5	
	加入沸石	5	
加热蒸馏	先开冷凝水再加热	5	
	先开小火后大火，再保持沸腾	10	
	馏出液速度 1~2 滴/s	10	
停止蒸馏	先停止加热再关冷凝水	5	
	拆卸仪器顺序正确	10	
数据记录及处理	数据记录及时、真实、正确、整洁	5	
	计算正确	5	
职业素质	穿实验服、文明操作、无仪器损坏	5	
	敢于质疑、不断探索	5	
	注重安全、环保、节约	5	
	实验结束物品归位，台面整洁	5	

任务三　乙酰苯胺的重结晶

任务要求

1. 能进行脱色、热过滤、结晶、抽滤、干燥等操作。
2. 会用重结晶方法进行固体物质的提纯。
3. 培养观察问题、分析问题、解决问题和团队协作的能力。
4. 培养实事求是、理论联系实际的工作作风。

任务描述

重结晶是利用被提纯物质与杂质在某种溶剂中的溶解度不同，而将被提纯物质与杂质分离开来，以达到纯化的目的。选择蒸馏水作为溶剂，利用乙酰苯胺在水中溶解度随温度的变化差异较大进行重结晶，使粗乙酰苯胺得到纯化。

乙酰苯胺的重结晶

任务实施

一、 仪器试剂准备

1. 仪器

电子天平（精度为0.1g）、循环水式真空泵、布氏漏斗、抽滤瓶、保温漏斗、铁架台、酒精灯、锥形瓶、烧杯、玻璃棒、表面皿、量筒、滤纸。

2. 试剂

乙酰苯胺粗品、活性炭、沸石、蒸馏水、冰块。

3D仿真抽滤瓶

二、 操作步骤

序号	步骤	操作方法	操作提示
1	热饱和溶液的制备	称取2g乙酰苯胺粗品，放入250mL锥形瓶中，加入50mL蒸馏水和1～2粒沸石。在石棉网上加热至沸，并不断搅拌使乙酰苯胺完全溶解	如不能全溶可补加适量水，每次加水后需再加热使溶液沸腾，直至乙酰苯胺晶体完全溶解
2	脱色	移去热源，加入5mL冷水使温度降低后，再加入0.1g活性炭并搅拌，继续煮沸5～10min	活性炭应采用粉状的，且不得在沸腾或近沸溶液中加入，否则会引起暴沸
3	热过滤	将保温漏斗固定在铁架台上，夹套中充注热水，并在侧管处用酒精灯加热。将折好的扇形折叠滤纸放入漏斗中，滤纸向外突出的棱边，应紧贴于漏斗壁上。用少量水润湿，以免干滤纸吸收溶液中的溶剂，使结晶析出而堵塞滤纸孔。当夹套中的水接近沸腾时，迅速将锥形瓶内混合液倾入漏斗中趁热过滤。过滤时，漏斗上应盖上表面皿（凹面向下），减少溶剂的挥发。待所有溶液过滤完毕后，再用少量热水（1～2mL）洗涤锥形瓶和滤纸，收集的滤液合并在一起	（1）滤纸叠法 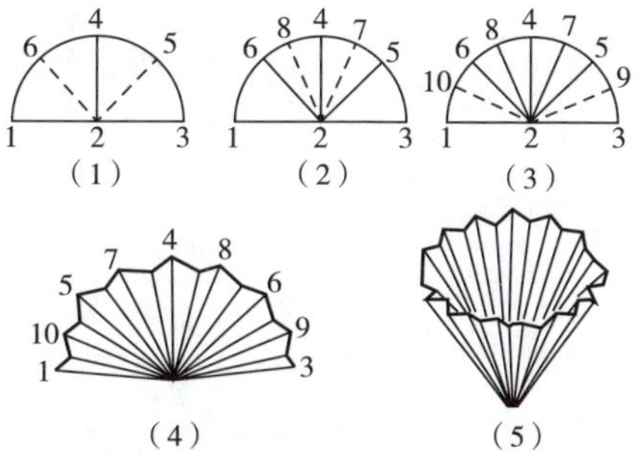 （2）一般用锥形瓶盛滤液，只有水溶液才可收集在烧杯中

续表

序号	步骤	操作方法	操作提示
4	冷却结晶	所得滤液在室温放置，冷却 10min 后，再在冰水浴中冷却 15min，以使结晶完全。若希望得到均匀而较大的晶体，可将收集的滤液在室温或保温下静置使之缓缓冷却结晶，不要急冷滤液	有时晶体不易析出，可用玻棒摩擦器壁或加入少量该溶质的结晶
5	抽滤	过滤时，应先用溶剂把平铺在漏斗上的滤纸润湿，然后开动泵，使滤纸紧贴在漏斗上。小心地把要过滤的混合物倒入漏斗中，为了加快过滤速度，可先倒入清液，后使固体均匀地分布在整个滤纸面上，用少量溶剂润湿晶体，继续抽滤，干燥。然后倒入预先准备好的表面皿上	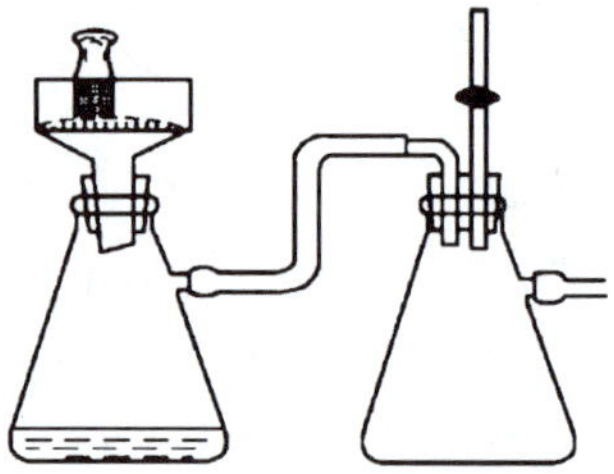
6	干燥	将表面皿上的乙酰苯胺晶体摊开，自然晾干后称量，计算收率	产品倒入回收容器中，不可随意乱扔

三、 实验记录

乙酰苯胺粗品质量/g	表面皿质量/g	表面皿+产品质量/g	产品质量/g	收率/%

四、 考核标准

考核项目	考核内容	分值	得分
乙酰苯胺粗品称量	称量称作规范熟练	3	
	样品无撒落	3	
乙酰苯胺粗品溶解	加入溶剂量适宜	5	
	溶解完全	5	
热过滤	冷却后加活性炭	5	
	滤纸折叠正确	5	

续表

考核项目	考核内容	分值	得分
热过滤	折叠滤纸用蒸馏水润湿	5	
	洗涤锥形瓶和滤纸	5	
抽滤	抽滤装置安装正确	3	
	漏斗下端斜口正对抽滤瓶的侧管	2	
	滤纸大小合适	5	
	滤纸湿润	3	
	倾泻法加样	5	
	转移时无洒落	3	
	液位低于 2/3 容积	3	
	洗涤晶体	5	
	停泵时先打开安全瓶旋塞	5	
数据记录及处理	数据记录及时、真实、正确、整洁	5	
	计算正确	5	
职业素质	穿实验服、文明操作、无仪器损坏	4	
	分析问题、解决问题能力	4	
	系统思维、团队协作能力	4	
	注重安全、环保、节约	4	
	实验结束物品归位，台面整洁	4	

习　题

一、命名

1. 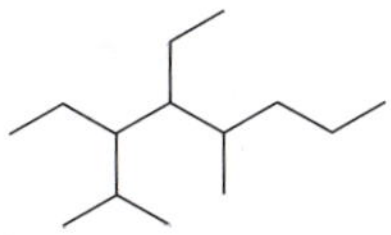

2. 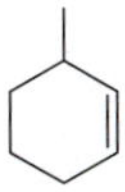

3. 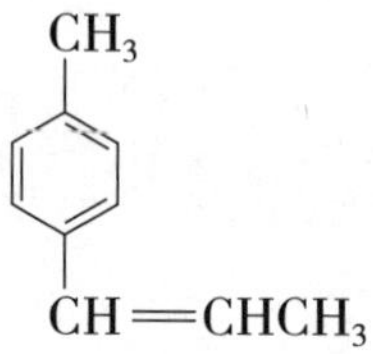

4. 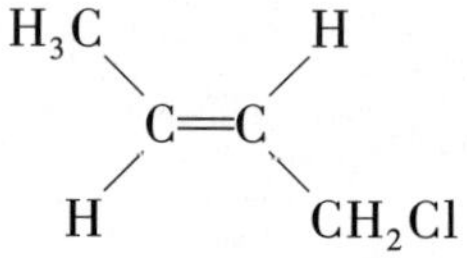

5. 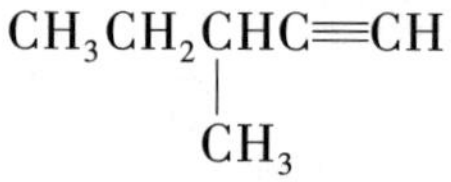

6. 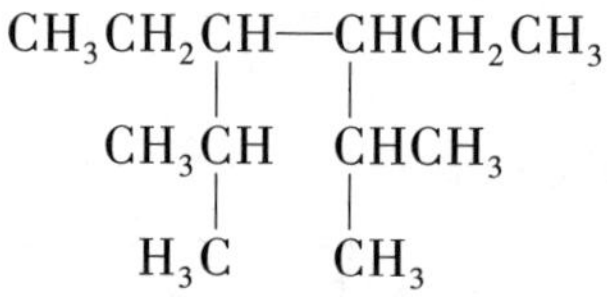

7. $CH_3(C_2H_5)C{=}C(CH_3)CH_2CH_2CH_3$

8. 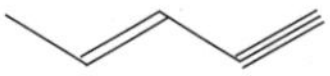

9. 

10. 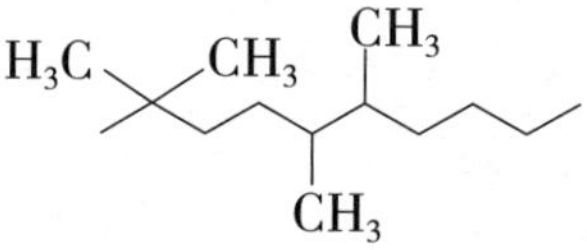

11. $(CH_3CH_2)_4C$

12. 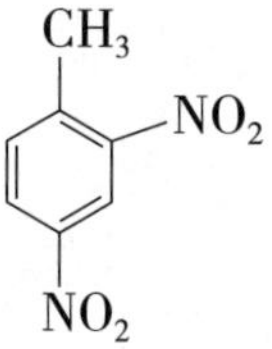

13. 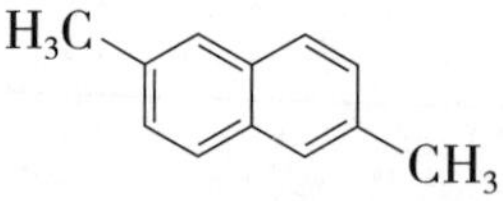

14. 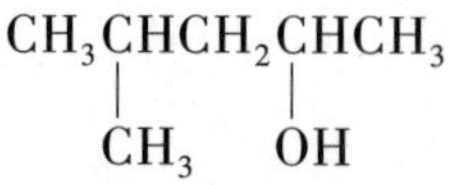

15. 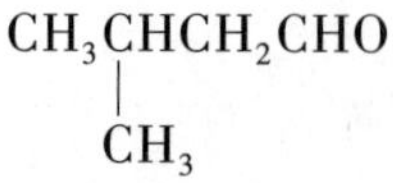

16. 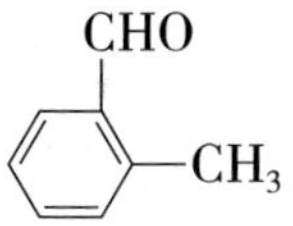

17. 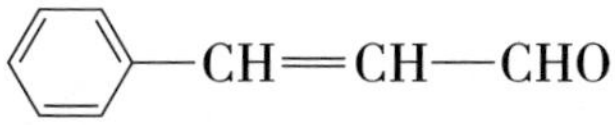

18. $CH_3\underset{\underset{O}{\|}}{C}CH_2\underset{\underset{O}{\|}}{C}CH_2CH_3$

19. $CH_3\underset{\underset{CH_2CH_3}{|}}{C}HCH_2COOH$

20. 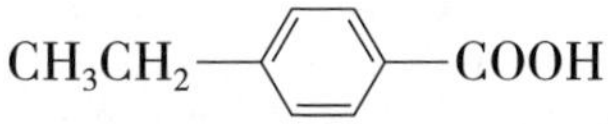

二、写出下列化合物的构造式

1. 2,6-二甲基-4-仲丁基辛烷
2. 反-3,3-二甲基-2-戊烯
3. (Z)-3-甲基-4-异丙基-3-庚烯
4. 2,3-二甲基-3-戊烯基
5. 甲基异丙基乙炔
6. 2,5-二甲基-3-庚炔
7. 3,5-二溴-2-硝基甲苯
8. 三苯甲烷
9. 丙三醇
10. 2-甲基环己醇
11. 间苯二酚
12. 间羟基苯甲醛
13. 2-甲基丁二醛
14. 邻羟基苯乙酸

三、完成下列反应

1. $CH_3CH_2CH=CH_2 + HBr \longrightarrow$

2. $CH_3-\underset{\underset{CH_3}{|}}{C}HCH=CH_2 \xrightarrow[H^+]{KMnO_4}$

3. $(CH_3)_2C=CHCH_3 + HBr \longrightarrow$

4. $CH_3CH_2C\equiv CH \xrightarrow[②C_2H_5Br]{①NaNH_2}$

5. $CH_2=CHC\equiv CH \xrightarrow{HCl} \qquad\qquad \xrightarrow{HCl}$

6. $CH_3CH=CH_2 \xrightarrow{(\quad)} (\qquad\qquad\qquad) \xrightarrow{(\quad)} \underset{Cl}{\underset{|}{C}}H_2\underset{Cl}{\underset{|}{C}}H\underset{Cl}{\underset{|}{C}}H_2$

7. $CH_3CH=CH—CHCH_2 + HBr \longrightarrow$

8. 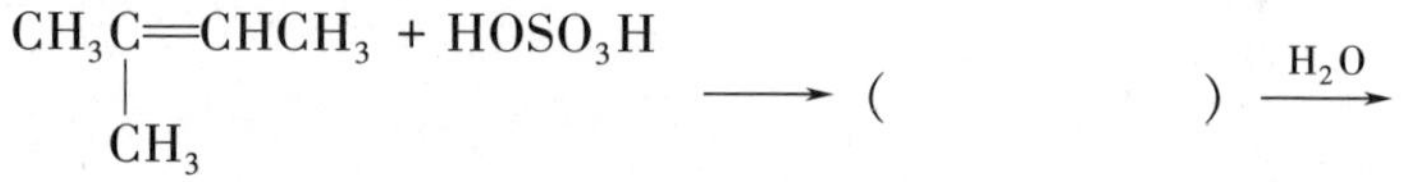

9. 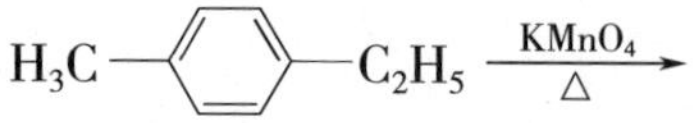

10. 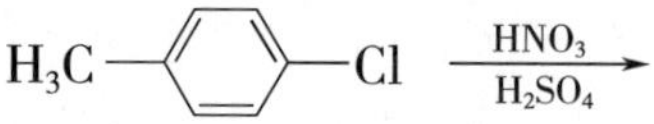

11. 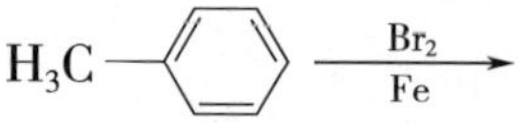

12. 

13. 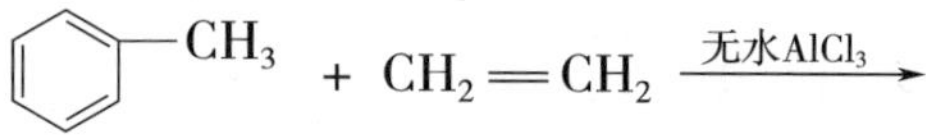

14. 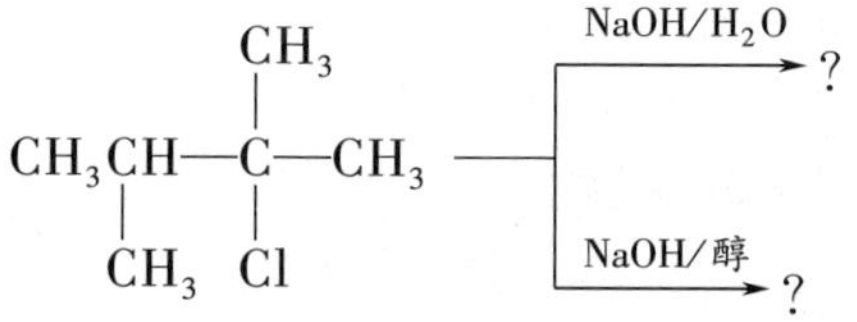

15. 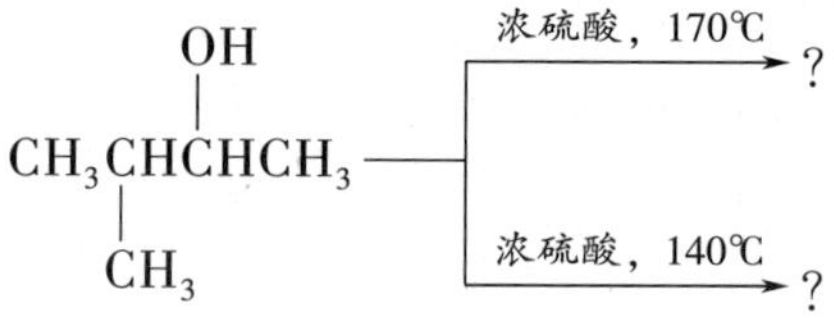

16. 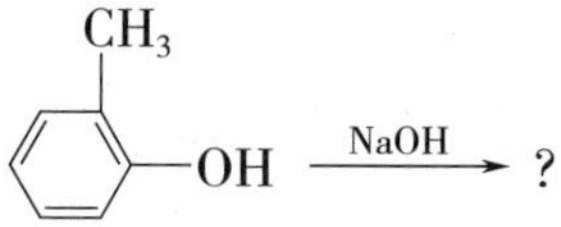

17. $CH_3—CH_2—CHO \xrightarrow{HCN} ? \xrightarrow{H_2O} ?$

18. 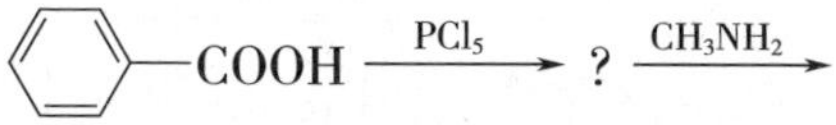

四、用化学方法鉴别下列化合物

1. 乙烷、乙烯、乙炔
2. 3-甲基-1-丁烯、3-甲基-1-丁炔、2-甲基丁烷
3. 1-戊醇、2-戊醇、2-甲基-2-丁醇
4. 苯酚、乙醇
5. 甲醛、苯甲醛、丙酮
6. 乙醇、己烯、甲醛
7. 甲酸、乙酸、丙酮
8. 苯甲醛、丙醛、2-戊酮、3-戊酮、正丙醇、异丙醇、苯酚

五、合成题

1. 以甲苯为原料合成：3-硝基-4-溴苯甲酸。

2. 以苯为原料合成下列化合物：

（1）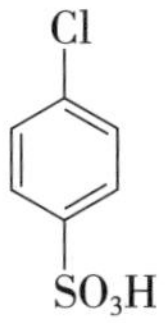 （2）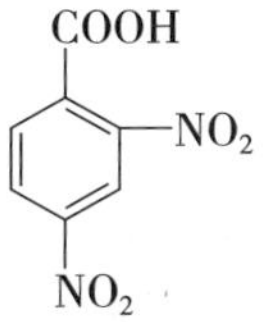 （3）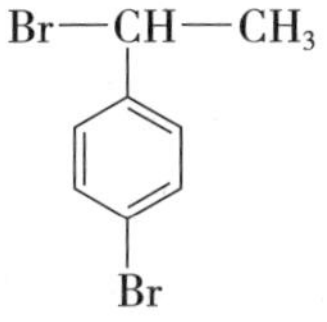

六、简答题

1. 某烃的分子式为 C_6H_{12}，能使溴的四氯化碳溶液褪色，也能溶于浓硫酸中，催化氢化后生成正己烷，用酸性的高锰酸钾溶液氧化，得到两种不同的羧酸。写出这个烃的结构式。

2. 化合物 A、B、C 的分子式均为 C_5H_8，它们都能使溴褪色，A 能与硝酸银的氨溶液反应生成沉淀，而 B、C 则没有。A、B 经氢化都生成正戊烷，而 1mol C 吸收 1mol H_2 后变为 C_5H_{10}，B 与高锰酸钾作用生成乙酸和丙酸，C 与臭氧作用得到戊二醛（$OHCCH_2CH_2CH_2CHO$）。试推断 A、B、C 的可能结构式。

3. 某烃 A 的实验式为 CH，相对分子质量为 182，用热的高锰酸钾酸性溶液氧化得到苯甲酸，而经臭氧氧化还原水解的产物也只有一种苯乙醛。推断 A 的结构式。

4. 有一种化合物 A 是饱和一元醇，A 脱水生成烯烃 B，B 能和溴水反应，氧化 A 得产物 C，C 的分子式为 C_3H_6O，能起银镜反应。指出 A、B、C 的名称，写出各步化学反应方程式。

5. 化合物 A 的分子式为 $C_5H_{12}O$，能与金属钠作用放出氢气；能被酸性高锰酸钾氧化生成 B；能与浓硫酸共热生成 C，C 经过酸性高锰酸钾氧化得到丙酮和乙酸，试写出 A、B、C 的结构式。

6. 有一化合物的分子式为 A，氧化后得到 B，B 能与苯肼反应，并能与碘和氢氧化钠作用生成黄色沉淀。A 能与浓硫酸共热生成 C（C_5H_{10}），C 经高锰酸钾氧化得到丙酮和乙酸。试推断出 A、B、C 的结构式，并写出有关的反应式。

7. 某溴代烃 A 与 KOH-乙醇溶液作用脱去一分子溴化氢生成 B，B 经 $KMnO_4$ 氧化得到丙酮和 CO_2，B 与溴化氢作用得到 C，C 是 A 的异构体，试推测 A、B、C 的结构，并写出各步反应方程式。

模块七
习题答案

附　　录

附录一　常见弱电解质的解离常数（298.15K）

名称	化学式	$K_{a1}^{\ominus}$	$K_{a2}^{\ominus}$	$K_{a3}^{\ominus}$
砷酸	H_3AsO_4	6.32×10^{-3}	1.05×10^{-7}	3.17×10^{-12}
硼酸	H_3BO_3	5.76×10^{-10}		
碳酸	H_2CO_3	4.30×10^{-7}	5.61×10^{-11}	
草酸	$H_2C_2O_4$	5.90×10^{-2}	6.40×10^{-5}	
氢氰酸	HCN	4.93×10^{-10}		
次氯酸	$HClO$	3.17×10^{-8}		
铬酸	H_2CrO_4	1.80×10^{-1}	3.20×10^{-7}	
氢氟酸	HF	3.53×10^{-4}		
亚硝酸	HNO_2	4.6×10^{-4}		
磷酸	H_3PO_4	7.5×10^{-3}	6.2×10^{-8}	2.2×10^{-13}
氢硫酸	H_2S	9.1×10^{-8}	1.1×10^{-12}	
醋酸	HAc	1.76×10^{-5}		
甲酸	$HCOOH$	1.77×10^{-4}		
偏硅酸	H_2SiO_3	1.71×10^{-10}	1.59×10^{-12}	
亚硫酸	H_2SO_3	1.26×10^{-2}	6.36×10^{-8}	
过氧化氢	H_2O_2	2.4×10^{-12}		
铵离子	NH_4^+	5.64×10^{-10}		
一氯乙酸	$CH_2ClCOOH$	1.4×10^{-3}		
二氯乙酸	$CHCl_2COOH$	3.32×10^{-2}		
苯甲酸	C_6H_5COOH	6.45×10^{-5}		
邻苯二甲酸	$C_6H_4(COOH)_2$	1.30×10^{-3}	3.09×10^{-6}	
苯酚	C_6H_5OH	1.1×10^{-10}		
乙二胺	$H_2NCH_2CH_2NH_2$	8.57×10^{-5}	7.12×10^{-8}	
氢氧化银	$AgOH$	1.0×10^{-2}		
氢氧化铝	$Al(OH)_3$	5.0×10^{-9}	2.0×10^{-10}	
氢氧化铍	$Be(OH)_2$	1.78×10^{-6}	2.5×10^{-9}	
氢氧化锌	$Zn(OH)_2$	8.0×10^{-7}		
氨水	$NH_3\cdot H_2O$	1.77×10^{-5}		

附录二 常见难溶电解质的溶度积（298.15K）

化学式	$K_{SP}^{\ominus}$	$pK_{SP}^{\ominus}$	化学式	$K_{SP}^{\ominus}$	$pK_{SP}^{\ominus}$
AgBr	5.0×10^{-13}	12.30	FeS	6.3×10^{-18}	17.2
Ag_2CO_3	8.1×10^{-12}	11.09	Hg_2Cl_2	1.3×10^{-18}	17.88
AgCl	1.8×10^{-10}	9.74	Hg_2I_2	4.5×10^{-29}	28.35
Ag_2CrO_4	1.12×10^{-12}	11.92	HgS（红）	4×10^{-53}	52.4
AgI	8.3×10^{-17}	16.08	HgS（黑）	1.6×10^{-52}	51.8
Ag_3PO_4	2.8×10^{-18}	17.55	$MgCO_3$	3.5×10^{-8}	7.46
Ag_2S	8×10^{-51}	50.1	MgF_2	6.5×10^{-9}	8.19
$Al(OH)_3$	3×10^{-34}	33.5	$Mg(OH)_2$	1.8×10^{-11}	10.74
$BaCO_3$	5.0×10^{-9}	8.30	$MnCO_3$	1.8×10^{-11}	10.74
BaC_2O_4	1×10^{-6}	6.0	$Mn(OH)_2$	1.9×10^{-13}	12.72
$BaCrO_4$	2.1×10^{-10}	9.67	MnS(晶状)	2.5×10^{-13}	12.6
$BaSO_4$	1.1×10^{-10}	9.96	$Ni(OH)_2$（新制备）	2.0×10^{-15}	14.7
$CaCO_3$	2.8×10^{-9}	8.54	NiS(α)	3.2×10^{-19}	18.5
$C_2O_4\cdot H_2O$	4×10^{-9}	8.4	NiS(β)	1.0×10^{-24}	24.0
CaF_2	3.9×10^{-11}	10.41	$PbCO_3$	7.4×10^{-14}	13.13
$Ca(OH)_2$	6.5×10^{-6}	5.19	PbC_2O_4	4.8×10^{-10}	9.32
$CaSO_4$	2.4×10^{-5}	4.62	$PbCrO_4$	2.8×10^{-13}	12.55
CdS	8.0×10^{-27}	26.1	PbF_2	2.7×10^{-8}	7.57
CoS(α)	4.0×10^{-21}	20.4	PbI_2	7.1×10^{-9}	8.15
CoS(β)	2.0×10^{-25}	24.7	$Pb(OH)_2$	1.2×10^{-15}	14.93
$Cr(OH)_3$	6.3×10^{-31}	30.2	PbS	1.3×10^{-28}	27.9
CuBr	5.3×10^{-9}	8.28	$PbSO_4$	1.6×10^{-8}	7.79
CuCl	1.2×10^{-6}	5.92	$Sn(OH)_2$	1.4×10^{-28}	27.85
CuI	1.1×10^{-12}	11.96	$Sn(OH)_4$	1.0×10^{-56}	56.0
CuS	6.3×10^{-36}	35.2	$SrCO_3$	1.1×10^{-10}	9.96
Cu_2S	2.5×10^{-48}	47.6	$SrSO_4$	3.2×10^{-7}	6.49
CuSCN	4.8×10^{-15}	14.32	$Zn(OH)_2$	1.2×10^{-17}	16.92
$Fe(OH)_2$	8.0×10^{-16}	15.1	ZnS(α)	1.6×10^{-24}	23.8
$Fe(OH)_3$	4×10^{-38}	37.4	ZnS(β)	2.5×10^{-22}	21.6

附录三　常见氧化还原电对的标准电极电势（298.15K）

一、在酸性溶液中

电对	电极反应	$\varphi^{\ominus}$/V
Li^+/Li	$Li^+ + e \rightleftharpoons Li$	-3.045
K^+/K	$K^+ + e \rightleftharpoons K$	-2.925
Cs^+/Cs	$Cs^+ + e \rightleftharpoons Cs$	-2.923
Ba^{2+}/Ba	$Ba^{2+} + 2e \rightleftharpoons Ba$	-2.906
Ca^{2+}/Ca	$Ca^{2+} + 2e \rightleftharpoons Ca$	-2.866
Na^+/Na	$Na^+ + e \rightleftharpoons Na$	-2.714
Mg^{2+}/Mg	$Mg^{2+} + 2e \rightleftharpoons Mg$	-2.363
H_2/H^-	$H_2 + 2e \rightleftharpoons 2H^-$	-2.25
Al^{3+}/Al	$Al^{3+} + 3e \rightleftharpoons Al$	-1.622
Mn^{2+}/Mn	$Mn^{2+} + 2e \rightleftharpoons Mn$	-1.180
Zn^{2+}/Zn	$Zn^{2+} + 2e \rightleftharpoons Zn$	-0.763
Cr^{3+}/Cr	$Cr^{3+} + 3e \rightleftharpoons Cr$	-0.744
TiO_2/Ti^{3+}	$TiO_2 + 4H^+ + e \rightleftharpoons Ti^{3+} + 2H_2O$	-0.666
$CO_2/H_2C_2O_4$	$2CO_2 + 2H^+ + 2e \rightleftharpoons H_2C_2O_4$	-0.49
Fe^{2+}/Fe	$Fe^{2+} + 2e \rightleftharpoons Fe$	-0.440
Cr^{3+}/Cr^{2+}	$Cr^{3+} + e \rightleftharpoons Cr^{2+}$	-0.408
Cd^{2+}/Cd	$Cd^{2+} + 2e \rightleftharpoons Cd$	-0.403
$PbSO_4/Pb$	$PbSO_4 + 2e \rightleftharpoons Pb + SO_4^{2-}$	-0.359
Co^{2+}/Co	$Co^{2+} + 2e \rightleftharpoons Co$	-0.277
$PbCl_2/Pb$	$PbCl_2 + 2e \rightleftharpoons Pb + 2Cl^-$	-0.268
Ni^{2+}/Ni	$Ni^{2+} + 2e \rightleftharpoons Ni$	-0.250
AgI/Ag	$AgI + e \rightleftharpoons Ag + I^-$	-0.152
Sn^{2+}/Sn	$Sn^{2+} + 2e \rightleftharpoons Sn$	-0.136
Pb^{2+}/Pb	$Pb^{2+} + 2e \rightleftharpoons Pb$	-0.126
Fe_2O_3/Fe	$Fe_2O_3 + 6H^+ + 6e \rightleftharpoons 2Fe + 3H_2O$	-0.051
Ti^{4+}/Ti^{3+}	$Ti^{4+} + e \rightleftharpoons Ti^{3+}$	-0.04
H^+/H_2	$2H^+ + 2e \rightleftharpoons H_2$	0.000
$AgBr/Ag$	$AgBr + e \rightleftharpoons Ag + Br^-$	0.071
S/H_2S	$S + 2H^+ + 2e \rightleftharpoons H_2S$（aq）	0.142
Sn^{4+}/Sn^{2+}	$Sn^{4+} + 2e \rightleftharpoons Sn^{2+}$	0.151

续表

电对	电极反应	$\varphi^{\ominus}$/V
Cu^{2+}/Cu^{+}	$Cu^{2+}+e \rightleftharpoons Cu^{+}$	0.153
$AgCl/Ag$	$AgCl+e \rightleftharpoons Ag+Cl^{-}$	0.222
Hg_2Cl_2/Hg	$Hg_2Cl_2+2e \rightleftharpoons 2Hg+2Cl^{-}$	0.268
Cu^{2+}/Cu	$Cu^{2+}+2e \rightleftharpoons Cu$	0.337
$S_2O_3^{2-}/S$	$S_2O_3^{2-}+6H^{+}+4e \rightleftharpoons 2S+3H_2O$	0.465
Cu^{+}/Cu	$Cu^{+}+e \rightleftharpoons Cu$	0.521
I_2/I^{-}	$I_2+2e \rightleftharpoons 2I^{-}$	0.536
I_3^{-}/I^{-}	$I_3^{-}+2e \rightleftharpoons 3I^{-}$	0.536
MnO_4^{-}/MnO_4^{2-}	$MnO_4^{-}+e \rightleftharpoons MnO_4^{2-}$	0.558
$H_3AsO_4/HAsO_2$	$H_3AsO_4+2H^{+}+2e \rightleftharpoons HAsO_2+2H_2O$	0.560
Ag_2SO_4/Ag	$Ag_2SO_4+2e \rightleftharpoons 2Ag+SO_4^{2-}$	0.654
O_2/H_2O_2	$O_2+2H^{+}+2e \rightleftharpoons H_2O_2$	0.682
Fe^{3+}/Fe^{2+}	$Fe^{3+}+e \rightleftharpoons Fe^{2+}$	0.771
Hg_2^{2+}/Hg	$Hg_2^{2+}+2e \rightleftharpoons 2Hg$	0.788
Ag^{+}/Ag	$Ag^{+}+e \rightleftharpoons Ag$	0.799
NO_3^{-}/NO_2	$NO_3^{-}+2H^{+}+e \rightleftharpoons NO_2+H_2O$	0.80
Hg^{2+}/Hg	$Hg^{2+}+2e \rightleftharpoons Hg$	0.854
Cu^{2+}/CuI	$Cu^{2+}+I^{-}+e \rightleftharpoons CuI$	0.86
Hg^{2+}/Hg_2^{2+}	$2Hg^{2+}+2e \rightleftharpoons Hg_2^{2+}$	0.920
NO_3^{-}/HNO_2	$NO_3^{-}+3H^{+}+2e \rightleftharpoons HNO_2+H_2O$	0.934
NO_3^{-}/NO	$NO_3^{-}+4H^{+}+3e \rightleftharpoons NO+2H_2O$	0.96
HNO_2/NO	$HNO_2+H^{+}+e \rightleftharpoons NO+H_2O$	1.00
$[AuCl_4]^{-}/Au$	$[AuCl_4]^{-}+3e \rightleftharpoons Au+4Cl^{-}$	1.00
Br_2/Br^{-}	$Br_2(l)+2e \rightleftharpoons 2Br^{-}$	1.065
$Cu^{2+}/[Cu(CN)_2]^{-}$	$Cu^{2+}+2CN^{-}+e \rightleftharpoons [Cu(CN)_2]^{-}$	1.103
IO_3^{-}/HIO	$IO_3^{-}+5H^{+}+4e \rightleftharpoons HIO+2H_2O$	1.14
IO_3^{-}/I_2	$2IO_3^{-}+12H^{+}+10e \rightleftharpoons I_2+6H_2O$	1.195
MnO_2/Mn^{2+}	$MnO_2+4H^{+}+2e \rightleftharpoons Mn^{2+}+2H_2O$	1.23
O_2/H_2O	$O_2+4H^{+}+4e \rightleftharpoons 2H_2O$	1.229
$Cr_2O_7^{2-}/Cr^{3+}$	$Cr_2O_7^{2-}+14H^{+}+6e \rightleftharpoons 2Cr^{3+}+7H_2O$	1.33
ClO_4^{-}/Cl_2	$2ClO_4^{-}+16H^{+}+14e \rightleftharpoons Cl_2+8H_2O$	1.34
Cl_2/Cl^{-}	$Cl_2+2e \rightleftharpoons 2Cl^{-}$	1.358
ClO_3^{-}/Cl^{-}	$ClO_3^{-}+6H^{+}+6e \rightleftharpoons Cl^{-}+3H_2O$	1.45
PbO_2/Pb^{2+}	$PbO_2+4H^{+}+2e \rightleftharpoons Pb^{2+}+2H_2O$	1.455
ClO_3^{-}/Cl_2	$ClO_3^{-}+6H^{+}+5e \rightleftharpoons 1/2Cl_2+3H_2O$	1.47

续表

电对	电极反应	$\varphi^{\ominus}$/V
$HClO/Cl^-$	$HClO+H^++2e \rightleftharpoons Cl^-+H_2O$	1.494
Au^{3+}/Au	$Au^{3+}+3e \rightleftharpoons Au$	1.498
MnO_4^-/Mn^{2+}	$MnO_4^-+8H^++5e \rightleftharpoons Mn^{2+}+4H_2O$	1.507
Mn^{3+}/Mn^{2+}	$Mn^{3+}+e \rightleftharpoons Mn^{2+}$	1.51
BrO_3^-/Br_2	$2BrO_3^-+12H^++10e \rightleftharpoons Br_2+6H_2O$	1.52
$HClO/Cl_2$	$2HClO+2H^++2e \rightleftharpoons Cl_2+2H_2O$	1.63
$PbO_2/PbSO_4$	$PbO_2+SO_4^{2-}+4H^++2e \rightleftharpoons PbSO_4+2H_2O$	1.682
MnO_4^-/MnO_2	$MnO_4^-+4H^++3e \rightleftharpoons MnO_2+2H_2O$	1.692
H_2O_2/H_2O	$H_2O_2+2H^++2e \rightleftharpoons 2H_2O$	1.776
Co^{3+}/Co^{2+}	$Co^{3+}+e \rightleftharpoons Co^{2+}$	1.808
$S_2O_8^{2-}/SO_4^{2-}$	$S_2O_8^{2-}+2e \rightleftharpoons 2SO_4^{2-}$	2.01
O_3/O_2	$O_3+2H^++2e \rightleftharpoons O_2+H_2O$	2.07
F_2/HF	$F_2(g)+2H^++2e \rightleftharpoons 2HF$	3.035

二、在碱性溶液中

电对	电极反应	$\varphi^{\ominus}$/V
$Mn(OH)_2/Mn$	$Mn(OH)_2+2e \rightleftharpoons Mn+2OH^-$	−1.56
$[Zn(CN)_4]^{2-}/Zn$	$[Zn(CN)_4]^{2-}+2e \rightleftharpoons Zn+4CN^-$	−1.34
ZnO_2^{2-}/Zn	$ZnO_2^{2-}+2H_2O+2e \rightleftharpoons Zn+4OH^-$	−1.215
$[Sn(OH)_6]^{2-}/HSnO_2^-$	$[Sn(OH)_6]^{2-}+2e \rightleftharpoons HSnO_2^-+3OH^-+H_2O$	−0.93
SO_4^{2-}/SO_3^{2-}	$SO_4^{2-}+H_2O+2e \rightleftharpoons SO_3^{2-}+2OH^-$	−0.93
$HSnO_2^-/Sn$	$HSnO_2^-+H_2O+2e \rightleftharpoons Sn+3OH^-$	−0.909
H_2O/H_2	$2H_2O+2e \rightleftharpoons H_2+2OH^-$	−0.8277
$Ni(OH)_2/Ni$	$Ni(OH)_2+2e \rightleftharpoons Ni+2OH^-$	−0.72
AsO_4^{3-}/AsO_2^-	$AsO_4^{3-}+2H_2O+2e \rightleftharpoons AsO_2^-+4OH^-$	−0.71
SO_3^{2-}/S	$SO_3^{2-}+3H_2O+4e \rightleftharpoons S+6OH^-$	−0.59
$SO_3^{2-}/S_2O_3^{2-}$	$2SO_3^{2-}+3H_2O+4e \rightleftharpoons S_2O_3^{2-}+6OH^-$	−0.571
S/S^{2-}	$S+2e \rightleftharpoons S^{2-}$	−0.47627
$[Ag(CN)_2]^-/Ag$	$[Ag(CN)_2]^-+e \rightleftharpoons Ag+2CN^-$	−0.31
CrO_4^{2-}/CrO_2^-	$CrO_4^{2-}+4H_2O+3e \rightleftharpoons Cr(OH)_4^-+4OH^-$	−0.13
O_2/HO_2^-	$O_2+H_2O+2e \rightleftharpoons HO_2^-+OH^-$	−0.076
NO_3^-/NO_2^-	$NO_3^-+H_2O+2e \rightleftharpoons NO_2^-+2OH^-$	0.01
$S_4O_6^{2-}/S_2O_3^{2-}$	$S_4O_6^{2-}+2e \rightleftharpoons 2S_2O_3^{2-}$	0.08
$[Co(NH_3)_6]^{3+}/[Co(NH_3)_6]^{2+}$	$[Co(NH_3)_6]^{3+}+e \rightleftharpoons [Co(NH_3)_6]^{2+}$	0.108

续表

电对	电极反应	$\varphi^{\ominus}/V$
MnO_2/Mn^{2+}	$Mn(OH)_3+e \rightleftharpoons Mn(OH)_2+OH^-$	0.15
$Co(OH)_3/Co(OH)_2$	$Co(OH)_3+e \rightleftharpoons Co(OH)_2+OH^-$	0.17
Ag_2O/Ag	$Ag_2O+H_2O+2e \rightleftharpoons 2Ag+2OH^-$	0.342
O_2/OH^-	$O_2+2H_2O+4e \rightleftharpoons 4OH^-$	0.401
MnO_4^-/MnO_2	$MnO_4^-+2H_2O+3e \rightleftharpoons MnO_2+4OH^-$	0.595
BrO_3^-/Br^-	$BrO_3^-+3H_2O+6e \rightleftharpoons Br^-+6OH^-$	0.61
BrO^-/Br^-	$BrO^-+H_2O+2e \rightleftharpoons Br^-+2OH^-$	0.761
ClO^-/Cl^-	$ClO^-+H_2O+2e \rightleftharpoons Cl^-+2OH^-$	0.841
H_2O_2/OH^-	$H_2O_2+2e \rightleftharpoons 2OH^-$	0.88
O_3/OH^-	$O_3+H_2O+2e \rightleftharpoons O_2+2OH^-$	1.24

附录四　常见配离子的稳定常数（298.15K）

配离子	$K^{\ominus}_{稳}$	配离子	$K^{\ominus}_{稳}$
$[Cd(NH_3)_4]^{2+}$	$10^{7.12}$	$[Fe(CN)_6]^{3-}$	$10^{43.6}$
$[Co(NH_3)_6]^{2+}$	$10^{5.11}$	$[Hg(CN)_4]^{2-}$	$10^{41.4}$
$[Co(NH_3)_6]^{3+}$	$10^{35.2}$	$[Ni(CN)_4]^{2-}$	$10^{31.3}$
$[Cu(NH_3)_2]^{+}$	$10^{7.61}$	$[Ag(CN)_2]^{-}$	$10^{21.8}$
$[Cu(NH_3)_4]^{2+}$	$10^{12.59}$	$[Zn(CN)_4]^{2-}$	$10^{16.7}$
$[Ni(NH_3)_4]^{2+}$	$10^{7.79}$	$[Cd(OH)_4]^{2-}$	$10^{12.0}$
$[Ni(NH_3)_6]^{2+}$	$10^{8.49}$	$[Cu(OH)_4]^{2-}$	$10^{6.0}$
$[Ag(NH_3)_2]^{+}$	$10^{7.40}$	$[CdI_4]^{2-}$	$10^{5.41}$
$[Zn(NH_3)_4]^{2+}$	$10^{9.06}$	$[HgI_4]^{2-}$	$10^{29.83}$
$[CdCl_4]^{2-}$	$10^{2.80}$	$[Co(NCS)_4]^{2-}$	$10^{3.00}$
$[HgCl_4]^{2-}$	$10^{15.07}$	$[Fe(NCS)]^{2+}$	$10^{2.95}$
$[Cd(CN)_4]^{2-}$	$10^{18.78}$	$[Fe(NCS)_2]^{+}$	$10^{3.36}$
$[Au(CN)_2]^{-}$	$10^{38.3}$	$[Hg(SCN)_4]^{2-}$	$10^{21.23}$
$[Cu(CN)_2]^{-}$	$10^{24.0}$	$[Ag(SCN)_2]^{-}$	$10^{7.57}$
$[Fe(CN)_6]^{4-}$	$10^{35.4}$	$[Ag(S_2O_3)_2]^{3-}$	$10^{13.46}$

参考文献

[1] 罗盛旭，范春蕾．分析化学实验［M］．北京：化学工业出版社，2016.

[2] 俞群娣，林琳．大学化学实验［M］．杭州：浙江大学出版社，2011.

[3] 闫松，马宏飞，陈微，等．基础化学实验［M］．北京：化学工业出版社，2016.

[4] 闫冬良．分析化学［M］．北京：中国中医药出版社，2018.

[5] 陈瑛，傅春华．分析化学［M］．北京：中国中医药出版社，2018.

[6] 韩兴昊，次仁德吉．无机及分析化学［M］．南京：南京大学出版社，2019.

[7] 李敏．化学分析基本操作［M］．北京：化学工业出版社，2013.

[8] 陈圆．分析化学［M］．北京：中国农业出版社，2013.

[9] 陆国元．有机化学［M］．3 版．南京：南京大学出版社，2019.

[10] 池秀梅，金玲．有机化学［M］．2 版．北京：石油工业出版社，2018.